生活之光

毛宏伟◎著

北方联合出版传媒（集团）股份有限公司

春风文艺出版社

·沈阳·

图书在版编目（CIP）数据

生活之光/毛宏伟著. —沈阳：春风文艺出版社，
2022.1（2024.8重印）
ISBN 978 - 7 - 5313 - 6159 - 6

Ⅰ. ①生… Ⅱ. ①毛… Ⅲ. ①人生哲学 — 通俗读物
Ⅳ. ①B821-49

中国国家版本馆CIP数据核字（2022）第013398号

春风文艺出版社出版发行
沈阳市和平区十一纬路25号　邮编：110003
永清县晔盛亚胶印有限公司印刷

责任编辑：仪德明	助理编辑：余　丹
责任校对：赵丹彤	印制统筹：刘　成
装帧设计：孙克宏	幅面尺寸：167mm × 234mm
字　　数：400千字	印　　张：26.5
版　　次：2022年1月第1版	印　　次：2024年8月第2次
书　　号：ISBN 978-7-5313-6159-6	定　　价：98.00元

序　言

　　写作是对生活的记录与总结，也是与自己内心对话的过程，是对心灵的洗礼，是对心性的磨炼，是对智慧的提升。看到每个字从笔尖划出，是一种美的享受。通过对生活的点滴记录与总结，我们能够回望自己，总结自己走过的岁月，发现从前不曾发现的奥秘，创造过去未曾创造的奇迹。有了不断的总结、发现与创造，我们才有了前行的动力，才有了向上的勇气。所以，我们要成为生活的观察者，成为生活的记录者，善于发现生活的细节，记录生活的美好。

　　现实生活之中，有很多无常，有很多无奈、犹豫与苦恼，生活的过程就是与自己的内心相守的过程，是与自己的情绪相伴的过程。要学会调节自己的内心，管理自己的情绪，抚慰自己的心灵，这样我们才能够明确内心的方向，找到人生的目标。表面上看我们是在做事，实际上也是在养心。通过写作，我们能够让自己的内心安定下来，让自己的心态更加平和，能够客观地看待自己、看待他人。通过写作，记录下自己的生活经历和心路历程，这样我们就可以随时翻阅，随时反思，从中总结经验，获取进步的力量，也可以从那些美好的回忆中收获温暖与快乐。

　　千万不要小瞧我们每天的生活，正是这些平凡的日子构成了我们实实在在的人生。把自己每天的所见所闻、所思所感记录下来，加以汇编，这就是另一种境界，是一种全新的生活，是一种不朽的篇章。它是一种精神的传承，是自我心灵的温暖与抚慰，是内心的加工与打磨，是自我精神的提升与历练。所以，总结生活就是在做一项不朽的事业，也是人生得以传承的唯一途径。记录与总结是一种生活态度，是创造精神世界的过程，也是人生最大的财富。有了丰富的精神世界，我们的人生才能变得更加精彩、更加充实。

最后，愿我们都能在平凡的生活中，发现更多的美好，记录更多的美好，创造更多的美好！

2022年1月20日

目 录

管理自己

管理自己，不仅是自己成长的重要一步，更是使自己身心健康、内外和谐、精神愉悦、生活幸福的重要一环。

少年时代的徐溥性格沉稳，举止老成，他在私塾读书时，从来都不苟言笑。一次塾师发现他常从口袋中掏出一个小本本看，以为是小孩子的玩物，等走近才发现，原来是他自己手抄的一本儒家经典语录，由此塾师对他十分赞赏。徐溥还效仿古人，不断地检点自己的言行。他在书桌上放了两个瓶子，分别贮藏黑豆和黄豆。每当心中产生一个善念，或是说出一句善言，做了一件善事，便往瓶子中投一粒黄豆；相反，若是言行有什么过失，便投一粒黑豆。开始时，黑豆多，黄豆少，他就不断地深刻反省并激励自己。渐渐黄豆和黑豆数量持平，他就再接再厉，更加严格地要求自己；久而久之，瓶中黄豆越积越多，相较之下黑豆渐渐显得微不足道。直到后来为官，他都保留着这一习惯。凭着这种持久的约束和激励，他不断地修正自我，完善自己的品德，后来终于成为德高望重的一代名臣。

昨日从山东金乡返京，一路顺利。到了北京吃过晚饭，出来走一走，活动活动筋骨。也可能是久坐的原因，加之时常熬夜，作息时间不太规律，导致浑身僵硬，很不舒服。其实，每天都告诫自己要锻炼身体，但总是事务缠身，难以找出空闲时间去放松和锻炼一番。当然，说"没有时间"大多都是借口，主要原因还是自己内心不够重视，没有把锻炼身体当作一项重要的任务。

日常生活中，我们往往会忽视自己身体的状况，只有到了某些状况非常严重，身体发出警报之时，我们才会去重视它。这其实是非常不好的习惯。平日里，我们就应该养成好习惯，多注意，勤锻炼，保持规律的作息，调整好自己的身心状态，这样我们才能够拥有健康的基础，才能够获得更多的人生乐趣。在生活和工作之中，我们总是习惯给自己找借口，给自己找理由，自我安慰，自我懈怠，不能够做到自律、自省。很多时候，我们会被日常的诸多事务所烦扰，没有了自己的主张，失去了自己的理性，让自己变得茫然无序，不知所措。因此，我们一定要学会管理自己，调整好自己的身心，安排好自己的生活和工作，让一切安然有序，这样我们才能够保持自在、放松的状态。

管理自己是人一生的功课，唯有学好这门课，我们才能够让自己在健康、有序、快乐之中生活，才能够掌控自己的命运，把握自己的人生。人与人不同，事与事相悖，每个人都有不同的人生轨迹，都有自我的发展天地，在诸多境况的展现中，最值得庆幸的是我们已经拥有的现在。人生中无法做到完美，但我们尽量做到无憾。管理自己，调整自己，让生活在有序中进行，让人生不留遗憾。

追求完美

追求完美，但不要苛求完美。毕竟"金无足赤，人无完人"，世间没有完美，人生总有缺憾，珍惜当下的拥有，惜福惜缘，知足常乐。

近代的弘一大师，淡泊物质，随缘生活。一条毛巾用了十八年，破破烂烂的；一件衣服穿了几载，缝补再缝补。有人劝他说："法师，该换新的了。"他却说："还可以穿用，还可以穿用。"出外行脚，住在小旅馆里，又脏乱又窄小，臭虫又多。有人建议说："换一间吧！臭虫那么多。"他却说："没有关系，只有几只而已。"平常吃饭佐菜的只有一碟萝卜干，他还吃得很高兴，有人不忍心地说："法师，太咸了吧！"弘一大师恬淡知足地说："咸有咸的味道。"由此可见，一个有悟性的人，早已超然物外，不受物质的丰足或缺乏所系缚，贫穷不曾以为苦，富裕也不曾以为乐，觉得这样也好，那样也不错，如同慈航法师所说："只要自觉心安，东西南北都好。"不管物质好坏，境遇顺逆，精神一样愉快轻安。我们也许达不到大师们的境界，但珍惜拥有，切勿苛求，我们一样可以收获精神的满足与愉悦。

每做一件事情，自己都想把事情做得完美，想找一个最佳的时机，想得到一个满意的结果。其实，这只是一种美好的愿望，而现实往往难遂人愿。很多事情在做之前，感觉还没有准备充分，时机还不是那么成熟，人们就会有一种犹豫矛盾纠结的心理，也会问自己："这样行吗？"甚至会感觉到心惊肉跳，不知所措。总是担心把事情做砸了，别人会笑话，也担心自己的虚荣心展现出来，不敢面对困难，不敢面对不足，尤其是面对失败，那是致命的打击，因此就会哀怨不已，没有了内心的依靠和方向，而让自己苦苦地挣扎在失望的边缘，这当然是相当危险的。我们要接受事物的不完美，不要有错误的认知，这个世界上本没有完美。所谓的完美，只是一种祝福和期望，一种美好的愿望而已。

其实，大部分时间，我们都生活在不完美之中，都在与不足相伴。仔细想来，人这一生都在追求所谓完美，尽管它似乎不存在，但这种追求之心永远存在，那份莫名的期望永远存在，有时会让人魂不守舍。如若没能够获得所谓的完美，往往就会变得焦虑不安，变得无所适从，就会在追求完美的生活中饱受煎熬。

追求完美本来没有什么过错，而在这个世界上原本就没有什么完美，我们从始至终都与缺憾和缺失相伴。因此，我们对于人生要有客观的认知，要明了人之一生都在执着于一种对希望和梦想的追求。做好现在，做好自己，珍惜所有，这本身就是一种完美。

唤醒纯真

陪伴孩子，找回童心，唤醒纯真，真诚地对待他人，保持一颗谦虚和包容之心，善于发现美好，感受人间真诚。

一名记者采访一个小男孩时问："如果你在飞机上，忽然飞机没有油了，你会怎么办？"男孩回答："我会通知飞机上的所有人，然后自己拿着降落伞跳下去。"众人都对他的回答感到愤怒，怎么可以置大家的利益于不顾而自己一个人跳飞机活命呢？听到众人的指责，男孩忽然泪眼汪汪，记者问他为什么哭，他说："我只是下去拿燃料，等会儿还会回来的！"有时候，我们会先入为主，用成人的思维去看待一切，如果我们不给这个孩子解释的机会，那就看不到他心灵闪光的那一面。如果我们急于下结论，不顾一切地去指责，无疑就会泯灭了那颗脆弱的童心。很多时候，我们太固执，不愿相信别人，不愿倾听别人的意见，总是带着一种偏见去看待人、事、物，这样是不对的。学习孩子，保持一颗纯真之心，放下固执与偏见，去倾听，去学习，我们会收获更多美好。

近两日回锦州家里休假，与家人团聚，与孩子们嬉戏，一家人其乐融融。孩子们见到我都非常高兴，整日缠着我陪他们一起玩，一会儿是捉迷藏，一会儿是骑大马，一会儿是举高高，一会儿是陪画画……我也是应接不暇，就连午休时间也难得休息，虽然很是疲累，内心却高兴不已。陪伴孩子看似普通，实则不易，需要有耐心、细心和爱心，需要全身心地投入。

很多时候，我们放不下自己，总是用大人的眼光来看待孩子，认为小孩子太幼稚。在陪他们的时候，自己也是忙东忙西，不能够专心致志地融入童话般的生活，让孩子们开心快乐。其实，陪伴孩子的过程也是自我成长的过程，自己能够找回那份纯真，用简单纯净之心与孩子们相处，体现生活中的童心未泯、慈爱无限。陪伴孩子就是要真正放下自己，要让自己成为他们的朋友，认真倾听，用心陪伴，在玩乐之中吸收营养，在玩乐之中和孩子一同成长。

现实生活中，我们往往容易自以为是，看不起别人，认为别人不如自己，认为别人的思维方式不对，唯有自己才是最正确的。尤其是领导对待员工，总感觉员工的提议就是小儿科，认为他们没有看到事物发展的本质，总是在诸多的细节上绕来绕去，没有对产业、对市场的调查力和判断力。因此，作为企业的领导者就会显得骄傲异常，对于员工们提出的合理化建议就会置若罔闻，总认为他们不会提出什么更好的建议来。领导者在思想观念上就树起了一道屏障，把自己与员工隔离开来，就会妄下断语，不听劝告，一意孤行，最终给企业带来损失。这就像是与孩子们相处一样，总认为大人们的想法和做法是正确的，孩子们的想法都不对，认为孩子们太小了、不成熟，他们不会有好的想法，不会有科学的做法，更不会有什么大的发现，其实这些都是完全错误的。孩子们幼小的心灵里都有其最可贵的地方，他们的纯洁无瑕、天真烂漫，都是我们成年人所不具备的，也是我们成年人需要学习和反思的。相信他人，唤醒纯真，在简单里找到生活之美。

参悟本真

人生在世，不要为了一时的烦恼而纠结不已，要参悟本真，找到人生的价值所在，努力去创造美好，收获美好。

全国劳模徐虎被誉为20世纪90年代的活雷锋。徐虎的父亲是工人，母亲是菜农，过去的家境并不宽裕。徐虎读书时，一直都靠学校发给的助学金维持学业。因此，父母经常教育徐虎，不要忘了党和政府的关怀。1975年，徐虎进入上海市普陀区中山北路房管所，成为一名水电维修工。担负起管区内六千多户居民的水电维修、房屋养护工作。当徐虎第一次去居民家修马桶时，看到粪便、污水淌了一地，别说干活，连下脚的地方都没有。但是，看着居民焦急的样子，他只好硬着头皮上。马桶修好了，居民连声道谢，事后还特地给房管所写了感谢信。这件事给徐虎留下了深刻的印象。他想，自己干了分内的工作，居民就这么感激，真的应该尽心尽力做好。从此，只要一有空，徐虎总是认真学习房修水电技术。碰到居民报修，徐虎一喊就到，及时解决。碰到难做的活儿，徐虎千方百计做到居民满意。每次修理完毕，徐虎都主动做好清洁工作；对居民的酬谢，他笑着谢绝；碰上挑剔的居民，他就耐心说服。一来二去，徐虎和居民们的关系从生疏变得熟悉、融洽。从居民的欢笑声、赞扬声中，徐虎体验到了工作的价值、人生的欢乐，再脏、再累，心里也是高兴的。1984年年底，上海市组织"优秀社会服务工作者"评选活动，市民们纷纷给徐虎投票。最终，徐虎获得了一等奖。

参悟本真，活出真实的自己的确很不容易。为了生计可以屈膝，为了占有可以抢夺，这些的确是生命的悲哀，是对生命本身的践踏。我们都期待在生活之中找到真实的自我，人生能够如天空般空灵，能够自由地呈现自己，让生命发光发热，没有内心的壁障，没有丑恶的毒害，一切都是祥和与亲切，一切都是自然与圆满。然而现实中，人们很难达到如此境界。倘若我们能够练就一颗无私无碍、无忧无烦之心，那就会幸福无限、自由自在，人生之美就会时时呈现，幸福之花就能处处绽放。可能我们还存在诸多的烦恼，很难达到那种无忧无虑的境界；可能我们有时会无法掌控好自己，也没有更多的能力去帮助他人。但我们还是要经常反思，扪心自问：什么才是无碍与自在？如何才能够获得内心的安宁，找到人生的快乐？什么才是人生的真谛，如何真正实现人生的价值？这是我们一生都在探寻的课题。

世事的烦恼，日常的忧虑，以及对人生无常的恐惧，对自身得失的计较，都会让我们不自在、不快乐，让我们生活在迷茫与无序之中，没有了幸福之感。其实，这些都是人生之中必然会遇到的事情。我们要客观地看待，坦然地接受，要相信所有存在都有其意义，都是生命的必然。事物的发生、发展都有其客观规律，都是内外因积累的结果，我们应该尊重规律。所以，即便是遇到自己不满意的人、事、物，我们也要面带微笑，泰然处之。我们要尊重现实，不能整日生活在想象之中，不能一厢情愿地想要什么，不想要什么，更不能只想得到而不想付出。保持乐观的心态，努力散发自己的光与热，为生活增添美好，让人生不留遗憾。

敢于创新

时代在变化，安于现状、故步自封只能被时代所淘汰，唯有不断创新，不断变革，学习新技能，掌握新本领，领悟新方法，我们才能不断进步，不断发展。

战国时期著名政治家商鞅为维护秦国统治者的利益而推行了一系列变革措施，这就是商鞅变法。公元前361年，秦孝公即位。年轻的国君决心改变秦国的落后面貌，于是下了一道变法图强的求贤诏令。商鞅就是在这个时候自魏国来到秦国的。商鞅到秦国后，宣传"强国之术"，决心协助秦孝公进行社会改革，因此得到秦孝公的信任，被任命为左庶长。公元前359年和公元前350年，在商鞅的主持下，秦国两次公布了新法。秦国经过商鞅变法，面貌焕然一新。秦国从落后国家，一跃而为"兵革大强，诸侯畏惧"的强国，出现了"家给人足，民勇于公战，怯于私斗，乡邑大治"的局面。正是由于商鞅的作用，秦朝的历史才变得如此辉煌。

今天早上起来较晚，一觉醒来已近八点，抓紧洗漱完毕，急急忙忙去参加雷打不动的全体员工工作视频会议。自春节暴发疫情以来，开会均以腾讯视频会议为主要形式，充分利用腾讯网络会议平台，让大家能够每天在一起相互沟通、相互交流，这样既能够直接倾听每个人的意见和建议，又能够迅速地传达总部的指导方针，引领大家在发展的道路上不断前行。可见，科技创新为生活和工作带来了极大的便利。对于这些创新的工具，我们都应该及时地了解、学习和掌握，让它能够在我们的工作中发挥出作用，从而让我们的工作更加高效。

面对新生事物，人们往往会有一种隔阂与抵触心理，认为为此做出改变和调整是不必要的，认为这些新事物在工作中不一定能起到什么作用，反而有可能影响了现在的工作进度和状态。其实这些想法都是错误的。因循守旧是很难赢得发展、取得成就的。我们要敢于打破常规，敢于突破现状，敢于去学习新事物，让自己不断地创新发展。变革有时会带来阵痛，学习新事物会让我们觉得不习惯、不适应，但是如果我们不去变革，不去突破，又怎么能够不断地进步和提升呢？又怎么能够适应时代的发展呢？所以，我们还是要不断地调整和改变自我，要敢于创新，敢于实践，在不断地调整和改变之中赢得发展。

很多时候，我们会安于现状，会患得患失，这些都是影响我们创新发展的心态。要不断地让内心强大起来，让自己不断地适应多变的环境，勇敢地面对未知的挑战，保持强大的学习力、创新力，紧跟时代的发展，不断地改变自己、提高自己，不断前行，去赢得更大的收获，让自己的人生更加丰富多彩。

保持定力

生活中总会遇到很多阻碍以及很多诱惑，面对这些，我们要保持定力，勇敢前行，去追求既定的目标，追求人生的美好。

一弟子学习射箭，师父告诉他，要学习射箭，先要练好定力。定力怎样练呢？就是站成射箭的姿势，每天站上三个时辰，等练到纹丝不动时，再来学习如何射箭。弟子练了三年，终于练成。可师父说，他只具备身体上的定力，要练习射箭，还必须具备心理上的定力，心理上的定力怎样练呢？师父让他站在高高的危崖上，站成射箭的姿势，每天站上三个时辰，等练到纹丝不动时，再来教他如何射箭。弟子一练又是三年，最终练成。弟子找到师父，师父说，现在可以教他射箭了。师父仅教弟子射箭三个月，弟子就能百步穿杨。弟子不解地问："为什么练习定力需要六年，而学习射箭仅需三个月呢？"师父说："不只是射箭，定力是成就一切事情的基础。而学习射箭，只是一种技巧，技巧再好，如果没有专注的定力，也难以击中目标。"世上好学的是技巧，难做的是定力。

今晚天空阴沉，细雨绵绵，凉风阵阵，给初秋的傍晚蒙上了神秘的面纱。华灯初上，高楼林立，城市流光溢彩。走在市府广场的石板路上，在彩柱灯光的变幻中，我感到无比惬意。的确，白天忙完了一天的工作，晚间给自己内心放个假，让它消除沉闷与疲乏，才能够在平和与沉静之中找到自己的安乐。平日里，我们紧张地忙于工作，每个人都在生活之中奔忙着，寻找着属于自己的幸福与富足，感受着人世间的喜怒苦悲、得失荣辱。每天都在快乐与悲伤之间徘徊，在得失与利弊之间纠结。虽然有收获与拥有的惊喜，但也有生活中的忙乱与忧虑，且有很多的不容易缠绕着自己，究其原因，可能是我们要求标准太高，欲望太盛吧。人的拥有永远没有满足之时，总是期待如何能够把事业做得更大一点，把生活搞得更好一点，让自己拥有得更多一点。对于现在的拥有总有不满足之感，这便是导致自己不快乐的主要原因。

仔细想来，不满足其实也是一种进步的动力，它能够激发我们勇往直前，不怕困难去努力追寻最美好的东西。但是在追求的过程中如果不调整自我的心态，变成了为追求而追求，为名利而努力，为占有而发奋，为地位而辛劳，为金钱而驱使，为虚名而前行，为贪欲而谋划，这就本末倒置了，就失去前行的意义了。眼里只有自我的拥有，而不去考虑付出的善德，就变成了一个为名闻利养而攫取的凡俗之人，这样的人生是很可悲的。虽然，商品社会时时处处都要有物质与财富作为基础，但我们要在滚滚红尘中保持定力，那些所谓的名闻利养，是对人生自由的羁绊，是对自我的一种封闭。唯有把自己的发展融入社会发展之中，为别人多考虑，为别人多付出，通过自己的创造与奉献让别人生活得更加幸福，更加美好，这才是最美好的人生，才是最有意义的人生。生活中，我们要善调自己，涵养品质，真心付出，让大家以己为傲，以己为荣。唯有如此，我们的人生才是幸福的，我们才能真正拥有人生的自在。

善于交流

沟通与交流是信息的传递，是经验的传递，是情感的传递。沟通是桥，交流是路，有了桥，有了路，天下皆通途。

有一个故事，说的是一位教授精心准备一个会议上的演讲，全家都为教授的这一次露脸而激动，为此，老婆专门为他选购了一身西装。晚饭时，老婆问西装合身不，教授说上身很好，裤脚长了两厘米，倒是能穿，影响不大。晚上教授早早就睡了，老妈却睡不着，琢磨着儿子这么隆重的演讲，西裤长了怎么能行，反正人老了也没瞌睡，就翻身下床，把西装的裤腿剪掉两厘米，缝好熨平，然后安心地入睡了。早上五点半，老婆睡醒了，因为家有大事，所以比往常早些，想到老公西裤的事，心想时间还来得及，便拿来西裤又剪掉两厘米，缝好熨平，惬意地去做早餐了。一会儿，女儿也早早起床了，看妈妈的早餐还没有做好，就想起爸爸西裤的事情，寻思自己也能为爸爸做点事情了，便拿来西裤再剪断两厘米，缝好熨平。结果可想而知，改裤子本是一家人出于关爱的体贴行为，却因为沟通不到位，导致三个人付出了三倍的劳动，得到的反而一条短得不合体的裤子。这个故事也告诉了我们沟通与交流的重要性。无论是在生活中，还是在工作中，沟通与交流都是我们必须掌握的一项技能。

昨天上午，在北京神飞航天院办公室与国务院国资委商业发展中心何东升副主任、阿尔山矿泉水陈志军副总经理、食安城市（北京）科技有限公司孙迪总经理进行了座谈，大家就宇航科技产业发展进行了交流。何主任就高科产业发展提出了自己的建议，着重就产业平台发起者的产业背景与定位，如何依托国有企业的优势做大做强宇航科技民用产业，真正成为高科技产业的标杆，发表了自己的真知灼见。的确，产业的发展离不开多种经济体制的共同努力，离不开国家政策的指导与引领，也离不开众多有识之士的共同参与。每一次与领导专家朋友们的交流，都让自己获益匪浅，让自己对产业发展有新的认知。"三人行，必有我师"，在人生的路上我们要不断学习，善于交流，与能者相交，与智者为伍，让视野更高远，让心胸更开阔，让道路更宽广。

昨天下午，又与人民公安报孔梓主任在研究院会议室，就媒体与产业发展做了深入的探讨。媒体是喉舌、是引领，也是产业发展的助力。如何充分发挥媒体的先锋引领作用，把产业的发展与媒体的引领相结合，真正做到产业运营遵法合规、健康发展，这是我们面对的首要课题。我们要站在产业发展的前沿，不断地展现出高科技产业的引领作用，让产业发展建立在科学有序的基础之上，打造高科技的百年基地，为此，我们一定要做出自己的努力。

产业的发展离不了多方人士的广泛参与，离不开各界人士的帮助与协作，唯有如此，才能使产业发展更加稳健。有的时候，我们难免有一种展现自我、自称英雄之心，认为自己能力很大，路子很广，好像自己无所不能。其实，我们要更加虚心一点，更加包容一点，更有耐心一点，善于交流，善于学习，能够从别人身上学到更多的知识，不断地提升自我的认知，充分地挖掘自我的潜能，在产业发展中创新性地开展工作，让自己的工作更有成效，让自己的能力更有提升，让自己的事业更有发展。

感恩情谊

　　社会之中的每个人都不是孤立存在的，都生活在家庭和集体之中，都会享受到亲情、友情、爱情等种种情谊带来的温暖，要感恩所有情谊，感恩所有支持、关爱我们的人。

　　从前，齐国有一对很要好的朋友，一个叫管仲，另外一个叫鲍叔牙。管仲年轻的时候，家里很穷，又要奉养母亲，鲍叔牙知道了，就找管仲一起投资做生意。做生意的时候，因为管仲没有钱，所以本钱几乎都是鲍叔牙拿出来投资的。可是，当赚了钱以后，管仲分到的却比鲍叔牙还多。鲍叔牙的仆人很是不满，鲍叔牙却说："管仲家里穷又要奉养母亲，多拿一点没有关系的。"一次，管仲和鲍叔牙一起去打仗，每次进攻的时候，管仲都躲在最后面，大家都说管仲是一个贪生怕死的人，鲍叔牙却说："你们误会管仲了，他不是怕死，他得留着他的命去照顾老母亲哪！"管仲听到之后说："生我者父母，知我者鲍子也。"后来，齐国的大公子诸儿继位，每天吃喝玩乐不做事，鲍叔牙预感齐国一定会发生内乱，就带着公子小白逃到莒国，管仲则带着公子纠逃到鲁国。不久之后，大公子诸儿被人杀死，齐国果然发生内乱，管仲想杀掉公子小白，可惜把箭射偏了，公子小白没死。后来，公子小白当上了齐国的国君齐桓公，决定封鲍叔牙为宰相，鲍叔牙却说："管仲各方面都比我强，应该请他来当宰相！"齐桓公说："管仲要杀我，他是我的仇人，你居然叫我请他来当宰相！"鲍叔牙说："这不能怪他，他是为了帮他的主人公子纠才这么做的呀！"齐桓公听了鲍叔牙的话，请管仲回来当宰相，而管仲也真的帮齐桓公把齐国治理得非常好。

昨晚，研究院几位领导为白主任从美国顺利回国，举办了一场洗尘宴，大家非常高兴，推杯换盏，互致问候。白主任去美国探亲，受疫情影响在美国滞留了将近半年时间。每天我们都会关注电视新闻，得知美国新冠肺炎的发病率，大家都为白主任及其家人捏了一把汗。按白主任的说法，那叫"度日如年"，虽归心似箭，很是煎熬，但就是难以成行。好在经过朋友介绍，幸运地买到了从韩国转机回国的机票，顺利地于半月前回到了国内。按照要求，在落地城市青岛实施隔离，多次核酸检测呈阴性，彻底排除了被感染的可能，于昨日顺利返京。听到此消息，几位院长都很高兴，奔走相告，互致祝贺。

的确，大家在一起久了，就有了一种深厚的情谊，就有了相互的认可和尊重，就有了相互的信赖和支持。人生活在社会之中，每个人都是社会之中不可缺少的一部分。我们不是一个人单独存在，而是一群人共同存在。我们都是生活在团队和家庭之中，一直有很多关注、关心和支持自己的人，也有被我们关注、关心和支持之人。我们要在家庭中、社会中找到自我的价值，为家庭和社会创造价值，真正成为别人的指引者、关心者和支持者，充分感知到家庭和集体的温暖。

生而为人，我们就是在为这份情谊和关爱而活着，为我们的梦想与美好而活着，为自己的尊重和感恩而活着，为这份亲情与感动而活着。通过与研究院的几位领导、专家的接触，我切实感受到了什么是谦虚与严谨，什么是无私与付出，什么是认真与执着，什么是真诚与宽厚。从他们身上我学到了很多，既学到了专业的知识，又学到了做人的品格，既学到了工作的方法，又学到了发展的理念。我们皆是在学习与发展之中收获，在关爱与支持中成长。珍重友谊，学会做人，树立方向，不断成长，感恩所有给予自己支持与关爱的人。

坚持如一

坚定信念，坚持如一，哪怕是"愚笨"之人也能够通过积累获得成功；而若是缺少坚持，浅尝辄止，即便是"天才"也很难获得成功。

　　欧洲文艺复兴时期的著名画家达·芬奇，从小爱好绘画。父亲送他到当时意大利的名城佛罗伦萨，拜名画家韦罗基奥为师。老师要他从画蛋入手。他画了一个又一个，足足画了十多天。老师见他有些不耐烦了，便对他说："不要以为画蛋容易，要知道，一千个蛋中从来没有两个是完全相同的；即使是同一个蛋，只要变换一下角度去看，形状也就不同了，蛋的椭圆形轮廓就会有差异。所以，要在画纸上把它完美地表现出来，非得下番苦功不可。"从此，达·芬奇用心学习素描，经过长时期勤奋艰苦的艺术实践，终于创作出许多不朽的名画。

　　事业的成功需要不断地琢磨，需要有方向、有目标、有规划、有耐心，有了这些才有了成功的基本条件。除此之外，还要有信心和坚持。信心来自对自我的认知与接纳，要能够以己为荣、以己为傲，永远相信自己能够完成目标和计划。成就事业绝不是偶然所得，而是综合因素聚合起来的结果。如若没有充分的准备和积累，成功也只是一种幻想和奢望，是不可能实现的。想要成功，就要脚踏实地付诸实践，不要指望

"撞大运"，毕竟"天下没有免费的午餐"。唯有依靠自己的努力得来的，才是真正属于自己的。我们要想做出惊世的伟业来，要想在人群中脱颖而出，就要学会耐下心来，要有"铁杵磨成针"的坚持与毅力，做长久的"笨"功夫，能够坚定持久，坚韧不拔。唯有如此，假以时日，才能自然花开。

很多成功人士皆是所谓的"愚笨"之人，然而他们成功了。而恰恰那些"聪明"之人却很难成功，他们不是智商不够，而是因为不能吃苦，不能持之以恒地去做一件事。往往这些人都表现得很聪明，有着过人的才能，要理论有理论，要想法有想法，要关系有关系，要"名气"有"名气"，然而越是这样，越容易受到这些外物的制约，不能够下定决心坚持到底，不能够客观地认识自己，不能够看到和接纳自己的缺陷，不能够谦虚地学习别人。如果能够正确地对待自己的"天赋"，踏实地做事，坚持如一，他们或许更容易成功。可惜他们往往因为自认为比别人优越，而缺少努力付出的动力，最终只能得到失望的结果。这种失望的次数多了，又会给自信心造成巨大的打击，让人对自己失去信心，变得自卑、胆怯，最终让人从优秀变为普通，从正向滑到负向，这种变化也是令人瞠目结舌的。那些始终坚持如一的"笨孩子"，天天学习，天天进步，反而会取得惊人的成绩。所以，信心、坚持缺一不可，唯有坚定自信，坚持如一，奋力前行，才能获得圆满的人生。

坦然面对

现实生活中难免有很多繁杂之事，有很多的艰难坎坷，有很多的不如意、不顺遂，面对这些"不美好"，我们应该保持一种平和的心态，从容坦然地去面对，这样我们才能发现更多美好。

从前，有一座禅院，里面居住着师徒二人。到了三伏天，禅院的草地枯黄了一大片。徒弟对师父说："快撒点草种子吧！好难看哪！""等天凉了。"师父挥挥手，"随时！"中秋，师父买了一包草籽，叫徒弟去播种。秋风起，草籽边撒边飘。"不好了！好多种子都被吹飞了！"徒弟喊道。"没关系，吹走的多半是空的，撒下去也发不了芽。"师父说，"随性！"撒完种子，跟着就飞来几只小鸟啄食。"要命了！种子都被鸟吃了！"徒弟急得跳脚。"没关系，种子多，吃不完！"师父说，"随遇！"半夜突然下起大雨，徒弟一早就跑去找师父："这下真完了！好多草籽被冲走了！""冲到哪儿，就在哪儿发芽！"师父说，"随缘！"一个多星期过去，原本光秃的地面，居然长出许多青翠的草苗。一些原来没播种的角落也泛出了绿意。小和尚高兴得直拍手。师父点点头："随喜！"

静下来才能体验到人生的美好，才能感悟到自然之美、人生之美，才能感知生活的美好与奇妙。很多时候，我们总是匆匆而来，匆匆而去，在繁忙与烦琐之中度日，每天忙得不亦乐乎，但心灵的滋养未能顾及，未能够静下来与心交流。听一听心的呼声，感知一下自己脉搏的跳动，在无私无欲中去畅想和感受。那是一种很奇妙的声音，律动轻柔，富有节拍，就好像母亲在轻拍怀里的孩子，让孩童安然入睡一般。人一定要找到使自己安心的环境，让自己的内心平和安然、无忧无挂、洒脱自然、平和静雅。在安详与满足中生活，在希望与感恩中畅享，有了这份心境，就有了生活的情趣与意义，就有了人生的向往和向上的动力。我们处在一个充满欲望的躁动的时代，如何能够在充满激烈的竞争境遇中脱颖而出，独树一帜，活出自己的真性情，活出自己的真情趣，这确实是需要我们去选择去培养的。

很多时候，我们静不下来的原因还是欲望太盛，不能够洒脱地去看待成败得失。无论是对财富、对地位、对名誉、对尊崇都有很多奢望，想在诸多的拥有上能够更多一点，更大一点，更好一点，这样就有了贪求心，就有了依附性，就有了更多的关注与争取，就会劳神费力，寝食难安，就会犹豫彷徨，瞻前顾后，就会活得很累。总是生活在寄予的厚望中，生活在别人的眼神中，这样的人生是非常辛苦的，是失去了自己的人生。其实，人还是要面对自己，把自己的心结解开，用清净与洒脱去面对生活，用清净和自然去理解万物，用真诚与付出去为人处世，对于所谓的名闻利养能够淡然处之，不为所动，乐观处世，宽厚待人，活出人的真性情来，这样的人生才是最有意义的人生。生活之中，我们难免会被欲念所牵，被外境所染，但如果我们能够参悟其本质，身在其中，心有所指，能够守住做人的底线，能够用美好来陶冶自心，就一定能够享有人间的快乐。

整合资源

　　现代社会是一个充满竞争的社会，同时也是呼吁合作的社会，处理好竞争与合作的关系，依靠合作的力量，才可以在商场上立住脚跟，才能够登上成功的顶峰。

　　有一个魔术师来到一个村庄，他对村里的人们说："我有一颗神奇的汤石，把它放进烧开的水中，会变出美味的汤来，让我现在就煮给你们喝吧。"于是，有人就找来大锅，有人提来水倒进去，架上柴烧起来。魔术师从怀里掏出一颗石头放进沸腾的水里，然后用汤匙尝了一口，兴奋地说："太美味了！要是再加一点洋葱就更好了。"立即有人冲回家拿了一堆洋葱来，魔术师又尝了一口："太棒了！要是再放一点肉就无与伦比了！"又有人拿来一些肉，就这样，在魔术师的建议下，有人拿来调料和盐，有人拿来其他的材料，都放进去煮起来……当最后汤煮好了，大家你一碗我一碗地在那里享用时，发现这真是天底下最美味的汤了。这锅汤为何如此美味？魔术师拿出的不过是一颗普通石头，是因为每个人都贡献了自己的一份力量，才使这锅汤变得如此美味。其实，做事业也是如此，唯有整合各自的资源优势，才能实现互利共赢、繁荣发展。

时间过得真快，一晃儿回北京已经八天了，打算用三四天的时间把工作处理完，然后赶到郑州、许昌、西安各地走一圈儿，与各办事处人员做些交流，与各地行业的协会领导见个面，把近期的战略布局规划一下。科学合理地安排时间，加快宇航科技产业化进程，在产业平台建立上，在科技民用化推广上，争取做出更大的成绩，这的确是一件非常有意义的事情，是值得自己努力去做的事情。产业发展必须有平台来承载，也必须有科技来助推。没有平台就相当于唱戏没有了舞台，没有科技就相当于没有了迅速发展的动力。要打造平台，就要整合各方优势资源，充分发挥各方优势。只有整合各方资源，深入挖掘产业转换的潜力，才能找到科技应用的"矿藏"，凝聚力量，取得科技产业应用与发展的伟大成就。这的确是值得我们去努力的方向，绝不是过誉之词。

产业平台的建立也不是那么容易的，它需要我们整合多方面的资源，把各方面的优势充分调动起来，围着一个目标而努力，把科技与产业紧密结合，以市场为依托，打通产业发展的"最后一公里"。在产业发展中往往有丰富的资源，但没有进行系统化的规划，没有进行资源配置，没有专业的平台服务机构，这样就导致了各自为政，资源分散，产业发展就像无头苍蝇一样东撞西撞，造成了很大的资源浪费，实在是很可惜。的确，在实际发展过程中，高科技的品牌，高科技的产品，规划的生产体系，畅通的销售渠道，是形成产业发展必不可少的基本条件。好的品牌需要有好的产品来引领，好的产品需要好的渠道来推动，好的销售渠道需要专业的策划来建立。没有平台，没有队伍，没有综合的产业发展思维，是不可能把这些事做好的，它需要我们长期努力，不断积累，创新创造，坚持前行。

正视成败

要树立正确的成败观，成功时不要一味欣喜，失败时也不要过分沮丧，要从过往的成败中总结经验教训，更好地迎接下一次挑战。

可口可乐是众所周知的可乐品牌，也是历史最为悠久的可乐公司之一，在全球的可乐市场上处于领先地位。1984年，可口可乐公司遭到百事可乐公司强有力的冲击，为了扭转不利的竞争局面，可口可乐公司把重任交给了塞吉诺·扎曼。扎曼是一个勇于创新的企划人，这一次，他的创新却给可口可乐公司造成了巨大的损失。他更换了可口可乐的旧模式，标之以"新可口可乐"，开始宣传起来。然而，那些多年来已习惯了可口可乐味道的老顾客们并不买账，扎曼的策划彻底失败了，他不得不辞掉了职位，回到家中。经过了一番心态的调整，扎曼决定自己创业，他和另一个合伙人开办了一家咨询公司，在亚特兰大一间被他戏称为"扎曼市场"的地下室里，他操纵着一台电脑、一部电话和一部传真机，为微软公司和酿酒机械集团这样的著名公司提供咨询。他的信条是："打破常规，敢于冒险。"在这个信条的指引下，扎曼为微软公司、米勒·布鲁因公司为代表的一大批客户成功地策划了一个又一个发展战略。一天，可口可乐公司总裁罗伯特亲自来向他咨询，并请他回来整顿公司工作，他对扎曼说："我们因为不能容忍错误而丧失了竞争力，其实，一个人只要运动就难免有摔跟头的时候。"

把生活的点点滴滴记录下来，把工作的每一个成就积累起来，我们就能够有较大的收获与进步。很多时候，我们总想着一夜成名，一夜暴富，奢望天上掉下幸运之"饼"能正好砸在自己的头上，自己能够幸运连连，福禄多多。但现实中往往很难遇到那种"运气"，很多人只想着收获而不想付出，稍微努力一下就希望得到好的结果，往往只能事与愿违，于是人就会失去了信心，结果只能半途而废。想要的"金饼"没有掉下来，成功的果实没有摘到，就会整日哀声连连，从希望到失望，从幸运到不幸，内心的落差是很大的。

如若我们不能客观地看待自己，不能够真心地接纳自己，就会变得不自信，变得焦躁不安，对于别人对自己的看法就会尤为敏感，人就会失去了努力的方向和勇气，变得颓废甚至堕落。因此，我们一定要正确地看待自己，既要看到自己的优势，也要看到自己的劣势，既不能骄傲，也不能自卑，要积极接纳自己，客观看待自己和别人，做到积极乐观、谦虚宽厚。不管是成就多多，还是失败连连，都要保持一颗冷静之心，分析成功和失败的原因，总结经验和教训，及时调整，找准方向，不骄不躁，不卑不亢，自信冷静，科学应对。要拥有一个好的心境，拥有一颗坚忍、勇敢、乐观之心，拥有向上的激情和不断前行的动力，这是我们最大的财富，也是我们一生的保障。

融合发展

一个人要想成就事业，就要正确地认识自己，发掘自身的优势，同时要学会与人合作，整合各自的优势，形成融合发展，这样他才能赢得事业的成功，实现自身的价值。

在植物世界中，地衣的生命力几乎是首屈一指的。根据实验结果，地衣在-273摄氏度的低温下能生长，在真空条件下放置六年仍能保持活力，在比沸水温度高一倍的温度下也能生存。因此无论沙漠、南极、北极，甚至在大海龟的背上，我们都能看到地衣的身影。地衣为什么有如此顽强的生命力？人们经过长期研究，终于揭开了"谜底"。原来地衣不是一种单纯的植物，它是由两类植物"合伙"组成，一类是真菌，另一类是藻类。真菌吸收水分和无机物的本领很大，藻类具有叶绿素，它以真菌吸收的水分、无机物和空气中的二氧化碳做原料，利用阳光进行光合作用，制成养料，与真菌共同"享用"。这种紧密的合作，就是地衣有如此顽强的生命力的秘密。合作共赢，合作不仅是一种积极向上的心态，更是一种智慧。

产业发展是一个多方融合的过程，是需要把政、产、研、学、商统一整合的过程。也就是把政府的政策助力、待挖掘的产业潜力、研发技术的优势、大专院校的专家资源、深入拓展商业运营的渠道充分地结合起来，调动各方面的积极因素，找到产业发展的规律，把握市场运营的脉搏，真正找到符合市场整体发展的新模式、新方式、新方法，实现产业的融合发展，为社会经济的发展找到一种新的途径。不要小看产业的整合优势，唯有发挥多方面各自的优势，充分整合利用社会各方面的资源，产业发展的成功率才能大大提升。如果只是固守于自我的优势，不能够整合资源，形成互通互融、互助合作，把自我封闭起来，就会势单力薄，就不可能把产业做好。这是我们要戒之慎之的。

很多时候，我们会犯两个方面的错误：一方面是盲目的"自信"，认为自己无所不能、无所不包，所有的事情自己都能够处理好，不需要别人的帮助。这种盲目的自信是很要命的。自信是做事业必须具备的品格，但是盲目自信、孤芳自赏只会给人带来失败，甚至造成不可估量的后果。所以，一定要对自己有客观的认知，任何事业的成功不能单靠运气，要审时度势，有客观的评价与规划，充分有效地调动一切有利的因素，这样才能够赢得个人的发展和事业的成功。而另一方面，过于不自信、自卑、胆怯，做起事情来瞻前顾后、畏首畏尾也不行。我们需要集合众家之长的前提，是要看到自己的优势，正确地做出分析。只看到别人的优势而看不到自己的优势，一味地去依靠别人，也是无法真正赢得成功的。每个人都有自己所擅长的和自己所不擅长的领域，要充分发挥自己的优势，结合自身的实际情况，做出科学的规划，找到正确的发展方向。树立了目标，便要坚定前行，这样才能够真正实现自己的价值。若是还没开始就担心失败，认为自己"不行"，没有信心和勇气，不敢轻易树立目标，或是有了目标却不敢迈出第一步，这样的人，即使有了很好的外部环境，有了外力的支持，也不可能实现自己的目标。

所以，一个人如果盲目自信或者是过于不自信，都是非常有害的。我们一定要正确地认识自己，客观地看待他人，整合各自的优势，对产业发展做出科学的规划，充分调动各自的积极性，发挥各自的主观能动性，不断创新，大胆跨越，去实现产业发展。让我们整合资源，真正形成优势互补，形成产业运营的同盟军，共同去实践，共同去创造，共同去发展。

克制欲望

从善如登，从恶如崩。所以，一定要做到时时刻刻保持清醒，做到自律自省，克制欲望，及时调整自己的心态和习惯，这样才能做自己的主人，掌控自己的人生。

有个画家想画佛与魔。他在一个寺庙里，找到一个僧人，发现他打坐的时候，气质清明安详。于是他邀请僧人做自己的模特，并许诺了丰厚的报酬。画作完成后，画家一举成名，僧人也如愿拿到了重金谢礼。过了一段时间，画家想要找一个魔鬼的原型，但是找来找去都不满意。直到有一天，他去了监狱，见到了一个犯人，他很满意，于是着手作画。这时候，犯人失声痛哭。画家很奇怪，就问他为什么。犯人说："上次你画佛的人是我，这次你画魔也是我。"原来，僧人拿到报酬之后，下山去花天酒地，金钱很快用完，但是欲望越来越大，最终一步步沦陷下去。他偷盗、抢劫，无恶不作，最终锒铛入狱。画家了解之后，长叹一声，丢掉画笔，再不作画。人心最难直视，佛魔也只在一念之间，一旦沦陷在欲望之中，就永远没有回头的余地。

很多时候，我们会被自己的习惯和欲望所影响，无法克制自己，做出一些与原本的目标相违背的事情，失去了原有的本心，丢掉了原有的自我，内心变得慌乱而无序，纠结而苦闷。究其根源还是在于不了解自己，没有对内心的掌控，没有及时地调整自己。无论是习惯还是欲望，都是在某一刻种在内心之中的，不断地积累，逐渐生根发芽，迅速地生长起来，在心田之中开花、结果。也许自己没有觉察到，没有意识到它的变化。所以，我们一定要注意观察自己内心的变化，要及时地加以调整和约束。调节自心最为重要的就是防微杜渐。我们要在生活中不断积累和培养善之因，把人性之中最闪光的一面呈现出来，让心田长出丰硕的果实，这样我们才能够真正享受到人间的福乐。

在工作和生活中要不断地反思，反思自己的思想和行为，哪些是要不断发扬和继承的，哪些是要不断去追求和探索的，哪些是不符合道义和准则的，哪些是要废弃和去除的。一个人要清醒地认识到自己的本心，清醒地做出判断和选择，不被外境和欲望所牵，使自己拥有长久的发展和一生的快乐，成为自己的主人，掌握自己的命运，活出真正的自己。要看透人间的无常，去除私心和贪欲，敢于舍得自我，乐于奉献他人，用无私和宽厚来引领自己的内心，做一个真正对别人有益之人，活出生命的意义和价值。也许，我们还做不到真正的无私，做不到至善的境界，但只要努力，我们就一定能够获得人生的圆满与自在，这是我们努力的方向。做到自省、自律、自我约束，去创造人生的光明与美好。

榜样力量

榜样的力量是无穷的。家长是孩子的榜样，孩子是家长的折射，要在方方面面对自己高标准、严要求，给孩子做出榜样。

曾参，春秋末期鲁国有名的思想家、儒学家，是孔子门生中七十二贤之一。他博学多才，且十分注重修身养性，德行高尚。一次，他的妻子要到集市上办事，年幼的孩子吵着要去。曾参的妻子不愿带孩子去，便对他说："你在家好好玩，等妈妈回来，将家里的猪杀了煮肉给你吃。"孩子听了，非常高兴，不再吵着要去集市了。这话本是哄孩子说着玩的，过后，曾参的妻子便忘了。不料，曾参却真的把家里的一头猪杀了。妻子看到曾参把猪杀了，就说："我是为了让孩子安心地在家里等着，才说等赶集回来把猪杀了烧肉给他吃的，你怎么当真呢。"曾参说："孩子是不能欺骗的。孩子年纪小，不懂世事，只得学习别人的样子，尤其会将父母作为生活的榜样。今天你欺骗了孩子，玷污了他的心灵，明天孩子就会欺骗你、欺骗别人；今天你在孩子面前言而无信，明天孩子就会不再信任你，你看这危害有多大呀。"曾子深深懂得，诚实守信、说话算话是做人的基本准则，若失言不杀猪，那么家中的猪保住了，却会在一个纯洁的孩子的心灵上留下不可磨灭的阴影。

　　昨日，岳母带着女儿来北京秋游，爱人和儿子原本打算一起来的，结果临上车时儿子体温达37.3摄氏度，便临时决定不来了，因此，原本全家齐聚北京的计划就又泡汤了。好在五岁多的女儿还是很开心，在站台上看到我来接他们，便满脸笑容地飞扑过来，让我一直抱着就是不下来。这份亲情深厚无比，真的是心灵的相通，是血脉的感应。

　　很多时候，我都是在外奔波，每个月在家的时间不多，与家人们聚少离多，时常听岳母、爱人说孩子们在念叨："爸爸去哪里了？怎么还不回来呀？"孩子是那样天真无邪，总是把自己的真实情感表露出来。的确，我自己也感觉到陪伴孩子的时间太少，不能够与孩子朝夕相伴，孩子的日常生活都是由爱人和岳母来打理，两个人忙前忙后，忙得不亦乐乎。尤其是在学习方面，爱人抓得比较紧，孩子每天都要学好几门功课，还要参加骑马、游泳、击剑等体能训练，忙得也是团团转。"可怜天下父母心"，养育儿女并非易事，不仅要"养"，还要"育"，既要让孩子吃喝不愁、生活无忧，还要让他们接受良好的教育，让他们能不断进步、不断成长。

　　父母对儿女之爱是最无私、最真挚的，所有的表达都是人间真情的流露，都是感动天地的表露。回忆自己幼小之时，家庭条件较差，父母日夜劳作，没有那么多时间陪伴我们。父亲在县城上班，忙完一天的工作，还要回家干农活，播种、犁地、浇水、施肥……没有一刻的清闲。母亲也是整日操持家务，洗衣做饭，下地干活，还要照顾我们兄妹三人，督促我和弟弟、妹妹的学习，真是有忙不完的事情、干不完的活。在我儿时的记忆中，父母总是没日没夜地干活，好像从来不知疲倦，就像是一台永不停歇的机器，一直在运转着。即便是现在，父母都已经七十多岁了，还是忙里忙外，一刻也不停歇。每次让二老注意身体，多多休息，他们总是说："忙点好，歇着更无聊，还不如干点活，既能有点成绩，还能锻炼身体。"有时候我也在想，人至中年，自己应该如何真正做到孝敬，能够让父母心安愉悦，安享晚年？如何才能让孩子们健康快乐、茁壮成长，如何才能让自己成为他们的榜样？想来想去，还是要用更高的标准来要求自己，让自己无愧于人、无愧于己，真正为家人们带来安心与快乐。

客观分析

客观地分析事物，才能把握事物的规律；客观地分析自己，才能不断地提升自己；客观地分析失败，才能找到成功的方法，继而走向成功。

一位棋道高手退役后被聘请为教练，他培训年轻选手的方式十分特别。他不教年轻棋手们怎样去进攻别人，也不教年轻选手们如何运用谋略，他和徒弟们天天对弈，决出输赢后，让徒弟们记住他们自己对弈时的每一步，然后，仔细推敲自己的每一步落子，找出失误，这就是他布置给那些年轻棋手的作业。找出自己失误多的，他就表扬；找出自己失误少的，他就十分严厉地予以批评。这样教的时间长了，年轻棋手们纷纷有了意见，同行的几位教练也对他十分不解。面对这些，他依旧我行我素，还是认真地让棋手们仔细找出自己对弈时的失误。有时，他只是给他们一个简单的提醒，更大的失误都让年轻棋手们自己去发现和反省。天长日久，那些棋手的失误越来越少了，有的甚至一局对决下来竟没有一次失误。这个时候，棋手们开始向他要求说："给我们传授点理论和技巧吧！"他冷冷一笑说："棋道，没有什么技巧，也没有什么谋略，一个对弈高手，最大的技巧就是能够轻而易举发现自己的破绽，最高的谋略就是能够避免自己的失误。"后来，他培训的选手参加对弈大赛，和许多顶尖的棋手对决，很多高手都被他们一一击败。获胜之后，那些年轻选手欣喜若狂地回来向他报喜，他说："一个棋手能否赢得别人，技巧和谋略都无关紧要，最重要的是他要赢得自己，杜绝自己的失误。没有失误，就没有破绽，任何人都对你束手无策了。"

任何事情做了就不要后悔，后悔是一种毒药，它的影响甚至超过了事情本身。我们要学会对自己负责，对自己的行为和思想负责，能够接受自己，接受现实，接受任何难以接受的东西；能够客观全面地了解事物发生发展的过程，深入地分析导致事物出现的根源。只有全面地了解事物，深入地分析根源，我们才能够更好地得知事物发生发展的规律，更好地去指导实践，达到既定的目标，才能让自己更好地把握自己，真正成为自己的主人。

现实生活中，我们往往只看到了事物的某一方面，而没有全面地去了解，没有深入地分析其发生发展的原因，这会让我们产生错误的认知。比如，很多人在面对失败时，会为自己行为和产生的结果感到懊悔，陷入深深的自责之中，认为自己是一无是处的。这种懊悔和自责并不能够解决问题，反而会给自己造成巨大的痛苦，甚至会让人从此失去了自信，变得自卑、懦弱，不敢再轻易尝试，或是自暴自弃，在痛苦中度过一生。因此，我们一定要全面地分析失败的原因，不管是做错了什么，不要一味地自责和哀叹，要知道失败都是有其根源的，我们要找到其根源，及时去做出调整和改变，从而找到成功的方法，创造出成功的结果。所以，明了这一点就把握了行为的源头，就能够深刻地认识到日常思维累积的重要性。

人之行为表现是由思想意识所决定的，改变了思想意识就改变了我们的行为习惯，就会有不一样的人生结果。我们要学会追根溯源，学会认真地分析事物，学会总结和把握规律，让自己能够及时调整思想和行为，让自己不断成长、不断进步，这样我们就会拥有一个不一样的人生。

面对失败，与其后悔自责，与其哀叹不已，不如去分析思考导致此结果的原因。要客观冷静地分析思想和行为的起因，发现改变自己、提升自我的方法，从而让自己获得新生。人生就是在不断实践中提升，在不断总结与调整中成长的。"人非圣贤，孰能无过"，要学会宽慰自己，客观看待自己，从自己身上去找规律、找方法，不断提升自我，这样我们才能走向成功。

知足之心

放下诸多的欲望，珍惜当下的拥有，对于生活常怀知足之心、感恩之心，这样我们才会拥有真正的轻松与自由，才能拥有真正的快乐与幸福。

很久以前，有一个天使，送信的时候在人间睡着了。醒来后，他发现翅膀被偷走了。没有翅膀的天使，能力比普通人还要小。他又冷又饿，只好一家一家地敲门求助，但是都遭到了拒绝。天使对牧羊人述说自己的遭遇，牧羊人好心地收留了他。于是天使每天和牧羊人一起牧羊。不久，他用积攒的羊毛为自己织了一双翅膀，重新飞回了天堂。过了几天，找回能力的天使前来答谢牧羊人。牧羊人说："让我增加一百只羊吧。"羊群增加了一百只，牧羊人比过去更累了。他找到天使，请他把羊收回去，为自己盖一所大房子。牧羊人在大房子里住着，发现到处是灰尘，打扫不过来。他用房子换了一匹马。牧羊人骑在马背上，但不知要到什么地方去，就把马还给了天使。天使问："你还要什么？"牧羊人回答："什么也不要了。"天使说："人从来都有很多愿望，你难道没有吗？"牧羊人回答："愿望实现之后，我才知道我不需要这些东西，它成了我的累赘。"天使说："我送你一样无价之宝，那就是心态。你想有什么样的心态?"牧羊人说:"我已经有了这样的心态,那就是知足。"

昨日中午,到沈阳的市府广场去散步,看到一位精神矍铄的老人在放风筝,风筝的图案很漂亮,是只五彩缤纷的蝴蝶。老人犹如在花丛中上下起舞的工蜂,孩童一般在广场上东奔西跑,也犹如赶海的渔民,随着漂泊在海浪间的一叶渔舟上下舞动,在海浪里优哉游哉。那一刻,我感悟到了什么是真正的幸福,什么是真正的自由和快乐,知晓了幸福与快乐不在于有多少金钱,不在于有多高的地位,而是在于内心的希冀与满足,在于发自内心的自由与快乐。

现实之中,我们都不可能左右周遭的环境,不可能没有痛苦与挣扎,没有纠结与烦恼,没有失去与哀叹。而我们往往有着不同的追求,常常承受着满足之苦。原有的期盼即便得到了满足,也会有更多的欲望,想要追求更多的东西。别人拥有的,自己也想要拥有;别人达到的,自己也不甘落后。在这种欲望的驱使下,内心就会变得异常急迫与渴望,想要马上实现自己心中的梦想,而一旦这种梦想难以达到,或是实现的过程中较为漫长,自己就会变得非常焦虑、非常失落,继而失魂落魄,无精打采,好像是霜打的茄子一样,毫无生机与活力。所以说,人的痛苦不是来自得到了多少,而是来自未满足的愿望有多少。

人,要拥有一颗安守、知足与感恩之心。我们若拥有了知足与感恩,拥有了安守与安乐,拥有了淡然与平和,拥有了奉献与有为,就会对当下的人生有了新的理解,就会拥有人生的快乐与前行的动力。这便是我从这位放风筝的老人身上学习到的。愿我们都能把安然放在心上,把梦想放在身上,找到生活中那份自在与快乐。

辩证思维

要客观、全面地看待事物，既要看到有利的一面，也要看到不利的一面，要分析事物发展的规律，找到事物内在的关联，变不利为有利。

一天，一个农民的驴子掉到了枯井里。那可怜的驴子在井里凄惨地叫了好几个钟头，农民在井口急得团团转，就是没办法把它救起来。最后，他断然认定：驴子已经老了，这口枯井也该填起来了，不值得花这么大的精力去救驴子。农民把所有的邻居都请来帮他填井。大家抓起铁锹，开始往井里填土。驴子很快就意识到发生了什么事，起初，它只是在井里恐慌地大声号叫。不一会儿，令大家都很不解的是，它居然安静下来。几锹土过后，农民终于忍不住朝井下看，眼前的情景让他们惊呆了。每一铲砸到驴子背上的土，它都做了出人意料的处理：迅速地抖落下来，然后狠狠地用蹄子踩结实。就这样，没过多久，驴子竟把自己升到了井口。它纵身跳了出来，快步跑开了。在场的每一个人都惊诧不已。其实，生活也是如此。我们要辩证地去看待眼前的困境，冷静地面对，全面地分析，在危机之中寻找并抓住转机。

现实生活中，我们往往习惯片面地看待事物，不能够客观全面地看到事物的全部，因此产生错误的认知，做出错误的判断，最终造成失败的结果。其实，事物都存在正反两个方面，既有好的一面，也有不好的一面，需要我们客观全面地去了解，深入地去分析。不能只看到其中的一个方面，把自己引入误区，让自己被事物的假象所迷惑。人们认识事物往往会依据自己所看到的部分，认为看见黑就是黑，看见白就是白，看见好就是好，看见坏就是坏，看见美就是美，看见丑就是丑，看见真就是真，看见假就是假。而我们所看见的未必是事物的全部，未必是事物真实的本质。要知道黑与白、好与坏、美与丑、真与假这些看似对立的，其实是相互映衬、相辅相成、缺一不可的。我们要从中发现事物的关联性，它们有时是可以互相转换，互相依托的。所谓的好有其不好之处，所谓的美也有其丑的一面，事情的存在往往是一体两面的，我们既要看到其好的一面，又要看到其不好的一面。我们往往对于"不好"的一面会刻意回避，不知道如何去面对它、了解它、消除它，一味摒弃，不加辨别，不分析其成因，这样并不利于自我的发展。

现实中，我们太过于要求完美，只看到事物的正面内容，不能看到事物的反面，这样就会埋下失误的种子，让自己陷入更大的危险之中，这的确是我们应该重视的。对于现实中所遇到的不完美的东西，要充分地调研与分析，不要排斥与回避，要深入其中，了解其发生发展的原因，做到全面认知、科学引导。一味地排斥只能使问题越积越多，最后导致内心的失衡。如若我们不能够客观看待事物，不能够客观分析问题，孤立、片面地看待人与事，就会让自己失志、失衡、失意。过于追求所谓的"洁净无染"，人就会脱离了现实的生活，处于一种呆板的、虚无的生活状态之中。我们要学会与自己和解，学会科学地处理问题，学会与内心相应，要向社会学习，向他人学习，向自己学习，真正成为一个全面掌控自己之人。

学会包容

现实生活中既无完美之人，也无完美之事，我们应该学会接纳不完美的世界，学会包容与理解，常怀平和、宽厚之心，发现更多美好。

有一个男孩脾气很不好，经常为些小事而抱怨和责怪他人。一天，男孩的父亲给了他一袋钉子，并且告诉他，每当他发脾气的时候就钉一根钉子在后院的围篱上。第一天，这个男孩钉下了三十七根钉子。慢慢地，每天钉下的数量减少了。男孩发现控制自己的脾气要比钉下那些钉子来得容易些。终于有一天，这个男孩再也不会失去耐性乱发脾气，他将这件事告诉他的父亲，父亲告诉他，现在开始每当他能控制自己的脾气的时候，就拔出一根钉子。时间一天天地过去了，最后男孩告诉他的父亲，他终于把所有钉子都拔出来了。父亲拉着他的手来到后院说："你做得很好，我的好孩子。但是看看那些围篱上的洞，这些围篱将永远不能回复成从前。你生气的时候说的话将像这些钉子一样留下疤痕。如果你拿刀子捅别人一刀，不管你说了多少次对不起，那个伤口将永远存在。话语的伤痛就像真实的伤痛一样令人无法承受。"人与人之间常常因为一些彼此无法释怀的坚持，而造成永远的伤害。如果我们都能从自己做起，宽容地看待他人，相信一定能收到许多意想不到的结果。帮别人开启一扇窗，也就是让自己看到更完整的天空。

　　现实生活中有很多的无奈与纠结，我们往往不知道如何去排解，让自己陷入恐惧与哀怨之中难以自拔。畏惧不好的结果，哀怨命运的不公，认为一切都是别人的错，这种情绪若经常出现，在内心之中缠绕，就会让人变成一个"怨妇"，整日抱怨不休，不仅让自己意志消沉，而且还会令别人厌烦。其实，仔细分析，所谓的苦与怨只是自己内心的感知而已，原本事情没有那么复杂，只要我们的心态变了，一切的苦与怨都能够化解。要学会与心交友，与心和解，给自己的内心以温暖和安慰，这样人生就不苦不怨了。

　　生活中，最关键的就是要学会包容和理解他人，学会宽厚与大度，学会付出和给予。凡事要多为别人考虑，学会站在别人的角度上看问题，学会分析哪些会给别人带来痛苦，带来不利，即使是自己受到了委屈与伤害，也要把这种委屈与伤害当作是锻炼自己心志的机会，当作是自己成长、成熟的阶梯，当作是能够学会理解和包容的大课堂。一个人受得了委屈，容得下别人，才能获得快乐。生活中有很多的问题和痛苦，来自自己内心的执着，当你解开心结，放下执着，问题和痛苦或许就会随之消失了。有时候，我们会为一句话或是某些小小的利益而大动肝火。实际上，这些纠纷往往是没有意义的，是不理智的，最终只会带来伤人伤己的后果。

　　其实，我们应该学会站在不同的角度去看问题，不要用狭隘的眼光去看待，而要用宽容、豁达的态度去面对，如若钻了牛角尖，就会觉得内心纠结，让自己身心疲累。"世事无常，笑看斜阳"。我们生活在一个不断变化的世界，要读懂人世间的不完美，要了解世事的无常性，一切皆有变化，一切皆有可能，要葆有一颗平和之心、豁达之心，做到放松、看淡、放下。要给自己的内心时时注入活力，学会舍得，学会无私，学会包容，学会理解，学会站在更高的角度上看问题，学会用宽厚的胸怀去体谅别人。金无足赤，人无完人。我们生活在一个不完美的世界里，要接受这些不完美，包容这些不完美，同时也要在可实现的范围去创造"完美"，不断超越自我，去实现自己的人生价值。

把握规律

做任何事情，唯有客观分析，冷静面对，尊重规律，把握规律，找到科学的方式方法，才能够取得事半功倍的效果。

有一位老族长带领村民日夜兼程，要把盐运送到某地换成过冬的大麦。有一天晚上，他们露宿于荒野，星空灿烂。长者依然用祖先世代传下来的方法，取出三块盐投入篝火，占卜山间天气的变化……大家都在等待长者的"天气预报"：若听到火中盐块发出噼里啪啦的声响，那就是好天气的预兆；若是毫无声息，那就象征天气即将变坏，风雨随时会来临。长者神情严肃，因为盐块在火中毫无声息。他认为不吉，主张天亮后马上赶路。但族中另一位年轻人，认为"以盐窥天"是迷信，反对匆忙启程。第二天下午，果然天气骤变，风雪交加，坚持晚走的年轻人这才领悟到长者的睿智。其实，用今天的科学解释，老族长也是对的，盐块在火中是否发出声音，与空气中的湿度相关。换句话说，当风雨欲来，湿度高，盐块受潮，投入火中自然喑哑无声。

近期，在北京安排研究院的诸多工作，有很多的事情需要处理，有些事很艰辛、很棘手，有时自己也会感到力不从心，不知道如何才能把事情办得更加周全，更加圆满。每当这时，我就会羡慕身边的一些朋友，他们在面对事情时总是能够迎难而上、不畏艰辛、举重若轻、游刃有余，将工作安排得妥妥当当，而这也是我需要去努力学习的。

人至中年，考虑的问题就多了起来，其中也包括自己的身体健康问题。年轻时从来没有过多地在意自己的身体，甚至认为那是不需要考虑的问题。那时常年出差在外，国内国外东奔西走，从来不曾感觉到疲劳，而现在身体时不时就会出现不舒服的症状，体力也大不如前，时常会觉得疲惫不堪。

"自然法则无可抗拒"，每个人都要按照自然的规律去办事，谁违背了规律，谁就会受到自然的惩罚。一个人只有遵循规律、敬畏自然，才能安然生活、自在无忧。所以说，我们还是要注意自己的生活方式，要科学地安排作息，要遵循规律，用科学的方法来解决问题。面对变化，要泰然自若，不危不惧，不卑不亢，不忧不怒，客观分析，科学应对。一个人不可能把所有事情都处理好，要学会借助集体的力量，发挥集体的智慧，团结互助地去解决。要分析事物发生发展的过程，总结规律，找到方法，同时做到统筹兼顾，找到最佳的方式，将事情处理得更加圆满。

总之，我们要妥善前行，不能冒进，要有耐心，充满信心，认真面对。有时候，一时解决不了的问题，可以稍微缓一缓，不要急于求成。也许稍微缓一缓，我们就能够找到更好的解决方法。关键是要调整好自己的心态，不能盲动，不能冲动，不能乱动。很多时候，我们越是急于解决某个问题，越是不能圆满解决，欲速不达。调整心态，相信自己，冷静分析，把握规律，如此才是解决问题之道。

静能生智

静能养生，静能开悟，静能生慧，静能明道。心静则清，心清则明，心明则灵，心灵则聪慧清醒。

裴度是我国唐代中期杰出的政治家、文学家。他任中书令时，有一次举行酒宴，当大家喝得兴高采烈时，一名随从悄声告诉裴度官印丢了。丢了官印可是严重失职，裴度却只是皱了皱眉，告诉随从不要声张，过一个时辰再去找找。酒宴继续进行，一个时辰后，随从跑去查看，官印居然又好端端地回到了柜子里。随从兴冲冲地向裴度报告，裴度听罢，点了点头。宴席散后，随从问裴度："大人，为什么官印丢了您却一点都不着急？官印又是怎么回来的呢？"裴度笑着解释："这官印别人拿去不能用，也不敢卖，一定是书办们偷去私盖书券了，料想用完肯定会放回原处的。如果声张追查，他们定会将官印悄悄藏匿甚至扔掉，可就再也找不回来了。"随从听完恍然大悟，钦佩不已。始终保持沉着冷静，处变不惊，才能更好地处理遇到的事情。

文章要静下心来写，如若心旌摇曳，不得心安，就会智慧闭塞，灵气尽失，灵感殆尽。没有了内心的定力，没有了前行的方向，没有了精神的展现，没有了人生的信仰，这是非常危险的，不仅会损耗我们的身体，而且会带来心灵上的伤害。若想做到心静神安，首先就要学会控制欲望，学会理性地看待问题，把控自己的行为，保持安然平和之心，让自己置身于清净的环境中，给自己的心灵带来滋养与指引，唯有如此，我们才能收获更多的快乐。

现实生活中，难免会有很多的诱惑，有些确实是难以抗拒的，仿佛有一种令人神志不清的魔力，让人无法挣脱，陷入盲动和苦恼之中，犹如被人生抛弃一般，内心痛苦，茫然无依，甚至会对今后的人生带来较大的影响，让人从此蒙羞，精神产生错乱，身心受到伤害。这绝对是得不偿失的。一个人，能不能成为人物，关键就要看此人面对诱惑时定力如何，能否不被欲念所牵，坚持自己的主张，看透欲望的本质，清醒冷静地面对。

欲望是伤害身心的一把利器，我们要学会放下，学会拨开迷雾见青天。其实，欲望往往是由假象而生，因为人未能参透无常，破除迷雾，无法知晓其中的危害，只是被表象所吸引，产生了种种"妄想"。因此，我们一定要看透这种无常性，保持冷静平和之心，从容地面对得失，学会调整心态，学会把握自己。一个人成熟的过程，就是寻找自我的过程，就是认识客观的过程。这些过程是我们前行中必须要经历的，是成长之中不可或缺的。认识自我，认识世界，培养成熟的心智，做一个宽厚无畏、真诚豁达之人。

面对变化

变化是客观存在的，一个人要想在世界上立足，在社会上生存，最重要的一点，就是要不断地顺应变化，适时地调整和改变自己。

易卜生是挪威著名的戏剧家。一次，他和朋友组织聚会，来的人远超预计，导致准备的食物远远不够。虽然大家没有怪罪，易卜生却非常愧疚，朋友说："都怪有些人没有提前打招呼，要不然也不会出现这种意外。"易卜生摇了摇头，没有说话。回去的路上，突然下起了雪。易卜生说："好冷啊！"然后故意不停地咒骂天气。朋友说："虽然天气是不好，但最主要还是你穿太少了。我们无法改变天气，但可以提前做好御寒的准备呀！"易卜生说："可你刚才为什么要抱怨别人没有打招呼呢？出现今天的情况，其实最根本的原因是我们准备不足。"朋友略一思索，不好意思地笑了。此后的每次活动，因为他们准备充分，再没有出现过意外状况。挪威人有句老话："没有破天气，只有破衣服。"当我们抱怨天气不好时，不如反思一下，是不是自己衣服的问题。如果做足了准备，遇到任何情况都能轻松应对。

在变化中调整自己。生命是一个不断调整的过程，我们要适应这种变化，随时做出调整，跟上这种变化，才能获得快乐与圆满。这两天，在鄢陵老家遇上了大事，姨父因病抢救无效去世。抢救过程中我一直在他的身边，这也让我深刻感受到生命之脆弱和人生之无常。"人生百年，终归尘土"，这是众所周知的规律，然而当自己亲身经历时，还是会感觉到难以置信。姨父去世后，按照老家习俗，要有人葬的仪式，选好时辰，按规矩妥善安排，一切都有既定的程序。因此，自己的工作、生活也要随之改变，做出相应的调整。我虽然帮不上什么大忙，但还是要用心去做一些力所能及的事情，让健在的老人减轻痛苦，让亲人们得到安慰，这也是我们晚辈应该尽心去做的。很多事情，唯有自己亲身经历了，才能有切身的感受，才能让自己的身心有所改变。

人的一生就是一个不断改变自我的过程，就是一个调整身心的过程，谁都无力阻挡世事的变迁，谁都无法左右天地与人生。可能，我们自认为能够把一切都做好，但当我们实际去做之时，又会发生很多令人无奈和惊讶的变化。面对人生的变化与无常，我们往往无能为力，唯有调整自己去顺应它，让自己去适应变化，在变化中有所成长。变化是永恒的，是客观存在的，是无法阻挡的。也许，变化的到来也会让自己有新的认知、新的发现，产生新的感悟，认识到不一样的自己。面对变化，我们有时也会手忙脚乱、惊慌失措，产生恐惧、迷茫之感。对于一个成熟之人来说，唯有客观面对、冷静思考，化被动为主动，化悲痛为力量，学会转化自己的心念，拥有向上、向善的心志，拥有人生的力量和心的承载，才会拥有好的收获、好的未来，才会拥有人生的自在。

化繁为简

很多事情或许看起来很复杂，但只要我们深入其中，大胆尝试，不断总结和创新，找到其中的规律，就能够化繁为简，将事情妥善地解决。

战国初期思想家墨子有一日聚徒讲学，休息间，一徒上前对墨子说："过去的事是可以知道的，也是可以验证的，未经过的未来之事是不可能知道的。"墨子对他说："假设你的亲人在百里之外遭遇不幸，只有一天的时间，你到了就能化险为夷，转危为安；你不到，则难逃厄运，性命不保。同时有好马快车和劣马破车，你将选择哪个？"徒弟不假思索地答道："当然要乘好马驾快车，这样可以早点到达解救亲人。"墨子微笑着说："这怎么可能说未来之事不知道呢？"徒弟听罢，哑然无声。打开心窍，让思维放开，跳出人生看人生，就会发现生活中有许多令人迷茫的事情原来都是那么简单而有规律。

节前时间安排得较为紧凑，前几日分别在北京、郑州、许昌、鄢陵几个地方将工作和家务事安排妥当。每件事都非常重要，都要自己亲自参与，确实有些紧张之感。很多时候都是在匆忙之中做出调整与安排的，的确是身不由己，完全没有了任自己支配的时间。如此忙碌，没有一点闲暇，内心就会生出这样和那样的烦恼。我一直在告诫自己，要守得住、站得稳、坐得牢，要找到内心所依，让自己在繁杂之中"拨开云雾见青天"。

尽管我们不能够把所有事情都做得天衣无缝、尽善尽美，但只要我们能够用心去体察、去衡量、去付出，相信很多问题都能够迎刃而解。这也正应了那句话："没有解决不了的问题，只有解决不了问题的人。""事是死的，人是活的"，只要我们活着，就有解决问题的机会与办法。不管一件事情有多么复杂，只要我们认真面对、勇于创新、大胆实践、不断总结，就一定能够找到解决的办法。不要用僵化的思维去看问题，要用发展的、变化的眼光去看问题，不断地去积累，不断地去尝试，我们就一定会找到问题的突破口。

要学会把危机转化为机遇，从失败之中总结经验，从变化之中找到规律。变化是永恒的，万事万物都处于变化之中，也可以说，没有变化就没有人类社会的发展。偶然之中皆有必然，所有结果的呈现皆是原因的积累所致，要把握事物变化发展的规律，化繁为简，去伪存真，看清事物的本质，找到应对的方法。我们要了知万事万物的规律，善于调整自己，不断学习和实践，不断总结和提升。要平和安然，潇洒处世，自在生活，活出每天的精气神来。

沟通交流

沟通与交流能够让我们广开眼界。汲取众人智慧，有助于确立互信的人际关系，协调我们的前行步伐，确保目标的顺利完成。

《吕氏春秋》里有一段，讲孔子周游列国，曾因兵荒马乱，旅途困顿，三餐以野菜果腹，大家已七日没吃下一粒米饭。一天，颜回好不容易要到了一些白米煮饭，饭快煮熟时，孔子看到颜回掀起锅盖，抓些白饭往嘴里塞，孔子当时装作没看见，也不去责问。饭煮好后，颜回请孔子进食，孔子假装若有所思地说："我刚才梦到祖先来找我，我想把还没人吃过的干净米饭先拿来祭祖先吧。"颜回顿时慌张起来说："不可以的，这锅饭我已先吃一口了，不可以祭祖先了。"孔子问为什么。颜回涨红脸，嗫嚅着说："刚才在煮饭时，不小心掉了些灰在锅里，染灰的白饭丢了太可惜，只好抓起来先吃了，我不是故意把饭吃了。"孔子听了，恍然大悟，反而对自己的观察错误感到愧疚，抱歉地说："我平常对颜回最信任，但仍然还会怀疑他，可见我们内心是最难确定稳定的。弟子们记下这件事，要了解一个人，还真是不容易呀！"

今日乘高铁从锦州回郑州，开启了"十一"的中原之旅。虽然国庆、中秋双节佳期已经过半，还是抽时间回到河南，安排一下河南的工作，要与众多的志同道合之士再次见面，这是一种机缘，更是让自己不断进步的大好机会。生活要求我们不能孤陋寡闻，不能离群索居，而要广开门庭，与众多有识之士沟通交流、相互促进，这是一件非常难得之事。

俗话说："有心栽花花不发，无心插柳柳成荫。"有时候，一次偶然的交流，也许就会带来意外的收获，让自己得到较大的进步。因此，我们不要小看每一次的交流与沟通，只有珍惜每一次沟通交流的机会，认真对待，用心学习，才能从中发现生活的奥秘，了知世事与人心，不断增强自信，增强能力与活力，让自己的人生之舟前行得更加顺畅。人生之中充满了机遇，唯有把握机遇，才能赢得成功。偶然之中皆有必然，这是一个不争的事实，我们要珍惜每一次机会，不断积累和学习，如此，才能得到自己想要的结果。

现实之中，有些人常会带着一种功利之心与人交往，带着自己的目的与需求，这也可以说是一种不纯的动机。我们应该摆脱这种习惯，敢于向功利之心说不，带着一颗真诚之心去交往，真诚地与人沟通和交流。世事或许繁杂，我们还是要让自己内心简单一些，清净一些，要学会让身心真正放松下来，静心去聆听自己内心的声音，体会那种真诚与力量。能够真心地付出，并把这种付出当作一种快乐，越付出越快乐，越付出越轻松，越付出越自在，这样，无论是家庭的还是外界的人际关系，都能够和谐顺利。

最近一段时间，我的内心总是难以安定，究其原因，就是总有一种纠结与贪欲，总想一步就能实现心中的目标，希望立刻就能够收获成功，这种"急功近利"之心让自己内心不得清净。在日常的生活和工作中，我们要学会调整自己的心态，无论是待人还是处事，都要有足够的耐心，去不断地积累和维护，学会真诚与付出，学会交流与倾听，这样我们才能够获得轻松与自在，才能收获成功与幸福。

适应变化

"物竞天择，适者生存"，当你不能改变环境的时候，你就要去适应环境，要客观地认识变化，勇敢地面对变化，真正地了解变化，科学地应对变化，让自己在变化之中收获成长。

孔子到吕梁山游览。那里瀑布几十丈高，流水水花远溅出数里，甲鱼、扬子鳄和鱼类都不能游，孔子却看见一个男人在那里游水。孔子认为他是有痛苦想投水而死，便让学生沿着水流去救他，他却在游了几百步之后出来了，披散着头发，唱着歌，在河堤上漫步。孔子赶上去问他："刚才我看到你在那里游，以为你是有痛苦要去寻死，便让我的学生沿着水流来救你。你却游出水面，我还以为你是鬼怪呢，请问你到那种深水里去有什么特别的方法吗？"他说："没有，我没有方法。我起步于原来本质，成长于习性，成功于命运。水回旋，我跟着回旋进入水中；水涌出，我跟着涌出于水面。顺从水的活动，不自作主张。这就是我能游水的缘故。"孔子说："什么叫作起步于原来本质，成长于习性，成功于命运？"他回答说："我出生于陆地，安于陆地，这便是原来本质；从小到大都与水为伴，便安于水，这就是习性；不知道为什么却自然能够这样，这是命运。"适者生存，这是人类一切问题的答案。

　　中秋时节，天气转凉。近两日再次返回河南老家，明显感觉到气温的变化。加之这两天偶染风寒，有些感冒的症状，就越发感觉凉意逼人，甚至有一些入冬的感觉。前一阵回老家时还是艳阳高照，温暖如春，中午时分气温很高，热气袭人。可短短几天，天气就变了脸色，如今已是寒意袭人，凉风扑面，这的确是天意难料哇。是呀，很多时候我们来不及去思考，就会迎来新的变化，无论是自然的变迁，还是人、事、物的变化，不同的时空就会产生不同的转变。在这无常的人生之中，我们每天都要面对变化，接受变化，都会有自己心念和认知的转变。面对种种变化，我们应该如何去把握，这的确是我们应该去思考的。万事万物都处于变化之中，面对外部环境的变化，灵活地改变自己，真正地适应变化，了解变化，更好地应对变化，这的确是人生的一门大学问。

　　现实生活之中，自己往往也会畏惧变化，一旦离开了熟悉的环境，离开了熟悉的人、事、物，就会产生莫大的焦虑，不知道应该如何去面对，不知道自己的前途会是怎样。种种的困惑会让自己坐立难安，找不到应对的方法和策略，陷入莫名的恐慌之中。不想接受，但又不得不接受，不想面对，但又不得不面对。不管如何，变化是客观存在的，我们总要学着去面对，学会正视和接受，学会调整自己的身心，让自己的内心变得平和安然，学会用镇定来平复慌乱，学会用理性战胜冲动，学会用清醒来替代迷茫。唯有如此，我们才能找到应对变化的方法。要把困难当作历练，把危机当作机会，在变化之中发现规律，在变化之中找到机会，让自己不断有新的发现、新的提高。因此，要重视变化，适应变化，接受变化，学会与变化为友，主动去引领变化，在变化之中去找到新的自己。

心存感恩

"奉献者常乐，感恩者多福。"学会知足，懂得感恩，珍惜美好，人生就会阳光明媚。

2006年感动中国十大人物之一的黄舸，他的故事就是一个感恩的故事。黄舸生于1988年10月30日，七岁时被确诊为先天性进行性肌营养不良。据医学专家介绍，这种病只能活到十八岁。2003年，一个生命就要走到尽头而只有十六岁的男孩，为了对他进行过帮助的人说声谢谢，不顾自己的生命已经进入倒计时，和父亲踏上了"感恩之旅"。疾病早已剥夺了黄舸站或坐的能力。每天，父亲必须小心翼翼地把他抱上轮椅，用绳子仔细地固定，以保证他不致滑落。父子俩走遍全国寻访素未谋面的恩人。因为没有钱，父亲用一辆三轮摩托车载着儿子黄舸走过了八十二个城市，行程一万三千多公里，向三十多位当年给他们汇款的恩人当面道谢。黄舸说："坐着父亲开的三轮车，到好心人的家门口亲自说声谢谢，送上一束鲜花表达我深深的谢意，是我最大的心愿。"2009年，黄舸去了那个没有病痛的天堂。直到离开前的最后一刻，他还在念叨着一定要把眼角膜捐赠出去，留给社会上有需要的人，代替他继续看着这个美好的世界。

　　时间过得很快，转眼间双节佳期就结束了。2020年的"十一"假期恰好和中秋重合，是个非常有意义的节日。举国欢庆，万家团圆，神州大地一扫疫情的阴霾，那份欢乐与轻松在每个人的心里荡漾……的确，如此良辰盛景真的是很难得，全国人民都沉浸在节日的欢乐之中。感恩党，感恩祖国，感恩所有为人民福祉而无私奉献、辛苦付出之人，这一切来之不易，我们应该倍加珍惜。

　　很多时候，我们感受不到生活中的美好，认为日子一天天过，几乎每天都是如此，好像也没有什么特别之处。有时遇到不如意的琐事，还会满腹牢骚、抱怨不止，对于别人的付出，习惯了用挑剔的眼光去看待，总是不懂得满足，不知道感恩，自己俨然成了生活的监督者，而不是美好生活的创造者。看到的总是别人的不好，对于别人的服务总认为是理所应当，一切都要以自我为中心，不能够理解和体谅别人。这样的人是不会有快乐的，也是没有幸福可言的。因为他不知道什么是真正的美好和幸福，不知道什么是真正的快乐与圆满，带着不满而来，带着愤怒而去，这样的生活何谈幸福？

　　其实，生活的好与坏完全在于心境，内心的环境如何，决定了人生的好恶。如果内心拥有知足与感恩、关爱与奉献，那么这个人的精神状态就永远是自信、乐观、幸福、自在的，因为他知晓什么才是美的、善的，他知晓只有感恩知足、付出关爱才是人生意义的最大体现。唯有给别人创造美好，自己才会拥有美好。唯有尊重、关爱别人，自己才会收获尊重与关爱。所有的得到，都是自己努力付出的结果。珍惜现在，创造未来，让爱围绕在我们身边，让美呈现在我们眼前。

涵养心灵

涵养自己的心灵，丰盈自己的内心，在平凡琐碎的生活中发现美好，创造美好，让人生不留遗憾。

从前，有一只乌鸦和一只喜鹊，它们各占一个山头作为领地。乌鸦的山头长满各种各样的奇花异草，远远望去，是一座十分美丽的大花园。喜鹊的山头长着各种树木，绿树成荫，十分壮观。乌鸦和喜鹊总觉得对方的山头更好，于是商量着交换了领地。乌鸦飞到喜鹊的领地，一开始感到很新鲜，但不久便发现了新领地的不足，此地没花没草，太单调了。乌鸦很快就后悔了。喜鹊住在乌鸦的领地，发现没有高大的树木栖身，难受极了。它也后悔了。为了不让对方发现自己后悔，它们白天装作快乐的样子，晚上却彻夜难眠，痛苦不堪。于是痛苦便伴随了它们一生。别人所拥有的未必是适合自己的，所以不要一味地羡慕别人，好好珍惜自己拥有的，便是一种幸福。

近两日，沈阳天气突变，昼夜温差较大，晚上可达到零摄氏度以下，是沈阳入秋以来最寒冷的时段。寒意袭人，加之身体有些风寒不适，所以就没敢出门"造次"。原本想着在市内走动走动，结果不得不取消计划，只能在住处和办公室里来回踱步。望着窗外明媚的阳光，感受着沈阳深秋的寒意，也的确别有一番风趣。窗内窗外不同景，室内室外两重天，同处一片天空下，却有着如此大的差别，真是有趣！

看似平淡无奇的生活，也许就会有惊天动地的大事件出现；看似平凡普通的一个人，也许就能做出不平凡的大事业来；看似平静无波的内心，也许就会忽然变得汹涌澎湃、跌宕起伏。每一次小小的经历都会在我们内心之中留下记忆，每一次小小的进步都会让自己有大的跨越，能够充分认识到这一点，就预示着自己有了较大的进步，对生活有了充分的认知。要学会在生活和工作之中涵养自己的内心，从点点滴滴的小事之中发现大的世界，从细微之处汲取进步的力量。平凡的生活亦是最好的老师，要时时处处留心观察，不断积累和学习，要善于发现和创造，认真分析与思考，培养和提升自己的洞察力、领悟力，这些都是非常重要的，也是平凡生活里最大的收获。

人，不能只为活着而活着，不能只追求物质的满足，而要有更高的精神追求。精神层次的提高才是人生最大的享乐。有了精神的引领，人就有了希望，就有了前行的动力，就有了快乐的源泉。涵养自己的心灵，让平凡的生活变得不平凡，让自己时时感受到生活之美妙，在平凡的日子里找到最美的自己。

团结协作

"同心山成玉，协力土变金。"开创未来需要一种攻坚克难的精神，更需要一种团结协作的合力。

从前，有两个饥饿的人得到了一位长者的恩赐：一根钓竿和一篓鲜活硕大的鱼。一个人要了那篓鱼，另一个人要了那根钓竿，于是他们分道扬镳了。得到鱼的人原地就用干柴搭起篝火煮起了鱼，他狼吞虎咽，还没有品出鲜鱼的肉香，转瞬间，连鱼带汤就被他吃了个精光，不久，他便饿死在空空的鱼篓旁。另一个人则提着钓竿继续忍饥挨饿，一步步艰难地向海边走去，可当他已经看到不远处那片蔚蓝色的海洋时，他的最后一点力气也使完了，他也只能眼巴巴地带着无尽的遗憾离开人间。又有两个饥饿的人，他们同样得到了长者恩赐的一根钓竿和一篓鱼。只是他们并没有各奔东西，而是商定共同去找寻大海。他俩每次只煮一条鱼，经过遥远的跋涉，来到了海边。从此，两人开始了捕鱼为生的日子，几年后，他们盖起了房子，有了各自的家庭、子女，有了自己建造的渔船，过上了幸福安康的生活。拥有创新的思维，并且善于团结协作，这才是成功者应具备的素养。

今日，在鄢陵花都温泉酒店与来生产基地参访的广东宏宇公司的近二十位优秀骨干展开座谈。席间，与郭骏腾董事长及其他团队骨干做了深入的交流，就宇航食品科技产业的发展进行了深入的探讨。通过交流探讨，大家深度了解了宇航食品产业的发展历程，明晰了产业的发展方向，坚定了产业推广的信心。可以说，这是一场较为成功的座谈会。尤其会议还特别邀请了鄢陵县市场监督管理局局长赵红亮、副局长陈文凯、办公室主任崔宝胜，几位领导就企业市场发展的关键问题及产业监督的要求做出了明确的指导。非常感谢几位领导的关心与支持。通过此次学习交流，大家都获益匪浅，对于产业发展中所存在的问题也有了新的认知，继而进一步坚定了市场发展的信心和决心。

的确，产业的发展离不开方方面面相关人士的积极参与，离不开相关地方领导的关心与支持，离不开诸位同人的努力实践与创新。如若没有大家的相互协作，就不可能有市场的繁荣与发展。唯有大家的心凝聚在一起，齐心合力，才能成就一个大产业生态链的建立。在产业发展之中，我们还要做到"事事多留心，处处多用心"，要有创新性的思维，不断地开拓进取，如此才会赢得产业的蓬勃发展。"星星之火，可以燎原。"我们不要去惧怕什么不足，不要去惧怕什么薄弱，要充分发挥自身的主观能动性，摸准时代脉搏，主动出击，积极作为，不断创新，不断发展。创新是企业发展之本，创新是企业的生命线，我们要高举创新的大旗，走向市场，走向未来，走向美好的明天。

开拓创新

　　紧跟时代步伐，摸准发展脉搏，先声夺人，出奇制胜，不断创新，勇于开拓，企业才能立于不败之地。

　　一个建筑公司的经理忽然收到一份购买两只小白鼠的账单，不由得好生奇怪。原来这两只小白鼠是他的一个部下买的。他把那部下叫来，问他为什么要买两只小白鼠。部下答道："上星期我们公司去修的那所房子要安装新电线。我们要把电线穿过一个十米长，但直径只有二点五厘米的管道，管道是砌在砖石里，并且弯了四个弯。我们当中谁也想不出怎么让电线穿过去，最后我想了一个好主意。我到一个商店买来两只小白鼠，一公一母。然后我把一根线绑在公鼠身上并把它放到管子的一端。另一名工作人员则把那只母鼠放到管子的另一端，逗它吱吱叫。公鼠听到母鼠的叫声，便沿着管子跑去救它。公鼠沿着管子跑，身后的那根线也被拖着跑。我把电线再拴在线上，小公鼠就拉着线和电线跑过了整个管道。"这个故事告诉我们，无论做任何工作，只有开拓思路、敢于创新，才能取得事半功倍的效果。

　　昨日上午，在鄢陵与鄢陵县市场监督管理局局长赵红亮、副局长陈文凯，神飞航天生产基地书记张跃民、总经理毛洪涛一起来到张桥裴庄村参观考察，并与村书记裴得功进行了友好交流。裴书记首先带领大家参观了即将投入生产的菊花烘干车间和正在建设中的菊花茶生产车间，并带领我们参观了菊花种植基地。在那里，黄灿灿的菊花装点着田野，煞是好看。在和煦的秋日阳光下，一排排菊花错落有致，花团锦簇，有的正尽情绽放，有的还含苞待放，阵阵菊香飘来，沁人心脾。

据裴书记介绍，为了保障有一个饱满的菊盘径，需要掐掉一些小的菊花蕾，从而让菊花的优品率更高。除了黄颜色的菊花，我们还看到了墨黑色的菊花点缀在花丛中。裴书记说，这是引进的一种特殊的新品种，叫作"墨菊"，它有一定的药用价值，将其做成菊花茶，长期饮用，能够帮助女性调养气血。原来只知道菊花具有清热明目、清心养肺的功效，未曾想到还有如此功能，这也是让我们增长了不少知识。裴书记还向我们介绍说，本村不仅有菊花的种植基地，还大力发展了其他特殊农产品及果蔬种植，如引进了优良品种的冬枣，进行集中种植，形成了冬枣种植园区，将来可开展冬枣采摘活动和电商运营销售，提升农产品的附加值。另有石榴种植区、甜萝卜种植区等多个特色品种种植区。农作物种类繁多、品种优良，将这里打造成一个真正的乡村田园，让人能够领略乡村田园的美景，品尝到当地特色的农产品，尤其是对于生活在城区的人来讲，这里也是一个休闲度假的好去处。

除此之外，在裴书记的带领下，裴庄村还大力改造了农村的老旧房屋，以农家小院为单位，实施整院改造、连片开发，既保持了外部原貌，又布局合理、设计精巧、装修科学、功能齐备，做到了集居住、养生、休闲于一体。看着眼前这道美丽的乡村风景线，我们也不得不为裴书记的乡村产业发展思路所折服。是呀，要加速现代农村经济的发展，就要实施产业扶贫、科技扶贫、旅游扶贫，用产业化思维、市场化思维、企业化思维来引导农村经济的发展，就要真抓实干、务实创新、不断拓展、跨越发展，依托当地优势，挖掘地域特色，在乡村振兴中树立楷模，起到表率与典范的作用。向裴书记学习，祝裴庄村发展得越来越好！

把握人生

调整好自己的身心，把握好自己的人生，乐观自信地生活，勇敢坚定地前行，这样我们才能收获人生的圆满与自在。

杰克·韦尔奇被誉为美国当代最伟大的CEO（首席执行官）。在一次全球巡回演讲时，有位年轻人向他诉说了自己的苦恼。他曾到通用公司应聘，当时的首席执行官正是杰克·韦尔奇。当时他本有机会与杰克·韦尔奇本人面谈，但因为临时出了点状况，他没能及时赶来参加面试，也因此失去了这个工作机会。这件事让年轻人一直痛苦不已："要不是那次失误，现在我可能已经是年薪百万的经理，作为您的助手，陪伴您到全球做巡回演讲。这个失误，成了我职业生涯最大的灾难！"听了年轻人略显夸张的诉说，台下很多人都笑了起来，但杰克·韦尔奇没有笑。他问年轻人："你觉得在职业生涯中，最大的灾难有多大？"看着神情迷惑的年轻人，杰克·韦尔奇继续说，2000年，通用公司面临着可能像微软公司那样被强行拆分的危机，手下的一名经理曾问过他这个问题。正巧他当时的姿势是双手握拳放在胸口，于是便笑着答道："灾难再大也大不过这个。"——说着，用双手比了比心口的位置。

在日常的工作和生活之中，我们要时常反思自己，总结自己每天的进步与不足，进而让自己不断学习和提高。要保持一颗谦逊之心、谨慎之心，不可麻痹大意，这样才能让自己不断完善，日趋成熟。自我反思、自我批评是让自己不断改变和进步的一种方式，但若是矫枉过正，便会给人的身心造成伤害。现实之中，很多人在做事之前会患得患失、畏首畏尾，在事情结束后又会后悔不迭，埋怨自己表现不够优秀，事情处理得不够圆满，不能够达到自己想要的效果。这样只会让自己的身心饱受折磨。一味地自我批评往往会扼杀一个人的自信心和创造力，会让人变得懦弱、自卑，不敢有新的尝试，甚至不敢与别人真诚交流，不敢表现自己的真实感受。如此，人就会变得唯唯诺诺起来，就没有了自己的信心与勇气，没有了自己的个性与主张，就会成了不敢前行的懦弱者，如此之人是不会有所作为的，也就不会实现人生的价值。

人生漫漫旅程，与自己相随的永远是自己，自己是自己一生的伴侣，自己是自己最大的支持者，自己是自己坚定的引路人，因此，我们要尊重自己，欣赏自己，鼓励自己，认可自己，包容自己，唯有如此，我们才能更加乐观、自信地面对一切，才不会被困难和艰辛所吓倒，才会更加勇敢坚定地前行，才能够在人生之路上走得更稳健。有了自信、乐观、勇气、坚忍等优秀品质，我们就有了事业成功的基础。做自己的主人，调整好自己的身心，把握好自己的人生，美好和幸福就会到来，生活的甜美就会充盈于心。

敞开心扉

敞开心扉，拥抱世界，你会发现，原来世界这么美好；敞开心扉，宽容待人，你会发现，原来心灵如此色彩斑斓。

有兄弟二人，年龄不过四五岁，由于卧室的窗户整天都是密闭着，他们认为屋内太阴暗，看见外面灿烂的阳光，觉得十分羡慕。兄弟俩就商量说："我们可以一起把外面的阳光扫一点进来。"于是，兄弟两人拿着扫帚和畚箕，到阳台上去扫阳光。等到他们把畚箕搬到房间里的时候，里面的阳光就没有了。这样一而再再而三地扫了许多次，屋内还是一点阳光都没有。正在厨房忙碌的妈妈看见他们奇怪的举动，问道："你们在做什么？"他们回答说："房间太暗了，我们要扫点阳光进来。"妈妈笑道："只要把窗户打开，阳光自然会进来，何必去扫呢？"秘诀：把封闭的心门敞开，成功的阳光就能驱散失败的阴暗。

将文字落笔纸上对自己是一种提醒，对自己的内心是一种平复与安慰。没有什么比与文字相处更简单的事情了，自己可以想怎么写就怎么写，想怎么抒发就怎么抒发，突破了内心的禁锢，人也会变得更加轻松与自由。很多时候，我们总会关着自己的心门，害怕袒露自己的内心，害怕把自己的弱点展示出来，害怕非议，害怕受伤，把自己包裹得严严实实。长此以往，人就会变得很压抑，就会说一些假话，为了讨人欢心而伪装成另一个自己，失去了自由与洒脱，让自己背负上巨大的压力。试想，一个人整日对人对己都说着假话，不敢真诚地面对别人，甚至不敢面对自己，那么他又有什么快乐和幸福可言呢？这样的人只会整日郁郁寡欢，畏首畏尾。而这些都是现实中很多成年人会遇到的问题。长期地伪装自己，会让人的身心健康受到巨大的影响。

　　人内心的想法是需要倾诉的，需要有一个发泄情绪的出口，需要有一个引导自心的出口。现实中，女士们较善于交流和表达，可以将内心的愁苦与朋友们倾诉，这也是一种发泄情绪的方式。而男士们往往不善于倾诉内心的感受，总感觉自己身为男子汉，就不应该絮絮叨叨，正所谓"男儿有泪不轻弹"，他们更不喜欢在人前示弱，在家人面前也是报喜不报忧，从而长期处于压抑的状态之中。有了痛苦就装在心里，有了苦闷就藏在心中，这些负面情绪不断累积，就会造成更大的爆发，甚至会给自己、给家人造成无法弥补的伤害。所以，我们还是要学会倾诉和表达情绪，学会敞开自己的心扉，学会调整自己的内心，让内心变得更加宽厚、包容、乐观、自在，这是人生幸福的前提。

规律作息

规律的作息是健康的基础。要养成好的生活习惯，让自己的身心保持好的状态，这样才能让自己精神饱满地去工作，才能尽情地去享受生活。

毛泽东生于农民家庭，幼年时期身体欠佳，经常受到病痛的折磨。看到在旧中国积贫积弱的社会里，许多同胞骨瘦如柴、病魔缠身，丧失劳动和生活能力，造成家破人亡的悲剧，毛泽东开始认识到，必须与命运抗争，改变病弱的状况，于是积极参加体育锻炼。在东山小学堂读书时，毛泽东第一次接触了体育课，开始了正规的体育锻炼。这一时期的体育课以兵操为主，虽然内容单调枯燥，但是毛泽东上体育课非常认真，坚持穿短装，即使冬季也很少穿棉袄或长袍。以后，随着使命感的日益增强，毛泽东对身体的锻炼愈加重视，把体魄锻炼、意志磨砺上升为人格塑造的前提。冷水浴是毛泽东从湖南一师时期养成并长期坚持的锻炼方法之一，是效仿杨昌济进行的项目。每天清晨，他便来到浴室旁的水井边，吊上一桶桶井水往身上浇，然后用浴巾擦身，擦后又淋，淋后又擦，他以此来锤炼猛烈与无畏的性格。他把这一习惯保持多年。就是在晚年身体不好而不能洗冷水浴时，毛泽东也坚持不用热水而用温水洗澡。毛泽东曾充满豪情地说："一个经常注意锻炼身体的人，便不会被风雪的寒威所吓倒。"

近两日对自己的作息时间进行了调整，坚持每天上午进行身体锻炼，晚上做到不熬夜，尽量早点休息。这样一来，感觉身体轻松多了，没有了原来的头昏脑涨、腰酸背痛、浑身无力的症状。头脑清醒了，身体舒服了，精神状态也好多了，做起工作来效率也提高了，这的确是一个可喜的变化。如若还像以前那样每天打疲劳战，身体透支严重，长此以往就会吃不消，会出现很多的问题，如头部供血问题、腰椎受损、肌肉酸痛、视力减退、四肢无力等。加之每天久坐，不能及时去户外呼吸新鲜空气，长期下来的确要出大问题的。

可以说，没有好的作息，就没有好的身体；没有好的身体，就没有好的工作和生活状态，就不可能取得好的成就，也不可能享受到幸福和快乐。这些都是通过自己切身实践认识到的。什么事情都要讲究规律，若违背规律，就要受到规律的惩罚。我因为长期出差在外，昼夜颠倒，舟车劳顿，加之经常久坐，总是看手机，久而久之脊背酸痛、视力模糊等症状就出现了，再加上近段时间缺少锻炼，体质明显下降。

仔细想来，虽然在室内一天到晚忙个不停，但效率并不高。未能科学地管理自己，未能长期坚持锻炼，养成了危害健康的坏习惯，导致工作效率低下、体质下降等状况，尤其长期熬夜对身体的伤害最大，一定要对此警觉起来，要努力去改变这种不良习惯。熬夜实际上是拿垃圾时间来换取好的时间。晚上头脑昏沉去工作，可想而知状态肯定是不好的，如果早点休息，早起头脑清醒，工作效率是很高的。早睡早起是非常"划算"的。合理安排作息，科学调整休息，保持一个好的工作状态和生活状态，的确是科学管理生命的最佳方式。

我们应该关注自己的健康状况，重视自己身心的调整，让自己拥有好的身体，保持好的心态，让自己处于最佳的状态。身体康健，精神愉悦，人生的幸福与自在就会呈现。

认知自己

认识世界，从认知自己开始。正确地认识自己，才能够找准方向，做出正确的判断，才能让自己一步步走向成功。

从前有一个古刹，一天，古刹里新来了一个小和尚，他积极主动地去见方丈，殷勤诚恳地说："我初来乍到，先干些什么呢？请方丈指教。"方丈微微一笑，对小和尚说："你先认识和熟悉一下寺里的众僧吧。"第二天，小和尚又来见方丈，殷勤诚恳地说："寺里的众僧我都认识了，下边该去干些什么呢？"方丈微微一笑，洞明地说："肯定还有遗漏，接着去了解、去认识吧。"三天过后，小和尚再次来见方丈，蛮有把握地说："寺里的所有僧侣我都认识了。"方丈微微一笑："还有一人你没认识，而且这个人对你特别重要。"小和尚满腹狐疑地走出方丈的禅房，一个人一个人地询问着，一间屋一间屋地寻找着。在阳光里，在月光下，他一遍一遍地琢磨、一遍一遍地寻思着。不知过了多少天，一头雾水的小和尚在一口水井里忽然看到自己的身影，他豁然顿悟了，赶忙跑去见老方丈……世界上有一个人，离你最近也最远，这个人就是你自己。

生活中，很多人都会有一些功利心，总想着"走捷径"，想着永远顺风顺水，想着能够不劳而获，这些思维总是充斥于心，让内心不得安宁。然而，世事难料，往往越是想得到的越是得不到。命运有时也会跟你开个玩笑，它像个调皮的孩童，与你玩游戏、做鬼脸，给你东扯扯、西扯扯，让你不得安生。很多时候，我们会认为自己已经足够努力了，为什么还不能获得成功，或是感慨为什么命运总在捉弄自己，让自己变得狼狈不堪。这些都是现实中很多人会出现的心理。其实，成功和失败都有其原因。若是我们不能够客观地认识成败，不能够摆正自己的心态，便只会让自己深陷于痛苦的泥潭中，无法自拔。

正所谓"不识庐山真面目，只缘身在此山中"。很多时候，我们做不到全面客观地认知自己，这也是很多人失败的原因。譬如，有时候我们自认为对某件事情已经了解透彻了，但实质上只是了解了皮毛而已，事实根本就不是我们所想象的那个样子。因此，我们看事情不能完全凭着主观臆断，不能够自以为是、浮于表面，要保持一颗谦虚、谨慎、平和、客观之心去面对。任何时候，不经过仔细的观察、认真的思考、全面的分析，我们是无法得出正确的结论的。有些事情或许当时认为是正确的，经过一段时间再回头去看，又会有了新的认识、新的判断，甚至会诧异当时自己是如何做出那样的判断的，然而时过境迁，再想补救或许已经来不及了。

客观认知自己是每个人必修的功课。若是不能够客观地认识自己，就无法去客观地认识外界的事物，就无法做出正确的判断，甚至会做出一些急功近利、违背规律之事，不但会欲速不达、劳而无功，还会给自己和他人带来危害。因此，我们一定要认清自己，找到属于自己的发展之路，要保持一颗清醒的头脑，多学习、多观察、多思考、多实践、多积累、多总结，潜心培养自己、提升自己，使自己真正成为智慧之人。

坚持写作

写作是记录生活的过程，是抒发内心的过程，是与人分享的过程，也是审视自我的过程。坚持写作，与人分享；坚持写作，调养心灵。

林清玄，另有笔名秦情、林漓、林大悲等，1953年3月生于台湾高雄乡村。很少有人想到，这位散文大家成长在一个毫无文学传统的环境。用林清玄生前的话说，那里"三百年来没有出现过一个作家"。他们一家住在山上，父亲经营农田林场，要养活十八个孩子（其中十三个是伯父家的遗孤）。排行十二的林清玄，儿时最深刻的记忆就是吃不饱饭。每个孩子端起饭碗都不会马上吃，而是要吐一口唾沫进去，生怕别的兄弟姊妹偷吃一口。在这样的现实条件之下，内向的林清玄开始读书识字，寻求精神的给养。八岁那年，他就立下志愿，要当一个成功的、杰出的、伟大的作家。高中时期，他规定自己每天写一千字；服兵役时，便在军营吹起床号之前两小时起来写作，每天两千字。十七岁时，林清玄的作品《浪歌》发表在一家公众报刊上，创作才华第一次得到肯定。林清玄没有经过"怀才不遇"的过程。第一部散文集《莲花开落》出版时，他只有二十岁。接下来的十年，他更是狂揽台湾各大文学奖项。林清玄说："在人生最早萌芽的时候，一个人的坚持是非常重要的，这种坚持可以决定你的方向。"

昨日，我的新书《生活拾贝》已由沈阳出版社出版发行，内心感觉收获满满，无论写得如何，看着自己的文字印刷成册，便是了却自己的一桩心事。近几年来陆陆续续出版了十六本书，但总感觉还没有写出自己真正满意的书来，还想通过不断地锻炼，让自己的文笔更好一些，能够把文章写得更生动一些，能够把自己的心声淋漓尽致地抒发出来，真正成为自己心灵的锻造者，也想以此激励自己，让自己不断提升，不断进步。

原本认为写作一定要有生花的妙笔，一定要有深厚的文学功底，一定要有深邃的思想和精辟的见解，那样才叫作真正的写作。因为怀着这样的心理，自己提起笔来总是战战兢兢，心存畏惧，不能够尽情地倾诉，内心很是压抑，有一种莫大的压力，使得自己失去了写作的乐趣。但是通过一段时间的坚持，自己逐渐有了新的认知，认为写作不能只想着写给别人看，更重要的是抒发自己的内心，记录自己的生活，让自己找到心灵的依托，让生活更加丰富多彩，让美好的记忆得以留存。其实，把自己的所思所想与人分享，这本身就是一件非常美好的事。写作是一种记录，也是一种倾诉。通过写作，自己的情感得以抒发和宣泄，并且通过记录产生新的感悟，为自己的生活找到新的指引。无论内容是否扣人心弦，写作就是一种锻炼，就是一种抒发，就是一种享受。

人生百年，转眼之间。我们不要刻意地去掩饰什么，不要整天说一些言不由衷的话，能够真诚面对自己，能够坦诚地与人相交，把自己的感受与人分享，就是一件非常幸福幸运之事。庆幸自己能够学到文化，学到知识，能够在文字的海洋中遨游，能够在思想的空间里展现自我的认知，能够拥有表达自我、抒写内心的环境，让我能够用纸与笔抒发自己的情感，在书写中学会思考，不断成长、成熟。我原本是一个非常自闭之人，内心既脆弱又敏感，不喜欢与人交往，刚刚踏入社会之时，面对这个光怪陆离的世界，内心非常惶恐，自卑与恐惧充斥于心，不敢面对现实中的自己，不敢与别人共同做些事情，生怕自己做得不好，会被别人瞧不起，有时甚至认为自己一无是处。庆幸的是，多年来自己始终保有一颗不服输之心，不断地坚持改变，即便压力巨大，也一直鼓励自己不断尝试、不断前行。

唯有自己才能拯救自己。要成为自己的主人，掌握自己的命运，学会与自己交流，学会总结和提升自己，学会相信自己、依靠自己、改变自己。这些都是我在写作的过程中感悟到的。可以说，写作对我自己有很大的激励作用，写作在不断地完善着自我的性格，也在不断地陶冶着自我的情操。通过写作，我不但抒发了自己的内心，也更好地认识了真正的自我。

感恩亲情

亲情是一盏明灯，照亮我们前行的路，让我们走得再远也能找到来时的路；亲情是避风的港口，让我们疲惫时可以停靠，在风暴来临时给我们温暖的庇护。珍惜亲情，感恩亲情。

小村庄的偏僻小屋里住着一对母女。母亲生怕遭窃，一到晚上便在门把上连锁三道锁。女儿则厌恶了像风景画般枯燥而一成不变的乡村生活。她向往都市，想去看看自己所想象的那个花花世界。一天清晨，女儿趁母亲睡熟时偷偷离家出走。"妈，你就当作没我这个女儿吧！"她只留下这样一张字条。十年后，女儿拖着疲惫的身躯回到了故乡。回到家时已是深夜，微弱的灯光透过门缝照射出来。她敲了敲门，却没有人回答。她轻轻一推，门却开了。好奇怪，母亲之前从来不曾忘记把门锁上的。进了门，她看到母亲瘦弱的身躯蜷曲在床角，睡着了。听到女儿的哭泣声，母亲睁开了眼睛，然后一语不发地搂住女儿的肩膀。在母亲怀里哭了很久之后，女儿突然好奇地问："妈，今天你怎么没有锁门，有人闯进来怎么办？"母亲回答说："不只是今天哪，我怕你晚上突然回来进不了家门，所以十年来门就没锁过。"十年如一日，母亲等待着女儿归来，女儿房间里的摆设一如当年。这天晚上，母女回复到十年前的样子，紧紧锁上房门睡了。

生活中难免会遇到这样或那样的问题，不可能一帆风顺、事事如意。绝对的如意和圆满，其实是不存在的，那只是人们的一种期盼与希望而已。很多时候，我们都生活在无序、烦恼和愁苦之中。在自我封闭的小圈子里打转转，没有解脱，没有释放，人变得孤僻冷漠、多愁善感、郁郁寡欢，这样就会导致自己对于身边的事物异常敏感，总是会揪着别人的一点过错不放，内心充满了委屈、不满，甚至愤怒，感觉别人都对不起自己，家人都不理解自己、不尊重自己。有了这样的心态，人就会陷入更大的苦恼之中，在痛苦的泥潭中越陷越深。若是解不开这个心结，对于人、事、物的错误认知就会引起大的爆发，甚至会导致无法挽回的结果。

人的情绪控制是非常重要的。控制好了情绪，就有了好的心情，有了好的心情，就有了好的生活，人也会变得开朗起来，轻松自在起来。所以，要学会控制自己，学会调节自己，学会在生活之中寻找美、发现美，要学会欣赏别人，尤其要学会包容自己最亲近之人。

有些时候，越是亲近之人，自己越是容易对他们缺少包容和理解，遇到一点小事也会急躁发火，认为家人就应该支持和理解自己，就应该关爱和满足自己，如果遇到不被理解之时，就会认为家人不重视自己，就会失去冷静，变得纠结、易怒，这就是犯了"亲情综合征"所导致的结果。所谓"亲情综合征"，就是把家人所做的一切都当作是理所当然的，因为他们是自己最亲近之人，因此不用去感动、感恩，甚至还会充满挑剔，因为对方做得不够"到位"，就会感觉自己被忽视了，就会委屈、生气，产生种种不满。究其原因，还是因为我们忘记了珍惜亲情，忘记了心存感恩，把家人的关心当作习以为常，把家人的帮助当作理所应当，这些其实都是错误的认知。

生活中，无论是外人还是家人，对于其他人给予自己的帮助与关心，我们都应该心存感恩。要怀着一种严于律己、宽以待人的态度，学会尊重别人、包容别人、体谅别人、关心别人，在任何人际交往中，都不要一味索取而不知付出。

我们要学会感恩，不仅仅是感大众之恩，更应该感父母之恩，感爱人之恩，感兄妹之恩，感亲人之恩。正是朝夕相处的家人们的关爱，才让自己真正享受到了人间之乐，才让自己拥有了人间最大的幸福。

认真工作

从平时的点点滴滴做起，努力做到"简单的事，全力以赴"，这才是我们所推崇的工作态度。认真细致、兢兢业业，保持这种态度，我们才能取得事业的成功。

陈明又升职了，这对于熟悉她的人们来说并不算什么稀奇事，因为关于她的逆袭经历大家都有目共睹。两年前，作为刚毕业的大学生，陈明成功地应聘公司里的会计岗位，不论是工作经验还是社交技能，她都远不及公司里的很多老员工，但仅过去半年时间，陈明就被提拔为公司财务部主管。公司里的同事纷纷表示，陈明得到领导赏识，全靠她走运。其实，陈明的同事们不知道，领导看重的是陈明的工作态度。陈明虽是初入职场的新人，但办事非常认真。比如，她的领导准备草拟一份公司财务计划报告，陈明会积极配合领导的工作，她深知工作难度比较大，但是她还是会去思考，去查阅资料，并认真执行，哪怕是利用下班时间，她也毫无怨言，她最终的目的是给领导提交一份满意的答卷。看到她兢兢业业、勤恳辛苦的样子，周围很多人经常劝她，不要总给自己揽活，而且工作要在上班时间做，不要因为工作牺牲下班时间……然而，陈明却从未感觉到自己多花时间去工作是一种吃亏的行为，她的念头只有一个，那就是把工作干好。一来二去，陈明的领导不止一次夸赞她："员工认真的工作态度很重要，你做得很好，我很欣赏你。"难怪陈明晋升很快，她的工作态度起到了重要的作用。

昨日，与研究院白树民主任、周亮忠政委、周剑良教授以及中轻联聂博处长在一起座谈交流，就宇航级食品标准的发布事宜又做了深入细致的研讨，对于前期标准的制定与修改也做了进一步的总结。目前标准已进入到最后的审批公示阶段，标准送审前期的工作业已就绪，大家对前段的工作较为满意，期待着标准早日发布。

此标准草案的编写制定，倾注了白主任、王主任、严部长、杨秘书长、杨主任等众多专家的心血与汗水。诸位专家一丝不苟、精益求精，逐条逐句地对标准草案进行认真的研讨、编写与修改，并广泛地征求了诸多企事业单位专家的意见和建议，最终修订形成此次报批终稿。由此我也想到，做任何事情都不是一蹴而就的，需要我们持之以恒的坚持与付出，需要专注、专心、专业，不能有急躁、冒进的情绪，要一直保持高度认真的工作态度；需要按照每一条要求的程序去完成，及时地发现不足并加以修正，不能有任何的松懈和懈怠；需要始终保持一颗不断进取之心，把自己所负责的工作做得细致、深入、有条理，做到认真负责、细化到位。

工作本身也是学习的机会，要通过工作来锻炼自己的心志，不断提升自己的能力，提高对事业的认知。通过工作，向专家们学习，向同事们学习，学习他们那种高度负责、认真敬业的精神，学习他们不断钻研、科学分析、深入探讨的工作作风。这些精神与作风是成就事业的前提，也是不断提升自身的重要条件。

有时，面对烦琐的工作，我们会心生烦恼，会感觉压力很大，一时不知如何下手，那种无序、混乱之感就会涌上心头，让自己还没开始做事就已经自乱阵脚。这就如同"仗"还没开始打，自己就已经缴械投降了，这是一种极为错误的思维和做法。无论面对什么样的工作，我们都要时刻保持冷静，要认真、客观地去分析，要充分认识到自己的优势，充分发挥出自己的优势，充分调动一切积极因素去完成此工作，这样我们才能够不断进步，才能够赢得事业的成功。

创新发展

有时，我们对现实的秩序已经习以为常。默认了规则的合理性，往往就失去了进步的可能性。只有打破固有的思维方式，采取积极的策略，才会有更大的惊喜。

从前，在夏日枯旱的非洲大陆上，一群饥渴的鳄鱼身陷在水源快要断绝的池塘中。较强壮的鳄鱼开始追捕同类来吃。物竞天择、强者生存的一幕幕正在上演。这时，一只瘦弱勇敢的小鳄鱼起身离开了快要干涸的水塘，迈向未知的大地。干旱持续着，池塘中的水越来越混浊、稀少，最强壮的鳄鱼已经吃掉了不少同类，剩下的鳄鱼将难逃被吞食的命运。这时，仍不见有别的鳄鱼离开。在它们看来，栖身在浑水中等待迟早被吃掉的命运，似乎总比离开、走向完全不知在何处的水源地还安全些。池塘终于完全干涸了，唯一剩下的大鳄鱼也难耐饥渴而死去。它到死还守着它曾残暴统治过的王国。可是，那只勇敢离开的小鳄鱼，在经过长途跋涉后，幸运的它不但没死在半路上，还在干旱的大地上找到了一处水草丰美的绿洲。守旧无异于等死。改变观念到可以生存的地方寻找出路，就有了希望。陈旧的观念如强壮的鳄鱼一样可怕，而新的观念则是充满希望的田野。

昨天晚上睡得较早，因前两日参加卫星发射观礼活动，休息较晚，加之又返回郑州召开产品研讨会，感觉很是疲惫。昨日吃过晚饭，便困意袭来难以抵挡，想着休息一下再起来，结果一觉醒来已近早晨五点钟。洗漱完毕坐在桌前，回忆一下昨天的工作，感觉还是有所得的。

昨日，就"中航店家"线上商城的建设与大家进行了深入探讨。确定产业运营的模式，制定线上营销方案，要结合企业自身实际来进行。我们选择降低开店门槛，让开店变得更轻松，同时着力调整和研发低价优质产品，用最低的价格、最优的质量来满足消费者，做老百姓消费得起的宇航食品，真正形成长线消费新格局。整体运营模式还是以"全民轻创"为主线，让"大众创业"真正能够落地实施，让所有人都能够开得起店，真正做到轻松创业。这是一个非常贴合实际的举措，是一次让所有人都能够参与进来的重要变革。另外，要实现产品质优价廉，就要研发消费者刚需产品，能够迎合年轻消费者的心理需求。在产品包装和名称的创新上下功夫，能够让消费者明确了解产品的功能指向和文化内涵，用创新的思维来做产业，这的确是一个非常好的选择。

"法无定法"，当今市场的变化非常之快，要想实现跨越式的发展，不仅需要有创新的思维理念，还要有创新性的践行手段，并且这种创新需要非常接地气，需要切合市场实际，需要迎合人的创业心理和消费心理。要把产业教育工作放在首位，开辟线上直播课堂，开展线上直播教育，进一步运用各个线上媒体平台来进行宇航级食品的宣传、推广、运营。相信这些贴近实际、符合经济发展的具体措施，会帮助我们更好地推进产业的发展。

很多事情都需要我们耐心地分析、深入地研究，要勇于创新，大胆实践，唯有如此，才能够找到解决问题的办法，从而充分发挥自身的优势，真正把事情做好，实现自我的提升与发展。

乐观人生

乐观的本身就是一种成功，保持乐观的生活态度，你才会享受到人生更多的幸福和快乐。

企业家卡尔森原本是一个身无分文的穷光蛋，但他非常乐观而自信，从没有对自己最终会成为富翁产生过怀疑。有一次，卡尔森发现了一个商机，于是他借钱办了一个玩具厂，制造小沙漏。沙漏是一种古老的玩具，时钟问世以后，沙漏就完成了它的历史使命。所以玩具到了市场，孩子们没有太多的兴趣，销量非常低，最后他不得不停产。但是他并没有气馁，非常乐观地决定让自己暂时地休息一下，再思考下一步的工作怎么来开展。终于有一天机会来了。他翻看一本讲赛马的书，上边说，马现在已经不是主要体现运输功能了，但是它能够以赛马的形式体现更高的娱乐价值。这样他就想起了沙漏，他做了一个限时三分钟的沙漏，三分钟后沙子就完全落到下面来了，而且很精致很美观，像一个工艺品似的，买它的人可以把它放在电话旁边，这样打长途时，就可以有效地控制时间。因为担心长途电话费超额的人很多，这样，他一个月就卖出了五万个沙漏，销量大增，一个濒临倒闭的小厂子变成了一个大企业，他从一个破产的小业主变成了腰缠万贯的富豪。故事告诉我们，天下无难事，只怕有心人。天无绝人之路，我们要有勇气，要进行反思，要有一种积极进取的态度。困境的存在与否不是你能决定的，然而回应困境的方式，对它的态度，却是你可以把控的。

早上起来，沏上一杯茶水，坐在桌旁，看着窗外的朝阳逐渐升起，路上的行人、车辆逐渐多了起来。郑州这座古老而年轻的城市正在逐渐恢复它往日的忙碌。这意味着新的一天、新的工作、新的生活开启了。每天早晨醒来总会有些感慨，内心会多了一分紧张，脑海里会多了几分遗憾和留恋，总感觉时光过得太快，一天天在不知不觉中度过，不知道如何才能阻挡时光的脚步，不知道如何除去自己内心之中的犹豫与不安。

人至中年，的确有几分惶恐，有了对人生无常的感叹，有了对时光流转的觉醒。每当与"九〇后""〇〇后"的孩子们在一起时，既能够感受到现代年轻人的活力四射，又难免联想起自己年轻之时，内心便产生几分感念与眷恋。就某种程度来讲，这种内心的不安，也是对自己的一种警醒，提醒自己珍惜眼前的时光，调整好自己的身心状态，规划好自己当下的生活，让每一天都过得充实而有序，让自己中年的生活也能够别有一番滋味。也许，每个年龄段都有每个年龄段的特点和优势，都有各自最珍贵的东西，都有各自最擅长的地方。我们要学会安守，学会尊重，学会珍惜，学会把握，这样才能活出自己的风采来。

经历了少年时期的无忧无虑、天真快乐，经历了青年时期的英姿飒爽、活力无限，步入了中年时期的成熟稳重、平和安守，自己深谙面对社会、家庭、单位诸多关系与事物，都需要用成熟的心态去面对，用宽厚的心胸去包容，用客观的眼光去观察，用理性的思维去处理。没有畏惧，没有退缩，没有推脱，没有哀怨，没有奢望，没有悲观，用理性来战胜盲从，用客观来代替主观，用宽厚来代替诋毁，用关爱来化解仇恨。要学会接受现实，学会悦己达人。要知晓一切的出现都不是偶然的显现，皆有其原因，所有的存在都有其道理。

人生中会有很多的无奈和困扰，这些都是我们成长之中的养料，我们要坦然地面对人生，让人生在经历中得到成长。人至中年，任何自身的行为都需要内心的指引，都需要内心的依靠，有了内心的指引与依靠，人就会充满力量，充满信心，充满快乐的心境和前行的勇气，就能够抚平内心的伤痛，保持清醒与理性。擦干眼泪，勇敢前行，去找到人生最美的东西，去实现人生最大的价值。

清净之心

一个人，如果能够始终保持安定、清净的状态，心情舒畅，心境坦然，不奢望，不贪心，那么人生就会轻松、自在、美好。

有一个富翁背着许多金银财宝，到远处去寻找快乐。可是走过了千山万水，也未找到快乐，于是他沮丧地坐在山道旁。这时，一个农夫背着一大捆柴草从山上走下来。富翁说："我是个令人羡慕的富翁，请问为何没有快乐呢？"农夫放下沉甸甸的柴草，舒心地揩着汗水说："快乐也很简单，放下就是快乐呀！"富翁顿时领悟：是呀，自己背着沉重的珠宝，既怕人偷又怕人抢，还怕被人谋财害命，整天提心吊胆，快乐从何而来？于是，他放下财宝，并用它接济当地的穷人。从此，富翁不再担惊受怕，忧心忡忡，反而因为帮助了穷人，得到了穷人的感谢和爱戴而快乐起来。拥有了太多的欲望，会累；欲望得到了满足，拥有了太多财富，也会累。就像故事中的富翁，他之所以不快乐，就是因为他对金钱不能以一颗平常心去对待，就连外出寻找快乐都不忘背上所有的"包袱"，这样怎能找到快乐？可以说，他的情绪、他的思想、他的心态都被金钱物欲占据并任其摆布，所以，当他放下心中的欲念，转而做了金钱的主人后，他如愿地得到了他一直苦苦追求的快乐。

　　自己有时会有一种奢望之心、贪求之心，想象着自己能够无所不有、无所不能，想象着自己能够享有成功与快乐，能够拥有尊崇与幸福，然而现实总是有些差距，心中总会有些许遗憾与难耐。仔细想来，自己还是没有能够搞准定位，没有能够客观地看待自己，客观地看待他人，没有能够安守自心，没有能够用心为人与做事。人都会有这样和那样的贪求，但这种贪求如果太过，就会成为自己的烦恼，就会给自己带来莫名的愁苦。而苦和甜是相对的，尤其是在没有享受到甜之时，就会感觉更加焦灼难耐，就会让自己迷失了方向，变得无所适从。

　　一个人如果不能够守正自持，不能够做到适可而止，就会陷入进退维谷的境地之中，犹如深陷泥沼，不能脱身。所以说，每个人都要有自己为人处世的标准，不要被外在的东西所左右，不要被眼前的境况所干扰，要有自己的判断力和自制力，这样我们才有了灵魂，才有了自己人生的方向，才有了对自己负责的主张。无论面对何种境遇，我们都要让自己静下心来，因为多一分静气，就能多一分智慧，就能多一分快乐与幸福。我们不要为眼前而活着，要为长远而活着；不要为欲望而活着，要为精神而活着。可以说，眼前的欲望与满足都只是短暂的，而精神的享受才是长久的，才是一生之中最大的享乐，才是无限的荣光和自在的呈现。

　　我们要守静守则，要安稳安身，要能够在表面的虚饰之中，找到自己的真心所藏，找到黑暗中最亮的那颗星，唯有如此，我们才能处变不惊，无忧无虑。如若我们守不住自己的真心，就容易出现种种问题与困扰。守不住就会有失误，守不住就会留不住，留不住就会退一步。因此，我们要用理性来管束自己，用信心来创造新生，用善德来感化他人，用付出来赢得价值。多付出，少索取，多关心，少占有，这些都是培植品德最重要的条件。如若不能够认清这一点，一个人就只能在黑暗里摸索，而找不到发展与快乐之门。

全面认知

我们要全面、客观地认知人、事、物，不能凭自己的主观想象或是片面的认知去妄下判断。

很久很久以前，印度附近有一个小国家，国王名字叫作镜面王。镜面王信奉佛教，每天都拜佛，念诵佛经，十分虔诚。镜面王很想让他的人民都心地善良，学习美好的事物，于是就想出了一个办法。一天，镜面王吩咐大臣找来一些盲人，说："你明天一大早带领这些盲人到我的公园去，我在那里养着一头大象，让他们每个人都亲手摸一摸大象，但是每个人只能摸大象身体的一个部位。"第二天早上，镜面王召集所有的大臣和人民聚集在王宫前的广场上。不一会儿，大臣领着盲人们来到了王座前。镜面王向盲人们问道："你们都摸到大象了吗？"盲人们齐声回答说："摸到了！"镜面王又说："那你们每个人都站出来讲一讲大象究竟是什么模样的。"摸到大象腿的盲人首先站出来说："大象就像一只装水的大圆桶。"摸到大象尾巴的盲人说："不对，大象应该是像一把扫帚。"摸到大象肚子的盲人说："他们两个说得都不对，大象像一面大鼓。"一群盲人吵吵嚷嚷，争论不休，都说自己正确而别人说得不对。看到这个场景，在场的人们都大笑起来。镜面王说："臣民们哪！专门去相信那些琐屑的浅薄的邪论，而不去研究切实的、整体的佛法真理，和那些盲人摸象有什么两样呢？"从此，全国臣民便舍邪归正，都虔诚地信奉佛教了。

　　昨天下午，在冬日缠绵的细雨中回到了沈阳。一下车雨势虽然较大，但天气没有想象的那么冷，与北京的气候基本一样，那颗畏冷之心就放下了。原本因为入冬以来北京天气渐冷，阴雨不断，想象着沈阳肯定更加寒冷，因此在出发前已经做好了充分的心理准备，结果出乎意料，情况没有那么严重，一切只是自己心理的自然反应而已。也许是还未到寒冷的时候，到那时也就知晓沈阳冬季的真面目了。由此自己也不禁感慨：环境的不同往往会给人一种错觉，按照自己的认知去想象它应该如何，实际上却并非自己想象中的样子。看起来，什么事情都不能单凭想象去判断，还是要去亲身体验才会有正确的认知，才能得出正确的结论。

　　生活中，我们往往会先入为主，什么事情都会凭着自己的主观认知来臆断，不能做到具体事情具体分析，不能经过认真的探讨与分析，这样做出的判断是不客观的，也许会与实际情况有很大的出入。依据这种"臆断"来行事，甚至会造成极大的恶果。的确，我们不能只凭主观认知来判断人、事、物的优与劣，而是要经过全面综合的分析、考察、实践。现实生活中，人际交往更是如此。如果没有充分的沟通与交流，不能够站在对方的角度去考虑问题，不能够认真地听取别人的意见，总是抱着一种唯我独尊的心态，认为自己所讲的都是正确的，别人所讲的都是错误的，这样就不会有好的人际关系，也就不会取得事业的成功和生活的幸福。没有平和包容的态度，没有兼收并蓄的涵养，就会把自己引到错误的道路上，最终的结果只会让自己吃大亏，空留感叹，悔之晚矣。

　　一个人只有全面、客观地认知人、事、物，认真倾听，分类消化，善于倾听别人的意见，发现别人的优点，从别人身上汲取营养，能够兼容并蓄，触类旁通，能够创造性地发挥，这样才能够让自己不断进步、不断提升。一个人的认知往往是片面的，正所谓"不识庐山真面目，只缘身在此山中"，这时我们就需要聆听别人的声音，做到兼听则明。学会与人交流、与人合作，共同探讨、共同进步，这样才能找到正确的指引，实现自我的发展。

保持童心

童年是最纯真美好的，要珍惜童年的时光，珍藏童年的记忆。在成年的日子里，也要保持一颗童心，去发现生活之中的点滴美好。

儿童文学作家、云南省作家协会儿童文学委员会副主任吴然迄今已创作出版四十多部儿童文学作品，并先后三次获得中国儿童文学最高奖项——全国优秀儿童文学奖、冰心儿童文学奖等。他的《走月亮》《我们的民族小学》等近七十篇次作品入选各种语文课本，影响了几代学生。早在多年前，吴然的作品就已被许多名家赞赏，冰心曾在给吴然的回信中赞其散文"朴素自然"。虽然年过古稀，但吴然仍然保持一颗童心，和花朵"说话"，听鸟儿"唱歌"。他用孩子的心和眼睛看世界，用纯真的童心创作，让儿童文学葆有孩童般的天真和稚气，散发出孩童般可爱的芬芳。因而，吴然的眼神与笑容如孩子般清澈灿烂，令人如沐春风。他说自己一直不断挑战自我，一直在寻找回到童年的路，并不因白发盈头而放弃。

昨晚，锦州纷纷扬扬的雪花终于飘了起来，联想前日天气就有些反常，阴冷而多雨，在大半天的晴冷静默中酝酿着雪的降临。果然，今早起来，整个东北大地白雪皑皑，冷气逼人，道路结冰，行车困难。听说有多辆列车因天气严寒，道岔难以制动，加之铁轨冰冻，电缆挂满冰雪，形成了线路串联，非常危险，无奈断电、断水停在途中，实在是困难重重。的确，天气的变化是无常的，我们能够做的就是要尽力地去适应它，努力去克服它——将这大自然的严寒，作为对我们人类的一种挑战，激发人类创新创造、克服困难的动力。

下雪的确给我们的出行带来了困扰，但下雪也给我们的生活增添了无穷的乐趣。在锦州家里带孩子的间隙，我也走出家门，来到小区旁的健身文化广场，体验一下踏雪的乐趣。临近广场就听到了孩子们嬉笑玩乐的声音，孩子们在广场上堆雪人，用小夹子夹出一个个小雪球，兴趣盎然，高兴至极。临近中午吃午餐，大人们拉孩子回家，孩子们都不愿意回，央求妈妈再多玩一会儿。站在广场的雪地上，内心有一种非常神奇的感觉，咯吱咯吱……在雪白的大地上留下自己脚步的声音，那是生活的印记，那是生活的记忆，遂勾起了自己对童年的回忆。

我从小生长在农村，一下雪，满村子的白色会让我异常兴奋，房子上，矮墙上，柴火垛上，连小狗的窝棚上都镶满了雪的白边，让人感受到了另一番天地，仿佛进入了童话般的世界。和小伙伴们在雪地上跑哇，跳哇，打雪仗、堆雪人，放飞童心，兴奋至极，甚至忘了回家吃饭，当然也免不了回家后接受父母的一顿训斥。是呀，童年下雪玩耍的场面虽已很是遥远，但那记忆永在心头，那是忘不掉的乐趣，那是一种自在无碍的内心展现，那是孩子们最快乐的节日。人至成年以后，总会有成年后的困扰，但那份童年的美好永不要丢掉，要把生活中的那份美好牢记于心，将其作为自己永久的珍藏。

规划自己

要学会规划自己，合理安排每天的时间，有了计划就要坚持完成，坚持自律自觉的生活态度，去实现自我的提升，收获人生的快乐。

西晋文学家左思少年时读了张衡的《二京赋》，受到了很大的启发，决心将来撰写《三都赋》。陆机听了不禁拊掌而笑，说像左思这样的粗俗之人，居然想作《三都赋》这样的鸿篇巨制，简直是笑话；即使费力写成，也必定毫无价值，只配用来盖酒坛子而已。面对这样的羞辱，左思矢志不渝。他听说著作郎张载曾游历岷、邛（今四川），就多次登门求教，以便熟悉当地的山川、物产、风俗。他广泛查访了解，大量搜集资料，然后专心致志，奋力写作。在他的房间里、篱笆旁、厕所里到处放着纸、笔，只要想起好的词句他就随手记录下来，并反复修改。左思整整花费了十年的心血，终于完成了《三都赋》。陆机在惊异之余，佩服得五体投地，只得甘拜下风。有了目标就要心无旁骛地去坚持完成，要规划好自己，不要放松懈怠，如此才能成功。

昨日，因接待两拨客人没能够及时写作，每天的写作任务没能按时完成，内心一直惴惴不安，像是一块石头压在心头，没有了轻松之感，歉疚之心久久难以释怀。感觉到只有把心静下来，把没完成的功课完成，才能让自己心安。其实很多时候，没能及时完成写作任务不完全是因为没有时间，而是放松了对自己的管理，未能够科学安排自己的时间，将有限的时间充分地利用起来。有时看到什么自己感兴趣的事情，会把已定好的计划打乱，让自己陷入一种不能自拔的境地，这也给自己增添了许多的烦恼，让内心不得安然。所以说，还是要学会管理自己，学会规划自己，学会对自己的行为负责，这是作为一个有原则、有计划、有目标之人必备的素养。

很多时候，我们要明确哪些事能做，哪些事不能做，哪些事需要马上做，哪些事可以缓缓做，遇事做到主次分明，对于事情的轻重缓急都要拿捏得清楚明白。管理自己是一门大的学问，它关系到人生能否取得大的成就，关系到我们一生的幸福快乐。有时可能会认为，不要自找"不自在"，何不放松身心，给自己放放假？如果有了这样的想法，就会让自己养成放弃与放纵的习惯，就不可能专心专注、始终如一地去做一件事情，就会让自己的大好时光消耗在无用的、琐碎的事物上，既而没有了自己人生的目标与方向，遂成为言行不一、轻言放弃之人，整日与烦恼、失败相随，掉入了失败与痛苦的深渊，完全没有了自我，也无法获得人生的成功。

每天的写作虽不是什么大的事情，但的确对自己的成长与心性的调节起到了非常大的作用。它是自己一天生活的总结，是自己成长的开始，是人生经验的积累，是对自己内心的调节与安慰。有了它，就有了前行的目标，就有了内心的力量，就有了克服困难、解决问题的信心与勇气，就有了人生的成就与快乐。因此，千万不要小看每天的总结与思考，若能长期坚持，不断积累，就会培养出好的习惯，培养出乐观豁达的性格，就能够更加体验到生活之美，体验到人生之美。规划自己，坚持写作，让精神之花永开不败。

善于交往

沟通与交流，是拉近人与人之间距离的机会，也是互相学习、相互促进的机会。要珍惜机缘，勤于交流，善于交往，真诚待人，提升自心。

耕柱是春秋战国时期一代宗师墨子的得意门生，不过，他老是挨墨子的责骂。有一次，墨子又责备了耕柱，耕柱觉得自己真是非常委屈，因为在许多门生之中，大家都公认耕柱是最优秀的人，偏偏常遭到墨子指责，他面子上很过不去。一天，耕柱愤愤不平地问墨子："老师，难道在这么多学生当中，我竟是如此的差劲，以至于要时常遭您老人家责骂吗？"墨子听后，毫不动肝火："假设我现在要上太行山，依你看，我应该要用良马来拉车，还是用老牛来拖车？"耕柱回答说："再笨的人也知道要用良马来拉车。"墨子又问："那么，为什么不用老牛呢？"耕柱回答说："理由非常简单，因为良马足以担负重任，值得驱遣。"墨子说："你答得一点也没有错，我之所以时常责骂你，也只因为你能够担负重任，值得我一再地教导与匡正你。"耕柱听了墨子的解释，感到欣慰，放下了思想包袱。不要因为自己觉得面子过不去而忽略他人的良好建议，要相信"三人行，必有我师"。他人的建议也许对自己来说就是最好的教导。

今日，从商丘返回郑州，结束了快乐而又充实的周末师生相聚之旅。回顾本次商丘之行，真是难得又难忘。这次与大学班主任刘艳老师、王峰老师，还有蔡华克、王秀栋、于辉同学相聚一堂，欢喜异常，其乐融融。尤其是见到了我同宿舍下铺的兄弟于辉同学，我们已有二十七年未曾谋面，更是激动不已。大学的美好时光历历在目，那份同窗之情是非常浓厚的。深深的拥抱，醇醇的美酒，让我们大家非常欢乐，醉在商丘。尤其是与非常尊敬的恩师在一起，更是欢欣鼓舞，这份深情与恩德将永志不忘。

在商丘宁陵旅行期间，与宁陵县自然资源局王书记、县工会路主席、县委办公室袁主任等领导深入交流，充分了解了宁陵县整体产业发展的布局和下一步县域经济发展方向。大家共同探讨了神飞航天与宁陵县的产业合作点，将充分发挥各自优势，在科技引领、产业发展上下功夫，为县域创新发展找到立足点和突破口，用现代宇航科技来推动传统产业的升级发展。总之，我们的沟通是深入的，友谊是深厚的，接待是热情的，旅行是愉快的。尤其王书记全程陪同，非常热情，非常敬业，对于宁陵产业发展的讲解清晰明了、客观全面，是一位认真敬业、热情干练的好领导。可以说，每一次出行都有不同的收获，每一次交流都有不同的提高，每一次相遇都是真情的流露。人生短暂，时光匆匆，要珍惜这每一次的机缘，要把一份份深情永记心底，化作人生最大的财富。

很多时候，我们惯于生活在自我狭小的范围内，不能够真正走出去，领略一下异地的风光。其实，与众多同学朋友聚在一起交流探讨、互相学习，既加深了友谊，又能够互通信息。信息值万金，有了它就会有发展的新机遇。互相学习不仅表现在能够学习新的知识，同时能够激发自己的想象力和灵感，让自己触类旁通，有更大的收获。在现实生活中，我们往往不善于交往，究其原因，除自身的性格之外，还会有一种自我防范的心理，总有一种"多一事不如少一事"的想法，与别人始终保持距离，以防自己被伤害。因为这种戒备之心始终在作怪，就会失去很多与人交流的机会，这的确是很可惜的。我们要学会勤于交往，善于交往，诚挚与人相交，在人生的路上，昂首阔步，一路前行，赢得人生的幸福与快乐。

静心思考

　　不要让繁忙的生活扰乱了自己的节奏，要每天静下心来，自省自悟，找到真正的自己，发现生活的真谛。

　　一个人被烦恼缠身，于是四处寻找解脱烦恼的秘诀。有一天，他来到一个山脚下，看见在一片绿草丛中，有一位牧童骑在牛背上，吹着悠扬的横笛，逍遥自在。他走上前去问道："你看起来很快活，能教给我解脱烦恼的方法吗？"牧童说："骑在牛背上，笛子一吹，什么烦恼也没有了。"他试了试，却无济于事，于是又开始继续寻找。不久，他来到一个山洞里，看见有一个老人独坐在洞中，面带满足的微笑。他深深鞠了一个躬，向老人说明来意。老人问道："这么说你是来寻求解脱的？"他说："是的！恳请不吝赐教。"老人笑着问："有谁捆住你了吗？""……没有。""既然没有人捆住你，何谈解脱呢？"他蓦然醒悟。由于我们的心态没有调整好，烦恼也就一个跟着一个而来，实际上，大多数烦恼都是无中生有。把心态调整好，问题会变得很简单，烦恼也就不驱而散。

　　有时候，需要逼着自己静下心来，认真思考一下自己的一天，总结一下这一天的成败得失，让自己亲近自己，让自己真正找到自己。其实，生活中我们往往离自己较远，甚至于有时会找不到自己，被外境所迷，被外物所牵，在欲望与占有的引导下焦灼苦恼，在自我狭小的范围里打转转，这的确是内心不得安宁的主要原因。我们还是要静下心来，学会反省与自悟，学会思考与总结，学会提炼与规划，学会修身与修心。这一切的收获皆来自对自己的警觉，来自对美好的选择，来自从长远的角度去考虑问题。这样才能够拥有真正的自我。试想一个连自己都弄丢了的人怎么能把握自己的命运，怎么能够拥有自我的发展和人生的幸福呢？可以这样说，唯有把握自己，才能收获幸福。

所有的快乐与幸福，所有的痛苦与失落，其根源皆在于内心的调整。内心影响了人的行为，心态决定了人的命运。我们整天忙于生活，忙于工作，人情世故，事事应酬，家庭琐事，事事操心，好像人生活在世上皆是为忙而来，忙工作、忙生活、忙事业、忙家庭，完全没有歇息的时候，甚至于完全没有了自己。好像唯有忙才是生活的真义，唯有忙才能打发每天的时光，唯有忙才能让自己满足和快乐。可是，如果是没有目标的忙，没有总结的忙，没有创造的忙，那也只是机械的、毫无生机的重复劳动而已，也就失去了忙的意义，到头来还有可能一无所获，失去了青春年华，变得老而无依。因此，一定要学会不断地反省与总结，学会在心灵的锻造上加一把劲，多与有德之人交往，多做利乐众生之事，通过自己的努力给更多的人带来光明，带来快乐。如果我们能够经常反躬自省，善调自心，安然自在，轻松生活，无私大度，真诚付出，不为自己所忙，不为私利所累，让内心光明无碍，让善德之光永照心田，那么生活的真正意义就会得以显现。

调整心态

好的心态是成功的基础。要善于调整自己的心态，保持清净光明的心理环境，保持积极乐观的生活状态，这样我们才能够拥有成功与幸福。

村里有一个人，一天他发现村里一个十分严肃的老猎人在和一群小鸡说话，令人好奇。为什么一向严谨不苟言笑的他，会在没人的时候对小鸡那样热情而又快乐呢？他带着疑问去问老人："你为什么不把弓带在身上，并且时刻把弦扣上收获点猎物？"猎人说："天天把弦扣在上面，那弦就失去弹性了。我和小鸡游戏也一样是收获呀。"生活中每天都有做不完的事，但是你有没有仔细想过，如果你天天为工作疲于奔命，超过了我们所能承受的极限，最终让我们会焦头烂额，事情也做不好。尤其在当今社会，生活节奏不断加快，使每个人都觉得非常紧张。于是，超负荷工作便给人们造成了不可避免的损失，人们的饮食起居没有了规律，所以患职业病，情绪不稳，心理失衡乃至猝死的一系列情况就会发生，给人们的生活工作及心理造成了很大的无形的压力。这就需要我们放松，换一种心情，轻松一下，学会放下工作，试着做一些其他的事情，偷得半日闲，除去心中的烦恼。生活对我们来说需要劳逸结合，游历名山大川并不是每个人都能办到的，但给自己一个空间，学会忙里偷闲休息片刻，享受心中的安宁，人人都能做到。

学会让躁动之心静下来，享受自在无碍，无忧无虑。内心的平和是正确处事待人的前提，是提升自我素养的保障。如若没有一个好的心境，犹如置身于四处吵闹的杂院一般，当然不会有好的心情，也不会有好的成绩。所以，保持好的心境是成事的前提，也是人生愉悦的必要条件。

现实之中，我们每天都会遇到很多的事情，开心的，不开心的，顺利的，棘手的，如果没有一个好的心态，没有一个好的心境去接纳，人就会忙碌不已、焦虑不已、苦恼不已。没有一个好的生活状态，就会给自己的身体和心灵造成伤害，就没有了自我前行的保障，就会自心难安、孤枕难眠，被压抑和痛苦包围，把原本平和淡然的生活打乱，让自己在苦闷之中挣扎，备受煎熬，甚至会造成无法挽回的后果，那时真的是悔之晚矣。人生如同蒙上了灰尘，终日见不到阳光，原本幸福的生活变得凄惨无比，究其根源就是没有一个好的心理状态，长期负面因素的累积让人失去了生活的热情与希望。尤其在受到某一突发事件的刺激后，人就真的失去了自我，没有了生机与活力，失去了目标与信心，丧失了战胜困难的勇气，这样的人生还有什么希望可言呢？人变成了行尸走肉，没有了心灵的指引，没有了那股精气神，没有了活力与创造，没有了快乐与希望，这样的生活又有什么意义呢？所以，要学会关爱自己的内心，调整自己的内心，让它充满光明与力量，充满乐观与希望，充满包容与感恩，充满无私与大爱，充满正直与宽厚，充满勇敢与无畏。把一切阴暗、狭隘都驱散，让心境一尘不染、清澄明亮、温暖平和、安然坦荡，这样人生才会处处充满阳光，生活才会天天欣喜不断，我们才能够尽情享受人间之美好。

坚守成功

一个人的成功，离不开他人与社会的帮助与支持，也离不开个人的努力和坚守。唯有不断努力，不断奋斗，才能不断靠近目标，不断迈向成功。

有一个年轻人，从小就梦想着成为一名出色的赛车手。他在军队服役的时候曾开过卡车，这对他熟悉驾驶技术起到了很大的帮助作用。退役之后，他选择到一家农场里开车。在工作之余，他仍坚持参加一支业余赛车队的技能训练。只要有机会，他都会想尽一切办法参加车赛。一次，他参加威斯康星州的赛车比赛，当赛程过半时，他前面的两辆赛车发生了相撞事故，他迅速地转动方向盘，试图避开他们，结果撞到车道旁的墙壁上，赛车在燃烧中停了下来。当他被救出来时，手已经被烧伤，体表伤面积达百分之四十。医生给他做了七个小时的手术之后，才使他从死神的手中挣脱出来。命是保住了，可他的手萎缩得像鸡爪一样。医生告诉他："以后，你再也不能开车了。"然而，他并没有因此灰心绝望。为了实现那个久远的梦想，他接受了一系列植皮手术，为了恢复手指的灵活性，每天他都不停地练习用残余部分去抓木条，有时疼得浑身大汗淋漓，而他仍然坚持着。在做完最后一次手术之后，他回到了农场，换开推土机，使自己的手掌重新磨出老茧，并继续练习赛车。九个月后，他重返赛场，参加了一场公益性的赛车比赛，但没有获胜，因为他的车在中途意外地熄了火。不过，在随后的一次全程二百英里的汽车比赛中，他取得了第二名的成绩。又过了两个月，仍是在上次发生事故的那个赛场上，他赢得了二百五十英里比赛的冠军。他，就是美国颇具传奇色彩的伟大赛车手——吉米·哈里波斯。

今天上午又回到了沈阳，原本以为沈阳一定是天寒地冻、冰天雪地，下了高铁却感觉到要比想象中好很多，空气清新、天空蔚蓝、艳阳高照，虽有丝丝寒意，但内心还是感到了阵阵的暖意，心里默默地叨念："大东北，我又回来了！"

寒来暑往，常年在外奔波，每次回到沈阳，都会有一种回家的感觉。虽然并未在这里定居，但沈阳给予我很多的感念。十年前来到沈阳这座陌生的城市，还是完全未知的状态，不知道如何去规划自己的工作与生活，不知道如何能够有一个新的起点，一个新的发展。一个人，独自处于陌生之地，的确会有些许慌乱，也会有些许忧虑。幸运的是，在朋友的帮助下，自己很顺利地度过了迷茫期，很快地安下心来，调整好自己的心态，安排好自己的生活，创造性地发挥自身的潜能，找到了科学的工作与生活方法，自己的各个方面很快就有了提升。

的确，"万事开头难"，做什么事刚开始都会困难重重，没有资金，没有产品，没有客户，真可称为"三无"之人，一切皆要重新开始，一切皆要重新规划。但是我没有被眼前的困难所吓倒，而是认真地面对所有的问题，静下心来，冷静客观地分析时局，不断地寻找新的途径、新的方法。没有产品，就通过生产合作的方式来开发产品；没有资金，就通过项目合作的方式来解决资金；没有渠道，就通过分成合作、共享渠道的方式来解决销售渠道；没有人员，就通过招兼职或低底薪高提成形式来组织人员。总之，创业是艰辛无比的。每当自己遇到了问题与困难之时，我总是会想到，世上本没有那么容易成功之事，如果那么轻易地就能够成功，那世界上岂不人人都是成功者了？所谓的成功者，就是在别人放弃的时候，能够坚持下来，在别人失望之时，能够永远葆有希望，永远不会被艰难困苦所吓倒。自己的伤要自己去敷，自己的痛要自己去忍，永远不忘自己鼓励自己，自己激励自己。唯有自身强大，困难才会主动投降。只要不断创新、努力坚持，终有成功的那一天。

回忆在沈阳的日子，真是感慨万千，虽然现在的自己还算不上成功者，但比起十年前已经有了很大的进步，无论是心态上，还是事业、生活上，都有了一定的提升。当然，这一切都离不开众多领导、朋友、同事们的鼎力相助，也离不开家人对自己的理解与支持。总之，一个人的发展离不了个人的自身努力，更离不了诸多关心自己的人的大力扶持。"苦心人，天不负。"相信所有的努力都是前行的步伐，都是在向着我们的目标靠近。只要我们努力坚守、不断创新、不断总结、不断超越，扎扎实实地向前走，就一定能够到达我们理想的目的地。

不懈追求

如果你能够紧紧抓住自己的目标不放并坚持不懈，那么很快你就会超过大多数人。记住，是你掌握着自己的生活。如果你一心想达到一个目标，就一定会有办法取得成功。

桑德斯上校退休后拥有的所有财产只是一家靠在高速公路旁的小饭店。饭店虽小，但颇具特色，与众不同。最受欢迎的，也是客人最爱吃的一道菜就是他发明烹制的香酥可口的炸鸡，仅此一项就给他带来了一笔可观的收入。多年来，他的客人一直对他烹制的炸鸡赞赏有加。令他万万没想到的是，由于高速公路改道别处，饭店的生意突然间也一落千丈，最后只好关门歇业。被逼无奈，桑德斯上校决定向其他饭店出售他制作炸鸡的配方，以换取微薄的回报。在推销的过程中，没有一家饭店愿意购买他的配方，并且还不时地嘲笑他。一个人在任何年龄被人嘲笑都不是件令人愉快的事，更何况到了退休的年龄还被人嘲笑，这就更令人难以接受了。而这恰恰发生在了桑德斯上校身上。他不但被人嘲笑，并且接连不断地被人拒绝，可见这些经历对他的影响有多么巨大。但他始终没有放弃，在找到买主之前，他开着车走遍了全国，吃住都在车上，就在被别人拒绝了一千零九次后，才有人终于同意采纳他的想法，购买他的配方。从此后他的连锁店遍布全世界，他的事迹也被载入了商业史册。这就是肯德基的由来。人们为了纪念这位桑德斯上校，就在所有的肯德基店前树立一尊他的塑像，以此作为肯德基的形象品牌。

我们每天都在期待着有新的进步，能够在精神和物质上有更多的收获。我们每天都在努力争取，这也是我们不断努力前行的内在驱动力。赢得物质和精神上的双丰收，这是我们梦寐以求的事情，也是我们不断提升自我的动力。物质世界是人类赖以生存之根，没有物质就没有了人类生存的前提。时代在改变，人类社会也在不断发展，这是人类不断努力、不断创造的结果。努力与创造，也是为了实现物质水平的提高，让自己和家人拥有衣食无忧的生活，并且能够为社会创造财富。这是我们对家庭、对社会所做出的贡献。在精神层面上，我们要有努力向上、向善之根，不断地锻炼自己的心性，不断地提高自己的精神文化素养，继承和发扬优秀传统，给人间带来更多的美好，同时也让自己对人生有更清晰的认知，明了人生的价值与意义，更好地指引自己的人生。如此，才能够感受到人间更多的快乐。

物质和精神皆是不可或缺的生存养料，是生命赖以支撑的基础。有了它们，就有了生命的活力和价值，就有了创造和发展的条件。所以，我们每天都要不断涵养自己的心性，从内心的"矿山"中挖掘出更多的宝藏来，从而让人生走上光明大道，真正获得人间的真爱和幸福。一个人，要知晓每天活着的价值和意义，要去寻找和创造人生更美好的东西，能够为这个世界增添一点美好，让生命得以升华，给自己带来无尽的安乐。当然，不是所有的时光都是光明无限的，也有灰暗无比的时刻，有时可能也会让自己痛彻心扉，艰难无比。但只要我们内心有光明的照耀，有对美好的不懈追求，就一定能够冲破人生的黑暗，到达自己的梦想之境。在这个世界上，只要你不放弃自己，终会拥有一个理想中的自己，拥有一个美好的人生。

关爱健康

身体是革命的本钱，只有拥有健康的体魄，我们才能去享受这世界的美好，才能去关爱家人与朋友，才能去实现自我的价值。

著名国画大师齐白石，作画之余坚持锻炼身体，所以年近百岁之时，仍然精力充沛，挥毫不止。齐白石一生经历不少坎坷，然寿臻期颐，给人们留下了丰富的艺术珍品。晚年的时候，他每天天不亮就起床，先去自家的南菜园，为葡萄、丝瓜、花生等瓜果除草、施肥，以此作为一种锻炼身体的方法，长年坚持不辍。齐白石一般睡得很早，从不贪晚，每夜必须保证足够的睡眠，而且讲究睡眠质量。他一生恪守保养身体的"七戒"。一戒饮酒：白石老人深知饮酒有害健康，除偶尔饮少量葡萄酒外，平时从不喝烈性酒。二戒空度："人生不学，苦混一天。"白石老人每天绘画不止，他逝世前一年仍作画六百余幅。三戒吸烟：齐白石不吸烟，亦不备烟。四戒懒惰：齐白石坚持自己料理生活，补衣、洗碗、扫地等活都亲自去做。五戒狂喜：被授予"杰出的人民艺术家"称号和国际和平奖金，他隐乐于心，平静坦然，毫无常人的狂喜之态。六戒空思：空思，即思想杂乱无章地忆旧，不能自制。白石老人从不空思。七戒悲愤：齐白石处世悠然，既不大喜过望，也不大悲大泣，始终保持平静乐观的人生态度。齐白石轻看名利地位，喜欢过平淡、宁静的生活，由于他心性平和、乐观豁达，且始终坚持锻炼身体，所以年近百岁时仍然精力充沛。

近几日，明显地感觉体力有些下降，整日头昏脑涨、腰酸腿痛，没有精神，皮肤还有些过敏的症状，晚上睡眠质量也不是太好，心情显得很沉闷。究其原因，正是与自己日常的作息有关系。没有科学地安排自己的生活，经常熬夜，直到深夜一点左右，感觉困乏至极才上床休息，平日里缺少锻炼，整日久坐，加之饮食不规律，暴饮暴食、应酬过多、饮酒过量……这些都是导致自己体质下降的主要原因。虽然明知道这些做法对身体不好，却总是控制不住自己，由着自己的想法去做，没有对自我的限制和规划，这样不但会导致身体出现不佳状态，甚至会极大地损害身体健康。

日常生活中，我们往往忽视了自己的身体状况，没有足够的健康意识，总觉得疾病离自己很远，好像自己永远不会生病，拥有钢筋铁骨一般，总是随心所欲地放纵自己。这的确是一种错误的认知，生活没有规律，自我不受控制，这样会给自己造成极大的危害。要知道，人体就如同一部精密的仪器，需要我们的细心呵护。要保持健康的状态，就要科学地管理和维护，如若违背了身体代谢的节奏，打乱了身体发展的规律，就会破坏了身体的平衡，让自己出现不适甚至生出疾病。我们总以为自己很了解自己的身体，所以不需要刻意去关注，这种想法是非常错误的，这也是造成身体出现问题的重要原因。人体这部精密的仪器，我们只有倍加珍惜，才能让它良性运转，才能让它保持良好状态，我们才能够拥有健康，才能够做到关爱家人、不拖累家人，才能够真正享受到幸福的生活。

关注健康，保持健康，是我们的责任，是对自己生命的尊重，也是对社会、对集体、对家人，以及对关心帮助我们的人最大的回馈。人生在世，不要追求一时的成就，而要追求长久的成就。有了健康，才有成

107

功的基础，才有幸福的可能。可以说，失去了健康，其他拥有得再多也只是零。所以，要时时给自己敲响警钟，让自己从混沌之中清醒过来，做一个健康的有心人，做一个人生的快乐者，做一个能够给他人带来更多幸福之人。珍爱自己，就是珍爱他人；关心自己，就是关心他人。愿我们每个人都能够健康永在，快乐永久！

书写人生

　　每天记录、书写自己的生活，梳理思路、整理情绪、感悟总结。心灵轻松、脚步轻盈、放飞自我，成就圆满人生。

　　相较于浙江省温州市文化艺术研究院编剧、市文联副主席这两个身份，蒋胜男作为《芈月传》《凤霸九天》《铁血胭脂》等知名网络文学作品的作者，可能更为公众所熟知。蒋胜男从事网络文学创作已近二十年。为什么能坚持写作的初心？"初心始终都在那里，从未远离。写作就好比爬山，有人面对压力中途而弃，有人坚持迎难而上。其实对于喜欢爬山的人而言，所获得的乐趣就在过程中。于我而言，写作带给我的快乐始终如初。"在接受采访时，蒋胜男这样说。近年来，中国网络文学产业的发展势如破竹，网络文学多样化，市场化势头强劲，正在发展成与美国好莱坞、日本动漫、韩国电视剧并列的四大文化现象之一。身为网络文学作家，如何利用网络文学讲好新时代的中国故事，也成为蒋胜男思考和关注的话题。"网络时代，好作品和好作者如锥在囊中，一定会脱颖而出。"对此，蒋胜男说，"不管什么时代，能够打动人心，引起人类内心最深处情感共鸣的作品，都会获得读者的认可。因为它们讲的都是人类内心的原始需求。"

我感觉每天都在为写作的命题而搜肠刮肚，试图找到一个华丽的词语来更形象地表达。其实，写作完全没有必要过于矫饰，用自己真实的语言来描述才是最有意义的，才是最能够打动人心的。原来一直认为，写作是件很难的事，需要反复思考、字斟句酌、巧加修饰、注重语法等，认为唯有如此才算是真正的写作。有了这些条条框框的限制，自己反而失去了写作的兴趣。没有了自己的主意，没有了自己的主见，很多想要表达的内容就会胎死腹中，甚至让自己想要放弃写作，认为放弃了也就没有了烦恼，让自己从压力之中解放出来，身心就会轻松自在。殊不知，这种想法也限制了自己思维的进步，影响了自己的自由发挥，成为自己写作的最大障碍。

其实，我们写作的目的，就是要把感悟和总结记录下来，就是要真实地吐露自己的心声，自然一点，平和一点，亲切一点，说真实的话，写真实的事，这样写作才有意义。如若离开了真实，写作便成为一种附庸风雅之事。有时候，自己在写作的过程中，也会有一种故意展现自我的意图，想让别人感觉自己如何之强，如何之有能力，这就是虚荣心在作怪。带着这样的目的去写作，就会让文字失去了生机与灵气。越是这样，越是写不出好的文章来，越是写下去就越是感觉别扭。长此以往，写作也变成了一件痛苦之事。因此，千万不要把写作当作一种负担，而要把它当作袒露心声的机会，让自己能够静下心来观察生活，对人、事、物有一个更为客观的认知，学会发现生活之美，用美的眼睛来欣赏世界，用美的心灵来体验人生，最终达到心态平和、轻松自如。

人生总归需要有所记录、有所感悟的，不只是对人、事、物本身的记录，更重要的是对自己内心思考与感悟的记录，这能够让我们学会用旁观者的眼光来看自己、看他人，让自己有所觉醒、有所进步。如果我们没有总结，没有思考，没有记录，没有创造，那么匆匆流逝的时光又有什么意义呢？我们不能为了活着而活着，而要让每天的生活更有意义，要为自己留下有价值的记忆。带着这样的思维去写作，才能够显现出书写和记录的意义。

跨越发展

伟大的成功在于坚持，在于创新，在于奋斗。唯有坚定地朝着理想的目标，不懈地努力奋斗、积极进取，不断地提升自己的心性与能力，才能够实现跨越式的发展。

大米是中国人的主要食品。可长期以来，水稻产量不高，中国人口又那么多，农民们成年累月种田栽稻，还是满足不了"吃"的需要。粮食产量低，是我国经济发展的一个大障碍。农业科技工作者袁隆平决心为国攻关，解决这个难题。袁隆平是湖南一个镇上的农校教员。虽然工作条件差，可他一心扑在科研工作上。每天除了教学外，就是在试验田里培育高产品种。在试验中，他发现天然杂交水稻穗大粒饱，产量高，但是第二年再种就退化了，失去了优势。他就想进行一种试验，培育能保持高产的杂交水稻的种子。为了这个理想，袁隆平不知花费了多少精力，有时候在试验田里观察，连家也顾不上回。经过十年的艰苦努力，新的稻种终于培育成功了。这种杂交水稻亩产达到五百多公斤，在全国推广后，我国稻谷在几年中增产了一千多亿公斤，真是一个飞跃！袁隆平获得了中国第一个国家特等发明奖。美国等国家也引进了他的成果。他被称为"杂交水稻之父"，为改变我国粮食生产的落后状态打了一个翻身仗。

2019年9月，新中国七十华诞前夕，杂交水稻之父、中国工程院院士袁隆平被授予"共和国勋章"。这枚共和国勋章象征着中华人民共和国的最高荣誉。

昨日，从郑州新郑机场与刘老师等一行乘飞机抵达海口，参加今日在海南文昌基地举行的神飞航天号卫星发射仪式。各位同学、同事互致问候，内心激动不已。昨日的海口艳阳高照，天公作美，大家的心情也放松了许多。海口气温在十五摄氏度左右，一下飞机，就感觉特别舒爽。天气温暖，空气清新，椰风阵阵，道路宽阔，马路两侧绿树成荫，建筑别具一格，处处都显露着浓浓的南国风情。相较于寒风凛冽、冰天雪地的北方，简直是天壤之别。北有北的风格，南有南的风情，南来北往，总会有不一样的体验，拥有不一样的心情。

此次神飞航天号卫星的发射，对于我们来讲是一件大事。作为我国2020年最后一颗商业冠名卫星，它的顺利发射是一次引领，也预示着神飞航天事业的蓬勃发展，可谓"神飞航天，一飞冲天"。我们会借着这股东风，让神飞航天的事业更加发展壮大。

国家要有国家的精神，企业要有企业的文化。借着国家嫦娥五号"蟾宫折桂"探宝归来这股东风，我们冠名发射神飞航天号卫星更是极具意义。同时，这也是对中航人的一次激励，我们会继续发扬伟大的航天精神，努力创新，积极有为，把日常工作做得更好，让自己的心性得以提升，从而实现人生与事业的大的跨越。的确，一个人如果不努力挖掘自己的潜力，不努力去激发自己的潜能，就不知道自己到底能做到什么程度。有时候，努力一把，奋斗一把，用心执着地去做一件事，是对自己人生的解放和拯救。唯有如此，我们才能真正感知到什么是人生的幸福与美好，才能真正收获能力的提升和事业的成功。

"天生我材必有用"，其实每个人都有着自己的价值，都蕴藏着独特的天赋，都具备着巨大的潜能，只要我们善于挖掘，充分发挥，坚持初心，不断向前，定能够收获人生的幸福与圆满。

不朽记忆

向伟大的科技工作者学习，将个人的发展与国家的发展相连接，不断努力提升自己，为国家、为社会多做贡献，在奋斗中实现自我的价值，也为人生留下不朽的记忆。

20世纪40年代，钱学森就已经成为力学界、核物理学界的权威和现代航空与火箭技术的先驱。在美国，钱学森可以过上富裕的中产阶级的生活，然而，钱学森却一直牵挂着大洋彼岸的祖国。得知新中国成立的消息，钱学森兴奋不已，觉得现在正是回到祖国的时候。美当局知道钱学森要回国的消息后，自然不想放走，因为钱学森掌握着太多最新最前沿的技术。在克服百般阻挠之后，钱学森终于回到了百废待兴的新中国。回到祖国后，他迅速投入工作，从成功地指导设计了我国第一枚液体探空导弹的发射，到我国第一颗人造地球卫星的研制成功，从组织领导了运载火箭和洲际导弹研制工作，到我国第一艘动力核潜艇的设计制造，以及我国第一颗返回式卫星的成功发射，他始终站在新中国科技事业的最前沿，突破无数科研难题，为新中国的航天事业做出了许多具有里程碑式意义的贡献。

昨日是一个激动人心的日子。经过对火箭的短期技术调整，加之对高空气流的充分论证，我国新一代的长八火箭终于可以飞上云霄了。这对于我们已经到达文昌现场观礼的团队来说，真是一个莫大的喜讯。能够目睹长八火箭升空，并把我们冠名的神飞航天号卫星送上太空，实在是一件激动人心的大事。

我们早早从酒店出发，坐上大巴赶往文昌卫星发射基地，看得出大家都满怀喜悦，兴奋之情溢于言表。到了基地，观礼的人群陆陆续续步入发射现场。观礼场设在基地的运动场，透过道路两旁的椰林，能够看到不远处的火箭发射塔高高耸立，火箭已经蓄势待发，现场播放着歌曲《我和我的祖国》，每个人的内心都是无比欢欣、无比激动，紧张地等待着发射时刻的到来。在等待发射期间，我们神飞航天观礼小团队，每个人都穿上了印有"神飞航天号"标识的蓝色马甲，戴上小红帽，拉出横条幅，排列整齐，合影留念。在刘老师的指挥下，我们一起高呼"热烈庆祝神飞航天号卫星成功发射""神飞航天号，太空最闪耀""神飞腾空起，星光耀九州""祖国万岁，神飞成功"等口号，现场气氛非常热烈，引起了众多观礼嘉宾的关注、拍照和称赞。

椰风阵阵，歌声嘹亮，口号声此起彼伏，欢笑声响彻整个观礼场，我们欢呼，我们激越，我们的心情久久难以平静。尤其是当我们听到话筒里喊出"一分钟准备""三十秒准备""十、九、八、七、六、五、四、三、二、一、点火"之时，心脏就像是要蹦出来一样，激动不已。火箭携着撼山动地的轰鸣声缓缓升起，红红的火焰周围腾起了白色水雾，大家都在用手机拍下这震撼光辉的一刻。观礼台上欢声雷动，就连七十多岁的王老师也激动地跳了起来，并兴奋地高呼："发射了，发射了！"经过十几分钟，卫星成功入轨，火箭发射圆满成功。尽管发射时间已经结束，但大家还是兴致不减，围着观礼台前的电视屏幕观看回放。

是呀，这的确是人生之中少有的激动人心的时刻，我们要把它好好铭记于心，化作努力工作、快乐生活的动力，不断地完善自己，不断地提升自己，向众多航天工作者一样，为国家、为社会创造出更多的业绩。

通过火箭发射观礼，我也深深地感受到了祖国的强大，感受到了祖国科技事业的迅猛发展，同时也深深为自己是一名中华儿女而感到骄傲与自豪。

观礼结束，返回海口市区，大家提前一天为我庆祝五十一岁生日。张书记、张进、洪涛为此做了精心的安排，席间还收到了各地员工发来的生日祝福，岳母、爱人和两个孩子也特地录制了祝福视频，尤其是远在河南老家的父母，也由弟媳帮着录制了祝福视频，让我激动不已，热泪盈眶。刘老师带领大家一起为我唱生日歌，一起切蛋糕、饮美酒，欢笑声响彻整个酒店小院。这的确是非常有意义的一天，我定会把它记在心底，化作美与爱的力量，也希望把这份幸福分享给更多的朋友。

紧密合作

　　21世纪既是一个竞争的时代，又是一个合作的时代。谁学会了合作，谁就抢占了先机，谁就会走在时代发展的前面，成为领军人物。

　　20世纪70年代，香港企业界爆发了一场争夺英资怡和财团台柱之一的九龙仓集团的大战，主要对手便是华资与英资两大集团，是他们之间的对决。当时华资集团有李嘉诚的长江实业公司以及包玉刚的环球航运集团。有这两大集团的存在，英资集团见势不妙，拉拢汇丰银行做靠山，更加剧了竞争。此时，李嘉诚找到了包玉刚，二人进行了一次开诚布公的长谈。李嘉诚坦言愿意让出自己手中的一千万九龙仓股票。包玉刚也认识到李嘉诚的诚实与坦率。二人都认识到彼此的重要。共同的利益，使二人终于紧紧团结在一起，他们精诚团结与合作，一举打败了英资集团，实现了各自的愿望和目的。所以，团结，使合作更加紧密；共同承担风险，实现了互利互惠的目的。

　　昨日，承蒙杨凤鸣总裁的邀请到天津武清参加国粮集团2020年集团表彰大会。会前又与老朋友宋德顺董事长亲切会面，互叙友情，对下一步产业合作、神飞航天助推国粮发展做了探讨与交流。表彰大会气氛热烈，精彩纷呈，各位领导、精英畅谈了自己一年来的进步与发展，充分

116

展现了企业团队的凝聚力、向心力。一句句朴实无华、发自内心的话语令人为之感动，其中包含了对于未来的期许与展望，也包含了对于明天的希冀与向往。的确，一个人、一个团队一定要有精神、有目标、有追求，要有强大的精神动力，要有明晰的目标追求。认准目标，不断创新，不断努力，就一定能够实现自己人生的价值。

回想自己年轻之时，喜欢单打独斗，总是认为只要自己发挥出自己的能量，就一定能够把所有事情做好。实际上，这是一种极为幼稚的想法。随着自己在工作和生活中的观察与总结，逐渐意识到单纯依靠个人是做不成大的事业的，要想有所建树，就要团结众多的人一起努力，要与志同道合之人携手，向着目标不断迈进。也许，每个人都会有不同的想法和做事的方法，但只要齐心协力，建立高效务实、分配科学的机制，就能够发挥出集体的力量，实现事业的发展。

在现实的人际交往之中，自己往往会有些自以为是，不愿意听取别人的意见和建议，认为别人所讲的都不对，唯有自己讲的才是对的，这就会让自己陷入一种自我主义的泥潭之中而不能自拔。一定要善于倾听别人的声音，仔细地去分析别人的观点，合理地采纳别人的意见。要学会站在别人的立场考虑问题，每个人的做法和想法都有其内在成因，我们要充分地理解和包容，要看到别人的闪光点，弥补自身的不足，从而实现自我的提升与完善。

一个好的团队，要有好的引领，好的目标，好的规划，才会有好的业绩，好的拓展，好的发展成果。在此，也衷心地祝福国粮集团企业腾达，发展壮大！

把控自我

把控自我是一种优秀的品质，也是一个人综合素质的展现。一个人，唯有严格要求自己，学会把控自我，才能取得事业的成功，收获生活的幸福。

柳传志以"自律"在业界享有盛名。他就是以"管理自己"的方式"感召他人"。守信首先表现在他的守时上，柳传志本人在守时方面的表现让人惊叹。在二十多年无数次的大小会议中，他迟到的次数大概不超过五次。有一次他到中国人民大学去演讲，为了不迟到，他特意早到半个小时，在会场外坐在车里等待，开会前十分钟从车里出来，到会场时一分不差。2007年上半年，温州商界一位企业家邀请柳传志前往交流。当时，暴雨侵袭温州，柳传志搭乘的飞机迫降在上海，工作人员建议第二天早晨再乘机飞往温州，柳传志不同意，担心第二天飞机再延误无法准时参会，叫人找来公务车连夜赶路，终于在第二天早六点左右赶到了温州。当柳传志红着眼睛出现在会场，温州的那位知名企业家激动得热泪盈眶。

昨晚，与老领导及朋友们在一起辞旧迎新，大家欢聚一堂，谈笑风生，开心无比。席间免不了多喝了几杯，在现场倒是没有丢人，送走客人之后，自己就开始遭罪了，感觉头晕目眩，胃里也是翻江倒海，很是难受。这令自己开始反省，还是没有控制好自己，怎么能够喝多了呢，这是一年多来第一次让自己如此狼狈。看来，还是要在自律、自控上下功夫，还需要增强自己的意志力，向那些有自制力的人学习。一个人，如果没有自我把控的能力，不了解自己的能力大小，而是盲目地乐观，认为自己如何如何，是极其错误而幼稚的。虽然在人与人的交往中会有些特殊的场合，有许多的应酬，但这不是让自己失去控制的理由。这也说明在自己的内心深处，还有一种内在的"江湖气"。没有自控的人生，不是好的人生。在这方面，自己还是要深刻反省，及时调整。

当然，对自我的把控，不仅仅表现在喝酒之事上，还表现在生活与工作的方方面面。很多时候，我们失去了自我控制的能力，失去了科学的指引，就会成为欲望的奴隶，成为生活的失败者。要学会参透事物的本质，不能抱有任何侥幸心理，要明了什么能做，什么不能做。要学会经常反躬自省，在修身修心的道路上不断前行，真正成为自己的主人，成为管理自己的高手。这也是我们战胜困难、成就自我的根本。

人生最忌讳的就是失去对自我的把控，失去自己坚守的方向，这样就会成为无法掌控自己命运之人，成为人生遗憾的制造者。这是失败者普遍存在的问题，是足以引起我们重视的人生大问题。当然，我们能够发现问题、解决问题，这比起问题本身更重要，只要我们能够不断反省，能够从问题本身汲取教训，调整自我，让自己增强化解问题的能力，规避问题的再次出现，自己也就真的是胜了。

树立目标

当你有了明确的目标，就有了努力的方向，就有了坚持的欲望，就有了前行的动力。为了实现目标而努力奋斗，你也将会拥有积极向上的心态和幸福快乐的人生。

　　法国人布封年轻的时候，生性懒惰，成天只知道吃喝玩乐。人们认为这个人因为生活在富裕之家，养成了浪荡公子的习性，一辈子只能碌碌无为了。面对人们的指责，布封决心痛改前非，立志在科学研究领域做出一番事业。人们对他的志向只是付之一笑。为了实现自己的人生目标，布封决心首先改掉爱睡懒觉的毛病。为了使自己早起，他要求用人在每天早上六点以前叫醒他，并必须保证让他准时起床。只要任务完成得好，用人就可以额外地获得一笔小费。但是，当用人叫醒他的时候，他却装病不起来，还生气地骂用人打搅了他的睡眠。当他起床后发现上午十一点了，他又大发雷霆，训斥用人没有及时把他叫起来。这样一来，用人决意拉下脸来，强迫他起床。一次，布封赖在床上，无论如何也不肯起来。用人立即端来一盆凉水泼进了他的被窝，这一办法立刻见效，并且屡试不爽。在用人的督促下，布封终于养成了早起的好习惯。从此，他每天从早上九点工作到午后两点，又从下午五点工作到晚上九点，日复一日，年复一年，四十年来从未间断过。后来，他完成了巨著《自然史》，成为一名享誉国内外的作家。

很多时候，自己很难管理好自己，尤其是应酬多了，生活中的烦琐事务多了，自己的内心就会慌乱，就会没有了自己的主张，人会变得紧张无序、浑浑噩噩，内心难以平静下来。没有自律的生活，没有了生机与活力，没有了快乐与幸福。生活需要我们自律，我们要自律地生活。生活要有目标、有方向、有向往、有奔头，一切都是欣欣向荣的场景，一切都是自我的引领，产生了内心的依附，人也就顿时精神多了，心态也就积极起来了。

生活有了目标，就可以用内心来指引生活，就可以达到忘我无我的境界，这样我们也就忘记了痛苦与焦虑，也就没有了慌张与惊恐，没有了忧虑与悲伤。这的确是我们应该去努力改变的，而改变自己就要从现在开始。有了目标，我们就能够充分地调动自己的积极性，就能够积极有为、活力无限。人总是要有一些精神的，没有精神支柱来支撑，人就犹如一块朽木，是不可能用来雕琢的，是感受不到人间的大美与大乐的，而这样的人生又有什么意义呢？有一句话讲得好："哀莫大于心死。"心都死了，还有什么希望，还有什么奔头？一个人，失去了对自我人生的把控，就会如同汽车没有了驾驶员，就会失去了方向，横冲直撞，最后导致车毁人亡，这是不堪想象的。

所以，我们还是要打起十二分的精神来，找到自己最擅长的一面，围绕自己所擅长的方面，不遗余力地去努力，找到人生的快乐幸福之境。平凡的生活往往最容易消磨人的意志，人会困在生活的琐碎之事中不得脱身，如果意志力不强，就会得过且过，做一天和尚撞一天钟，没有了规划与指引，最终就会缴械投降。这样的人生是极其悲哀的，是不会对社会、对他人有任何贡献的，也是没有任何价值的。因此，我们一定要明确人生的目标，把控人生的方向，将命运牢牢掌握在自己手中。

修炼自心

拥有一颗强大的内心，你就不会因为一时的成功而自满，不会因为一时的失败而自卑，而是从过往的经历中总结经验，为成功打下坚实的基础。

　　1914年12月，大发明家托马斯·爱迪生的实验室在一场大火中化为灰烬，损失超过两百万美金。那个晚上，爱迪生一生的心血成果在无情的大火中付之一炬了。火势最凶猛的时候，爱迪生二十四岁的儿子查里斯在浓烟和废墟中发疯似的寻找他的父亲。他最终找到了：爱迪生平静地看着火势，他的脸在火光摇曳中闪亮，他的白发在寒风中飘动着。"我真为他难过，"查里斯后来写道，"他都六十七岁了，不再年轻了，可眼下这一切都付诸东流了。"他看到我就嚷道："查里斯，你母亲去哪儿了？去，快去把她找来，这辈子恐怕再也见不着这样的场面了。"第二天早上，爱迪生看着一片废墟说道："灾难自有它的价值，瞧，这不，我们以前所有的谬误过失都给大火烧了个一干二净，感谢上帝，这下我们又可以从头再来了。"火灾刚过去三个星期，爱迪生就开始着手推出他的第一部留声机。

　　在生活与工作之中，我们往往会急于求成，想要马上就实现自己的目标。急躁充斥在心间，人就会变得寝食难安，心绪难平。其实，这样急于求成，不但不能帮助我们实现目标，而且还会给我们的身心带来伤害。自己管控不好情绪，内心的焦虑时时会表现出来，看什么都不顺眼，整日如临深渊，内心备受煎熬。这的确是对自我最大的伤害。

我也曾经自以为规划做得很到位了，可以说，目标明确，计划周密，万无一失，好像这样就可以旗开得胜、马到成功了，如若成功久久不来，就会内心愤懑，焦虑万分。这样次数多了，就会对自己的能力产生怀疑，认为自己干什么都难以成功，心理的落差就会非常之大，就会让自己从自信变为自卑。不敢面对现实，不敢面对自己，心情就像坐过山车一样，忽上忽下，人就会变得迷茫无措，对未来充满恐惧与焦虑。内心也会充满不好的想法，认为前途无望了，也已经不会有任何的转机了。甚至会想，再努力也就是这个样子，还不如停止努力，这样倒来得更加轻松。如此就会产生极大的消极情绪，人就会变得颓丧，没有了希望，没有了斗志，变得不堪一击。就算此时有了机遇，也会持怀疑的态度，不敢轻易地尝试，无法把握机遇去为自己创造成功。这所有的根源，皆来自对自我的否定，来自过早地对自我下结论，而这也将导致失败。

因此，我们一定要正确地看待成败，客观地分析得失，要不断地修炼自己的内心，让内心变得强大，变得自信、勇敢、积极、乐观，唯有如此，成功和幸福才会来到我们身边。

真心感悟

让我们真正地剖析自己的内心，感悟自己的内心，用真心、爱心去浇灌自己的心灵，让它生根、发芽、开花、结果，最终使自己的心灵得到升华，让人生的意义真实闪现。

1925年暑假过后，朱自清先生应聘来到清华大学担任了中国文学系的教授。李健吾这时刚好从北京师范大学附属中学毕业，考取了清华大学中文系。上第一堂课，朱自清先生点名，点到李健吾时，问道："李健吾，这个名字怪熟的，是不是常在报纸上写文章的那个李健吾？"李健吾回答："不敢瞒老师，是我。""那我早认识你啦！"朱先生高兴地说。下课后，朱自清先生劝李健吾："你是要学创作的，念中文系不相宜，还是转到外文系去吧。"当时中文系只念古书，所以朱自清先生这么说。李健吾听了朱自清先生的话，第二年就转到外文系去了，师生虽不在一个系，但李健吾写了作品，都先送给朱先生看，始终把朱自清先生当作导师。朱自清先生也每次都字斟句酌地帮李健吾定稿，多年互动，使他们真挚的师生情愈加深厚。

高铁在落日的余晖中，在广袤的田野间，在宁静的小河旁飞速穿行，犹如脱缰的野马在大地上奔腾。迎着夕阳，看着窗外一闪而过的景色，思绪万千，想写一段文字，但又不知从何说起。以前写文章，自己总是害怕叙事，总是有些"犹抱琵琶半遮面"之感，一来害怕把事情写不完整，二来担心自己的真实想法都袒露出来。总想着把自己最光辉的一面展现出来，不想暴露自己的不足，总想着能够让别人对自己有莫大的认可，这样写着写着就把自己真实的内心弄丢了。

回顾以往，自己已写了十六本书，也许这些书不能称之为"书"，只能说是一种练笔而已，但能够每天把自己的所思所想写出来，的确也是件痛快之事。通过写作，能够把原本想不通的事情捋清楚、想明白，能够学会自我总结、自我教育，这的确是一件非常好的事情。而且自己平日里有些话，想说又不知跟谁去说，即便是与朋友、同学、同事、家人在一起，有时也只是唠一些工作、家事和一些逸事趣闻，很少有机会袒露自己的内心，把自己的所思所想表达出来，这也是我选择写作的一个原因。

也许，生活就是如此，"如鱼饮水，冷暖自知"，只有独自面对自己的时候才能真正体察到自己的内心，而在与人交往中往往难以真实地展现。对于我们人至中年的人来讲，肩负着家庭和事业的双重责任，需要自己去引导别人，需要自己去处理事情，需要妥善处理方方面面的关系，当然也会遇到诸多的难题，但是再难的问题自己也要去解决，再难办的事情自己也要去办理，没有退路，只有面对，没有拖延，只有行动。而且要把事情办好，不能有任何的缺憾，否则就会牵一发而动全身，就会引发一系列的连锁反应，让事情变得不可控。

实际上，我们要做的就是把这些不可控转变为可控，把不可预知变为可预知，因此，就会变得谨小慎微，害怕某件事做得不好，内心充满压力与忌惮，这种无形的压力能够让人变得不敢说真话，不敢把真实的一面展现出来，生怕被人笑话，被人揪住"小辫子"，让自己遭遇难堪。这的确是心理上存在的顾忌。长此以往，人也就迷失了真正的自己，不敢袒露自己的内心，害怕暴露真实的自己。而这样又会导致自己的身心失去了平衡，甚至给自己的健康造成危害。所以，我们还是要找到真实的自己，找到内心的安乐，倾听内心的声音，用真诚与关爱抚慰内心。

健康生活

要科学地规划自己的生活，合理调整自己的作息和饮食习惯，保持积极、乐观、向上的心态，让自己拥有健康的身心，拥有健康的生活。

鲁迅十三岁时，他的祖父因科场案被逮捕入狱，父亲长期患病，家里越来越穷，他经常到当铺卖掉家里值钱的东西，然后去药店给父亲买药。有一次，父亲病重，鲁迅一大早就去当铺和药店，回来时老师已经开始上课了。老师看到他迟到了，就生气地批评了他。鲁迅没有为自己做任何辩解，低着头默默回到自己的座位上。第二天，他早早来到私塾，在书桌右上角用刀刻了一个"早"字，心里暗暗地许下诺言：以后一定要早起，不能再迟到了。以后的日子里，父亲的病更重了，鲁迅更频繁地到当铺去卖东西，然后到药店去买药，家里很多活都落在了鲁迅的肩上。他每天天不亮就早早起床，料理好家里的事情，然后再到当铺和药店，之后又急急忙忙地跑到私塾去上课。虽然家里的负担很重，可是他再也没有迟到过。后来父亲去世了，鲁迅继续在三味书屋读书，私塾里的寿镜吾老师是一位正直、博学的人。老师的为人和治学精神，那个曾经让鲁迅留下深刻记忆的三味书屋和那个刻着"早"字的课桌，一直激励着鲁迅在人生路上继续前进。

今天，郑州的天气冷了起来，寒风呼啸，吹在脸上生疼，穿上厚厚的羽绒服，还要把衣服上的帽子罩在头上，戴上口罩，这样全副武装，才能够抵御一阵子。但站在室外，一会儿又是浑身哆嗦起来，只有不停地快走、慢跑，活动起来才能驱寒。这样锻炼了身体，又暖和了身体，一举两得。前段时间，因在办公室久坐，导致腰酸背痛，自己也想增加一些活动，让身体舒服一些。

的确，养成一个良好的习惯很不容易。我们往往会受到旧习的影响，难于摆脱，比如长期熬夜、经常久坐，明知道这样会给身体带来很大的危害，让自己没有精神和体力，影响自己的工作状态，却很难彻底改正。有时候，自己会存有一种侥幸心理，认为不用对自己过于严苛，应该适当地放松一下，可这种放松就意味着自己要用其他方式来补偿，要用时间和精神来置换，甚至说要用身体的健康来做交换。天下之事，有得必有失，有因必有果。任何事物的出现必定会有其内在的原因，也会带来相应的连锁反应。对于此点，我们应该有充分的认识和高度的重视。

生命只有一次，我们要好好地把握这次机会，不能把它白白地浪费掉，要让它发光发热，创造出更多的价值。在日常的生活中，我们要学会科学安排、合理规划，养成好的生活习惯，把自己的身心调整到最佳的状态，让身与心都享受到极大的快乐，让自己拥有健康的生活，这也是我们事业成功的基础。

健康的生活，要求我们有一个好的心态，快乐的心境，要有一个好的身体，健康的体魄，要活出一个人的生活品质来，还要有一个好的饮食习惯、作息习惯，这是体质健康的首要条件。如若没有一个好的饮食和作息做保证，人体的健康就会受到很大的影响，这也是幸福生活最基本的要求。除此之外，有好的心态做指引，对于一个人来讲也是非常重要的。总之，我们要成为人生的智者，要明了得失，看淡得失，心胸开阔，方能益寿延年。愿我们不断调整自己的身心，活出健康，活出幸福，活出快乐人生。

精神追求

真正的快乐来自精神上的富足。一个有精神追求的人，更能够找到心灵的寄托，领略生命的真谛，实现自我的价值。

明朝出了一位伟大的医学家和药物学家，他叫李时珍，是湖北蕲春人。李时珍家世代行医。他的父亲医术很高，给穷人看病常常不收诊费，就是不愿意自己的儿子再当医生，因为那时候，行医是被人看不起的职业。李时珍可不这样想，他看到医生能救死扶伤，解除病人的痛苦，就从小立下志愿，要像父亲一样为穷人看病。李时珍二十二岁开始给人看病，一边行医，一边研究药物。他发现旧的药物书有不少缺点：许多有用的药物没有记载；有些药物只记了个名称，没有说明形状和生长情况；还有一些药物记错了药性和药效。他想，病人吃错了药，那多危险哪，于是决心重新编写一部完善的药物书。为了写这部药物书，李时珍不但在治病的时候注意积累经验，还亲自到各地去采药。他不怕山高路远，不怕严寒酷暑，走遍了出产药材的名山。他有时好几天不下山，饿了吃些干粮，天黑了就在山上过夜。他走了上万里路，拜访了千百位医生、老农、渔民和猎人，从他们那里学到了许多书本上没有的知识。他还亲自品尝了许多药材，判断药性和药效。几年以后，他回到蕲春老家，开始写书。花了整整二十七年，他终于编写成一部新的药物书，就是著名的《本草纲目》。

今日下午，到郑州七里河公园锻炼身体，在河边漫步，昂首扩胸，伸腰踢腿，在这冬季和谐的阳光下活动身体，的确是一件很舒服的事情。此时一扫整天坐在办公室里的低迷状态，呼吸大自然的清新空气，头脑清醒，身体放松，身心得到了舒缓，让自己融入这冬日的清静与美好之中。

很多时候，自己生活的环境还是需要自己来打造，自己可以去选择、去创造、去追求，有了这份追求之心、清净之心，人也会变得年轻了许多。让自己置身于美好的氛围里，会减少许多烦恼，平添许多安逸和平和，能够在浮躁之中增添几分安详与舒适，这的确是一件很难得的事情。

人至中年，往往事务缠身难以解脱，家庭、单位及社会诸多的事情需要自己去处理，有时免不了有很多的应酬，身体还会出现这样或那样的不适。时间的分配如果不能够科学合理，自己就会出现这样或那样无名的烦恼，内心难以平静下来，所以有时 "忙里偷闲" 也成了一种奢侈，对人生静静体验和品味的时光就显得少之又少。也许不同年龄就会有不同年龄所想的事情，就会有不同的问题需要考虑，有不同的事务需要处理，人生就是在这些所谓的忙碌之中耗费了时光，完全没有了自我，没有了自己的清净。这样日复一日，不知道自己真正追求的是什么，尊崇、安逸、地位、财富……也许，这些都是人所追求的，但若整日只想这些，就会失去了生活真正的意义。

若只是一味追求物质和外欲的享乐，一味地追求所谓人生的虚华，那样的人生是没有意义的。人还是需要有精神追求，没有精神追求的生活，只是消费青春年华的过程而已，待到寿终正寝之时，没有对人生至善至美的体验，就会在遗憾与哀叹之中度过自己最后的时光，就会变得老无所依、老无所思、百无聊赖、无所事事，变得没有了自我，没有了长久留存的精神遗产，没有了值得铭记的记忆。这样的人生当然谈不上成功，更谈不上幸福。所以，我们还是要清醒地认识自己，拥有自己永久精神的传递，留下人生美好的回忆，那是我们生命的永恒。

修正自身

要及时调整自己的身心，养成学习的好习惯，向书本学习，向他人学习，善于发现别人的优点，包容别人，正视别人，提升自己，完善自己。

美国总统罗斯福是一个有缺陷的人，小时候是一个脆弱胆小的学生。如果被叫起来背诵课文，他就会双腿发抖，颤动不已，吞吞吐吐，然后沮丧地坐下来。他虽然有这方面的缺陷，却有着非凡的奋斗精神。他有奋斗目标，有持之以恒的毅力，所以能不虚度此生。缺陷使他更加努力，他没有因为同伴的嘲笑而失去勇气。因为没有一个人能比他自己更了解自己，他清楚地知道自己身上的缺陷，他从来不欺骗自己，他用行动证明了自己可以克服先天的障碍。凡是能克服的缺点，他便克服，不能克服的便加以利用。他喜欢演讲，他的演讲并不具有独到之处，他没有洪亮的声音和庄重的姿态，也不像有些人那样具有惊人的辞令，然而，他在当时却是最有力量的演说家之一。由于罗斯福没有在缺陷面前退缩和消沉，而是在意识到自我缺陷的同时，全面地认识自己，正确地改变自己，一生都在珍惜时间，抓紧时间学习，将缺陷加以利用，变为资本，变为扶梯，开辟了自己的人生之路。天道酬勤，他终于登上名誉巅峰。直到晚年，都很少有人知道他有严重的身体缺陷，只知道他是美国总统。

冬日的早晨，天亮得较晚，早上六点半天还没有放亮。早早起来把室内的灯都打开，营造一个天亮的感觉，这样自己就没有心思再去睡懒觉了。洗漱一番，自己马上清醒过来，投入这一天的工作与学习，人也就变得活泼和自由了。

很多时候，很想改变一下自己的生活状态，让自己每天都有所不同，呈现一个全新的自我。其实，用心去体验就会有不一样的感受，就会增加内心的激越，增添生活的情趣。我们平日里的生活基本都是平淡无奇的，生活的意义就是让平淡无奇的生活增添激情与活力，就像中学时代那种紧张上学的感觉。当时思想是比较简单的，稚气未脱，还是要求自己能够上进，能够学习成绩更好一些，这样才不会让父母操心，让他们为自己骄傲。这也是作为一个农家子弟跳出农门的唯一出路。因为自己没有其他炫耀的资本，唯有学习好才能让同学们对我另眼相看，才会让老师们对自己更加看重。不学习怎么能行，不考出好成绩怎么能行，不好好学习就会让人瞧不起，不好好读书就没有任何的出路，这就是当时自己最真实的心态。

知识改变命运，学习改变命运。现在我每天还在不断地学习，可以说，学习将相伴我们的一生。我们通过学习认识了很多的事物，认识到了理论与实践的关系，认识到了努力的重要意义，认识到了自己还有很多的不足，认识到了无论什么时候都不能轻视别人。

每个人都有其存在的价值和意义，都有其聪明与才智，都有其自身的闪光点。我们不能片面化、简单化地去看事看人，而是要看到别人身上的闪光点，向别人学习。理解别人，关怀别人，给别人带来温暖与关爱，给别人提供帮助与支持，这样的生活才是快乐的，这样的人生才是最有意义的。如果只想着自己，人就会变得狭隘、自私，没有情趣，这样的人不但讨人厌恶，甚至连自己都看不起自己。失去了进取的精神和意志，没有了生活的价值与意义，这样的人生是失败的。做一个对别人、对自己有价值之人，修正自身，调节身心，成就一生，快乐一生。

发掘优势

世界上的每个人都有自己的优点与不足，我们一定要善于发现自己的优势，并集中精力去发挥自己的优势，这样才能更好实现自己的价值。

奥托·瓦拉赫是诺贝尔化学奖获得者，他的成才过程极富传奇色彩。瓦拉赫在开始读中学时，父母为他选择的是一条文学之路，不料一个学期下来，老师为他写下这样的评语："瓦拉赫很用功，但过分拘泥，这样的人即使有着完美的品德，也绝不可能在文学上发挥出来。"此时父母只好尊重儿子的意见，让他改学油画。瓦拉赫既不善于构图，又不善于用色，对艺术的理解力也不强，成绩在班上是倒数第一，学校的评语更是令人难以接受："你是绘画艺术方面不可造就之才。"面对如此"笨拙"的学生，绝大部分老师认为他已成才无望，只有化学老师认为他做事一丝不苟，具备做好化学实验应有的品质，建议他试学化学。父母接受了化学老师的建议。这下，瓦拉赫智慧的火花一下被点着了。绘画艺术的"不可造就之才"一下子变成了公认的化学方面的"前程远大的高才生"。最终，瓦拉赫获得了诺贝尔化学奖。

每天我们都在创造历史。生命中的现在就是最宝贵的时刻，要化腐朽为神奇，焕发生命的荣光，将它化作一股坚不可摧的力量，把这平凡的一刻永久记忆。

生命本身就是一个发光发亮的过程，就是一个创造神奇的平台，就是一个付出关爱的表达。有了创造与付出、关爱与感动、幸福与圆满，就有了生活的真实意义，就有了发展的方向与动力。一个人的力量和时光是有限的，我们要用这有限的时光去做出伟大的事业来，能够让人性更美好，让世界更闪亮，让自己更荣光，让爱充满世界。

虽然，生活中会有很多的曲折、委屈和不如意，世界上还有饥饿与战争，还有很多的不平之事，但是我们要相信，这些都是暂时的存在，人类的文明与进步时刻在前行，任何人与事都难以阻挡，这是历史发展的大趋势。我们要顺势而为，把自己的事做好，用心去做每一件事，把自己所肩负的责任真正承担起来，致力于创造，不断地积累、坚持与坚守，就会百炼成钢，成就一生的辉煌。

当然，我们做事情不可能事事精通，我们要客观清醒地认识到自己的不足与缺憾，要在自己最擅长的地方发力，努力在这个领域中做出骄人的业绩来。最重要的就是要坚持，如果这山望着那山高，三天打鱼，两天晒网，这样就永远不可能成功。人还是要学会集中精力，发挥自己的特长。有些人虽然表面上看是"事事通"，但实质上什么都不通。一个"一瓶子不满，半瓶子晃荡"的人，是不可能在某一个领域成为专家的，也不可能在这个领域做出成就。这样东做做，西做做，到头来只会一事无成，甚至于会因为自己过于"聪明"而留下笑柄。

我们一定要学会专心致志，要善于发现自己的优势，学会和他人合作，发挥各自的优势，形成互补，这样才组成了这个社会、这个世界。有了配合，有了进步，就有了发展，就有了自我发挥潜能的天地与时空。拥有这样的思维，我们才能够与别人和谐相处，共同努力，在各自的领域中做得更好，成为某一领域中的行家里手。

不求完美

人生没有完美，每经历一次困难，就会坚强一次，成长一次。每一次的考验，都是我们在人生的不完美中追求完美。

有一个圆，被人劈去了一小部分，它感到很自卑。它想找回完整的自己，为此它到处去寻找属于自己的那块碎片。因为自己不是完整的，所以，在寻找的时候它滚得很缓慢。一路上，它与鲜花为伍，同昆虫们交谈，充分地享受着生活的快乐。它找到了很多碎片，却都不是自己掉下来的那块，于是它越滚越快，继续寻找着。终于有一天，它如愿以偿地找到了那块碎片，并且使自己重新成为一个完整的圆。然而，它滚动得太快，以致错过了花开的季节，忽略了虫子的呢喃，感受不到生活的快乐。后来它意识到了这一点，毅然丢掉了那块千辛万苦才找到的碎片。这个故事告诉我们，有时候不完美也是一种完美，苛求完美只会让我们错失更多美好。

每天都有做不完的事，尽管自己的工作安排得满满的，但有时还是感觉有很多事没有做完，希望把每件事都处理得完善，把每一项工作都做得尽如人意，自己一直存在着这种心理，有着这种追求完美的心理状态。然而现实之中，不可能做到百分之百完美，不可能没有缺憾，无论

136

你如何努力，都不可能把事业做得完美无缺，尽如人意。人生本来就有缺憾，如果没有缺憾，事事顺心圆满，那么就不需要再做努力，就没有什么再进一步提升的空间了。

我是一个追求完美之人，总是想一下子把事情做得完美无缺，可现实中每件事都会稍有缺憾。比如说上台演讲，有时候自己认为准备得非常充分了，每一条都牢记心间，甚至于每句话、每个停顿的标点，都要求自己记得清清楚楚，该说什么，不该说什么，哪些要重点强调，哪些要一句带过，包括重点突出的情感表达，以及语调和语气都要好好把关，从达到演讲时的最佳状态和最佳效果。却发现，越是这样就越容易出问题，越是会有这样或那样的闪失，让自己产生懊恼，感觉非常后悔。这种心态从某种程度上来说，能够让自己有所进步，但也会给自己带来不少的压力。

这个世界上本来就没有什么完美，本来就存在着这样和那样的残缺，这是自然的规律。我们要好好地调整自己的心理状态，不要苛求完美，让自己在平和之中发挥最佳的状态。

把握自己

学会管理自己，把握自己，安排好每天的时间，规划好自己的工作和生活，真正成为自己人生的主人，如此才能成就自己，成就人生。

鲁迅的成功，有一个重要的秘诀，就是珍惜时间。鲁迅十二岁在绍兴城读私塾的时候，父亲正患着重病，两个弟弟年纪尚幼，鲁迅不仅经常上当铺，跑药店，还得帮助母亲做家务。为免影响学业，他必须做好精确的时间安排。此后，鲁迅几乎每天都在挤时间。他说过："时间就像海绵里的水，只要愿挤，总还是有的。"鲁迅读书的兴趣十分广泛，又喜欢写作，他对于民间艺术，特别是传说、绘画也深切爱好。正因为他广泛涉猎，多方面学习，所以时间对他来说实在非常重要。他一生多病，工作条件和生活环境都不好，但他每天都要工作到深夜才肯罢休。在鲁迅的眼中，时间就如同生命。"美国人说，时间就是金钱；但我想：时间就是性命。无端地空耗别人的时间，其实是无异于谋财害命的。"因此，鲁迅最讨厌那些"成天东家跑跑，西家坐坐，说长道短"的人，在他忙于工作的时候，如果有人来找他聊天或闲扯，即使是很要好的朋友，他也会毫不客气地对人家说："唉，你又来了，就没有别的事好做吗？"

人至中年，需要好好把握自己，但越是这样想，越是难遂人愿。现实之中，人往往会受到种种因素的影响，放松了对自己的要求，没有了科学合理的规划，认为自己的阅历和经验已经足够丰富了，认为一切皆在自己的掌控之中，自己可以把所有事情都处理好，对自己有着十足的自信。但如若我们过于自信，放松了警惕，就会降低对自己的要求，就会在歧途上越走越远，给自己带来危害，让自己陷入非常危险的境地，难以自拔。

安排和管理是人生的必修课。要想有一个好的成就，就要认真地学习和总结，要潜下心来规划和调整，能够从日常的言语、行为的细枝末节中去发现潜在的问题，并能够及时将其解决，把已经偏离的方向调整过来，让自己走入正途。我们一定要具备这种纠偏的能力与悟性，要能够用长远的眼光去看人生。人活的不是一时，而是一世。要活得健康长久，永远葆有那种生活的情趣和精气神，活得让自己心安理得、潇洒自如、自在无碍，而不是无所事事、痛苦挣扎。有时，虽然能够在短期内得到欢愉，但总会让内心难以安定，会给自己的一生留下污点，留下更多的难以挽回的遗憾。这就要求我们在日常的生活中不断地自省自悟，能够清晰地认识到这一点，能够有所为有所不为，有所求有所不求。要有一个客观的认知，学会对自我的调整和把控。把握不了自己，就会失去自我，就会变成一个浑浑噩噩、痛苦不堪的失败者。那种滋味是相当难受的。

人生活在社会之中，就要接受社会的熏陶与指引，真正做好自己，控制好自己的身心，爱惜自己的身体，不断地陶冶自己的性灵，做一个拥有幸福感之人，做一个不断创造和付出之人，做一个高尚精神的传播者，给后辈子孙留下些精神的遗产，让自己的一生无怨无悔。这才是自己应该努力追求的。

调适内心

若能时常梳理思路，整理情绪，调适内心，心里的障碍自然就会减少，心灵自然就会轻盈起来，不受羁绊，放飞自我，勇敢前行，享受生活。

艾森豪威尔是美国第三十四任总统，他年轻时经常和家人一起玩纸牌游戏。一天晚饭后，他像往常一样和家人打牌。这一次，他的运气特别不好，每次抓到的都是很差的牌。开始时，他只是有些抱怨，后来，他实在是忍无可忍，便发起了少爷脾气。一旁的母亲看不下去了，正色道："既然要打牌，你就必须用手中的牌打下去，不管牌是好是坏。好运气是不可能都让你碰上的！"艾森豪威尔听不进去，依然愤愤不平。母亲于是又说："人生就和这打牌一样。不管你手中的牌是好是坏，你都必须拿着，你都必须面对。你能做的，就是让浮躁的心情平静下来，然后认真对待，把自己的牌打好，力争达到最好的效果。这样打牌，这样对待人生才有意义！"艾森豪威尔此后一直牢记母亲的话，并激励自己积极进取。就这样，他一步一个脚印地向前迈进，成为中校、盟军统帅，最后登上了美国总统之位。

有时候，我们不敢面对自己，不知道自己的心向何方，不知道自己下一步要去做什么，也就是自己难以控制自己，自己难以管理自己的行为和心念。也许，现实和工作中呈现的只是一种表象而已，有时自己的内心世界真的不敢面对，逃避，尴尬，痛苦，悔恨，无奈，自我贬低。总之，有时候会用一些想象和修饰来包装自己，用亮丽的伟大的形象来展示自己。有时候，会说一些违心的话，做一些违心的事，让自己在虚华与虚伪之中度过这一天，反而让自己的内心倍加煎熬。我们还是要坦诚一点，轻松一点，真诚地去面对自己，与自己的内心和解，找到走入误区的根源，客观、全面地面对所有的人、事、物。

一切呈现皆有其深刻的根源，皆有其内在的原因。它并不是偶然出现，而是偶然中的必然，是因素不断作用的结果。往往痛苦的根源是我们，不相信这些事情会发生，认为这些不好的事情离自己很远，这些不好的事情是别人的，好的事情才应该是自己的。如若自己遇到了不好的事情，就会愁云满面、痛苦不堪，就会产生许多悲观的情绪，好像天就要塌了一样，情绪就会一落千丈。这的确是一种心智不成熟的表现。

人活在这个世界上，本身就是一个艰难前行的过程，本身就会遇到各种各样的事情。人生在世，不如意之事十之八九，真正能够让自己内心愉悦之事少之又少。关键还是在于心态的调节。如若我们能够很好地把控自己的内心，能够不断地调整自我，能够客观地面对一切，学会坦然地接受所有，那么内心就少了许多焦虑和痛苦，就没有了那么多纠结与恐惧。我们所要做到的就是客观面对，从容接受，科学分析，冷静处理，尽人事听天命，只要尽力了就会不留遗憾，不会悲观、痛苦、失望。

学会沉稳，学会面对，学会理解，学会站在不同的角度去看问题，学会勇敢地面对自己、面对困厄，这是必须而为，也是必然所致。但凡有一线希望，我们也绝不失去信心和勇气。生活教导我们学会坚强，学会自我拯救，学会勇敢面对，学会与自己和解。

给予关爱

生活之中多一点知足与感恩，少一些奢望与计较，多一些给予与关爱，少一些自私与自我，这样我们才能收获更多的幸福与快乐。

在19世纪中叶的一个冬季，有一个少年流浪到了美国南加州的沃尔森小镇，在那里，善良的杰克逊镇长收留了这个少年。冬季的小镇雨雪交加，镇长杰克逊家花圃旁的那条小道变得泥泞不堪，行人纷纷改道穿花圃而过，弄得里面一片狼藉。看到这些，被镇长收留下的少年心里很不忍，因此他便冒着雨雪看护花圃，让行人仍从那条泥泞的小路上走过。此时，镇长挑来了一担炉渣，将那条小路铺好了，于是行人就不再从花圃中穿行了。镇长对少年说："关照别人不就是关照自己吗！"这虽是普普通通的一句话，却让少年的心灵受到很大震撼和启迪。他就此悟出：关照别人虽然也需要付出，但同样能得到收获。镇长的一句话，成为这个少年终身享用不尽的巨大财富，他后来成了石油大王，他就是哈默。

要有觉悟，常常静下心来自悟自省，不断地反思自己走过的路，这样我们才能发现平日里难以发现的东西，才能不断地总结，不断地提升自我，才能找准人生的方向，给内心以正确的指引。生活的每一天都是新的一天，我们都会遇到新的人、事、物，都会有新的感悟。生活是一本教科书，是一本百科全书，它教会我们很多很多，我们要不断地从生活中去学习，去汲取让自己进步的养分，去实现自我的提升。要有自我的警醒，要知晓哪些才是自己应加倍珍惜和不断坚守的。这样我们才能够一天天地成熟起来。成熟不是世故，不是只懂得如何去混日子。成熟是对万事万物有了新的界定，是对自己内心的一种管理，能够把人生看得更清晰、更明了。成熟是对自己拥有的充满知足与感恩，是对生活充满热情与希望。成熟之人无论遇到什么问题，都能够保持淡定，充满自信，对自己和他人充满关怀。

我们要成为自己的朋友，能够与自己的身心和解，能够看清楚自己所存在的问题，能够随时调整生活的节律，让自己在理智的掌控之下去做事。其实，很多的纷争和苦恼都是欲望所致。有太多的企图与奢望，不懂得知足与感恩，想要的太多而付出的太少，这样的人只会充满纠结与抱怨，是不能够感受到幸福与快乐的。少一些计较，多一些满足，对别人多一些给予与关爱，这样我们的内心就会轻松很多，就会生活在阳光之下，享受到真正的人生。

很多时候，我们自己解不开内心的疙瘩，生活在欲望没有得到满足的苦恼中，生活在自我编织的网笼中难以脱离，整日痛苦纠结，不知道明天在何方，人就会变得异常麻木，没有了人生的激情与活力，没有了内心的清净与无碍，这样的人生是极其痛苦的人生，是没有快乐和希望的人生。要学会关爱，唯关爱才是人生最大的幸福；要学会给予，唯给予才是人生最大的快乐。给予是价值的展现，给予是幸福的降临，给予是人生的意义，给予是对收获的反馈，有了给予就有了美与爱，就有了人生最大的快慰。

正视内心

贴近自己的内心，发现内心的美好，汲取内心的力量，我们就有了前行的勇气，有了创造美好的可能。

凯瑞尔是个聪明的工程师，他开创了空调制造行业，是世界著名的凯瑞公司的负责人。当他在纽约的工程师俱乐部和大家共进午餐时，他讲述了自己的一个经历。他说："我年轻的时候在纽约州钢铁公司做事，有一次我要去一个玻璃公司的下属工厂安装瓦斯清洗器。这是一种新型机器，我们经过了一番精心调试，克服了许多意想不到的困难，机器总算可以运行了，但性能并没有达到我们预期的指标，我对自己的失败深感惊诧，仿佛挨了当头一棒。最后，我觉得忧虑并不能解决问题，自己一定要坚定信心，不能动摇，内心的力量真的是强大，人的智慧是挖掘不尽的宝藏。几经努力，多次失败，办法终于琢磨出来了，结果非常有效，这个办法我一用就是三十多年。其实很简单，任何人都可以用。其中分三个步骤：第一，我坦然地分析和准备面对最坏的结局；第二，我鼓励自己接受这个最坏的结果；第三，我开始把自己的时间和精力都投入到改善的努力之中。结果成功了，并给公司带来了很大效益。如果我当时一直担心下去，犹豫纠结不用力去做，就会毁掉一个人的能力，

扰乱大家的思维。当我们强迫自己接受最坏的结果的时候，就能集中精力解决一切问题。"

心是人之主。心有所想，行有所踪，内心的管理和引领尤为重要。可以说，所有生命状态的呈现，完全在于心念，没有好的心念的管理，就没有好的人生。有时静下心来想一想，人生已匆匆走过五十年，自己最大的收获是什么，最大的失去是什么？这些都是自己需要反思的。仔细想来，自己人生最大的收获，是懂得了珍惜，懂得了所有成绩的取得都离不开自我的努力与坚持，没有努力与坚持就没有一切。同时，生活也让我懂得了，人生要靠自己，不要靠别人，哪怕是自己最亲近的人，都不要有所依赖，否则自己永远长不大，永远不会成熟。

每个人都有自己的难言之隐，都有自己的喜怒哀乐，都有自己的烦恼、失望和痛苦，都在调节自己的生活，规划自己的人生，面对自己的难题。人一生之中最大的依靠就是我们自己，自己才能够伴随自己的一生，不管是苦是乐，是悲是喜，永远不离不弃，永远是自己最信赖的朋友。要经常静下心来，听一听内心最真实的想法，让自己更加接近自己的内心，与心相依，与心相伴，与心为友，这样我们就有了依靠，有了希望，有了跨越困难的勇气，有了幸福快乐的源泉。所以，在生活中，不管遇到什么样的问题，我们都要把自己的所见所闻、所思所想与内心进行交流与倾诉，让自己能够汲取内心的力量，找到生命的真谛，体验到人生的快乐与美好。

很多时候，我们害怕面对自己的内心，不敢正视它，不敢静下心来向它倾诉，畏惧、逃避真实的自己，或是嫌弃自己，认为自己一无是处，只想麻痹自己、欺骗自己，在声色犬马的生活中忘却了自我，好像这样就没有了烦恼。殊不知这并非长久之计，曲终人散，回过头来还是只剩下孤苦无依的自己，陷入了不良循环之中，怎么也跳不出思想的囚笼，让自己很是伤感。

一个人如果管不住自己，人生也不会有大的作为，因为他的视线永远停留在眼前的一亩三分地，目光短浅，看到的只是眼前的利益和欲望的满足，完全没有长远的打算。这就是现实中所存在的问题，也是我们一生之中所要寻找的答案。很多时候，我们会受现实环境的影响，会向周围的环境低头，完全陷入一个恶性循环。要学会冥想，学会反思，学会总结，每天抽出时间来陪护自己的内心，不要让它太孤单。当你静下心来，冷静思考，很多原本想不开的事情就想开了，很多原本走不通的路就走通了，很多原本不敢去做的事就敢于尝试了，原本不自信的自己也从此变得自信起来。有了方向，有了力量，有了对人生的把握，人生就会变得更加美好。

把握今天

把握今天，分秒必争，只有充分利用好每一个今天，我们才能洗刷昨天的失意，耕种今天的希望，收获明天的果实。

　　很久很久以前，鸡和鹰在一起生活。有一天，老鹰说："咱们俩飞上天吧，天空非常美丽，在天上还能看到地上发生的任何事情，该多好哇！""我连十步远的地方都飞不了，让我飞上天谈何容易呢？"鸡胆怯地说。"这是因为我们的翅膀还不够硬。俗话说，'百炼成钢'，只要咱们好好练，皇天不负有心人，咱们一定能飞上天。"老鹰还是鼓励鸡。经过一番思考，鸡决定和鹰一起练习飞翔。鸡又懒惰又没有毅力，刚练了一会儿就没劲儿了，蹲在那里休息。而老鹰吃苦耐劳，只要飞到空中，就不轻易下来。它在空中对鸡说："快练吧！天空可美啦，和我一起练习吧！"鸡抬头看着老鹰在空中练习飞翔，心想："唉！老鹰飞上去啦，要是我也有足够的能力，我也可以像它一样飞到天空中。"于是说："我也要飞上去！不过，今天我累啦，从明天开始一定好好练。"到了明天，鸡又说："今天我太累了，明天一定好好练。"鸡总是"明天……明天……"不肯下苦功夫练习，因此，它也只能在地上扑腾着翅膀。从此，鸡和鹰分开了，一个在地上，而另一个则展翅高飞。这个故事告诉我们一个道理，"明日复明日，明日何其多"，不懂得活在当下，抓住当下，最终只会一事无成。

早晨推开窗子，让新鲜的空气进入室内，冬日的微风吹了进来，带着一丝丝的凉意。还好，近几日郑州的气温不是很低，至少在零摄氏度以上，比起半个月前的寒冷来说还是温暖多了。放眼望窗外，太阳已从东方升起，大街上的车辆已渐渐多了起来。

近几日一直在开会，在思考、在规划、在总结。如何能够打造一种商业新业态，如何能够让企业在市场的新格局中异军突起，如何能够让前行之路更稳健、更有方向感，找到一条发展之路、希望之路，这些都需要我们去探讨和规划。

的确，要想有所突破，就要不断地研究，不断地打破固有的思维，不能走老路，要有所创造，要有新的发展，找到新的突破口。要有综合的思维能力，要有学习力、创造力，还要有较强的执行力，将行和思结合起来。每天都要有清晰的规划，要知道这一天的目标和任务是什么，真正把这一天当作一生来过。

当然，我们不能把所有的事都考虑得万无一失，把所有的事都做得完美无缺。毕竟人无完人，在现实的工作中总会有这样或那样的缺憾，会有诸多的缺点和错误，但我们要善于学习，要针对工作中的每个细节进行思考，然后去规划、去实施。每天要有新的发现和总结，从实践中创造和发展，这是我们事业的成就之路。的确，每个人都不知道明天是什么样子，不知道明天我们会在何方，不知道明天会有什么事情发生，可以说一切都充满未知。虽然我们无法预知明天，但是我们可以把握今天。今天才是我们最宝贵的财富，今天才是我们最真实的拥有。

也许，我们还有很多没有完成的工作，还有很多遗憾和失败，还有很多言不由衷，还有很多难解的心结。但无论如何，这一天的时光是自己的，我们应该倍加感恩与珍惜。因为现实中也许有很多人已没有了这一机会，在痛苦、无奈与失望之中失去了时光的眷顾，永远地离开了这个难以割舍的世界，也有很多人正在忍受着疾病的折磨，在痛苦与无奈之中熬煎，经历着人生的大喜与大悲。拥有今日的时光与健康，希望与信心，还有亲人朋友的关注与支持，我们应该充满感恩，将这些都化作奋进的动力。

人总是如此，当你拥有的时候，认为一切都是理所应当的，只有失去的时候，才会觉得一切是如此珍贵，而往往已经追悔莫及，只留下满心遗憾与痛苦。事已发生，不可逆转。唯有此时，我们才会真正认识到自己的力量是如此微弱，事物都有着自己的规律，都在按着既定的轨道去发展变化，谁都无法去阻挡。因此，我们要时时警醒，要珍惜珍重，要奋力前行，努力做出更多更大的成绩，让人生无憾无悔。

管理时间

自律的人，能够科学地安排自己的时间，有序地安排自己的作息，会将碎片化的时间充分地利用起来，提升自己，成就自己。

伯利恒钢铁公司总裁查理斯·舒瓦普曾会见过效率专家艾维利。艾维利说可以在十分钟内给舒瓦普一样东西，这东西能把他的公司的业绩提高至少百分之五十。然后他递给舒瓦普一张空白纸，并且说："在这张纸上写下你明天要做的六件最重要的事。"过了一会儿又说："现在用数字标明每件事情对于你和你的公司的重要性次序。"这花了大约五分钟。艾维利接着说："现在把这张纸放进口袋。明天早上第一件事是把纸条拿出来，做第一项。不要看其他的，只看第一项。着手办第一件事，直至完成为止。然后用同样方法对待第二项、第三项……直到你下班为止。如果你只做完第五件事，那不要紧。你总是做着最重要的事情。"艾维利又说："每一天都要这样做。你对这种方法的价值深信不疑之后，叫你公司的人也这样干。这个试验你爱做多久就做多久，然后给我寄支票来，你认为值多少就给我多少。"整个会见历时不到半个钟头。几个星期之后，舒瓦普给艾维利寄去一张二点五万美元的支票，还有一封信。信上说从钱的观点看，那是他一生中最有价值的一课。五年之后，这个

150

当年不为人知的小钢铁厂一跃而成为美国第二大的钢铁公司，艾维利提出的方法功不可没。

　　要管理好自己，不断地从自身的调整中去收获进步与快乐。近期总感觉有些体力和心力不及，做起事情来总有些力不从心。因作息时间没得到好的调整，熬夜现象较为严重，尤其是整日与手机亲密接触，开视频会、打电话、发微信、看新闻、刷抖音等，忙得是不亦乐乎。这样时间久了，成了习惯，便很难改变。但如若不去改变，就会形成恶性循环，损害自己的身心健康。改变自己，就要从改变习惯做起。只有改变坏的习惯，培养好的习惯，才能拥有一个好的人生。尤其是要学会科学地规划自己的时间，真正成为自己人生的主人。科学合理地安排自己的作息，将每天的事情分轻重缓急，明确哪个更重要，哪个不重要，哪个需要马上去做，哪个可以暂时放一放……这些都要安排好、规划好。

　　时间管理是一门学问，千万不要小看它，它是一个人自我规划和管理能力的集中体现，是自我进步与提升的关键，也是收获健康与成就的前提。没有了对自我时间的科学规划与管理，人就会陷入盲目与被动，显得慌乱无序，每日奔波忙碌，却只会忙而无功、忙而无用。

　　的确，人至中年，有很多事情需要自己去规划、去安排，且每件事情看起来都很重要，都需要好好地解决。一天到晚，工作、学习、事业、家庭，还有数不清的人情纠葛、人事接待等，让人疲于奔命，难以清闲，并且长期如此。每天总想着集中时间把所有问题解决好，把所有重要的工作都处理完毕，殊不知，这些问题和工作处理完了，还会有新的问题和工作出现。也就是说，没有能够处理得完的问题，没有能够做得完的工作，除非寿终正寝，否则问题和事务就会永久伴随，那种完全的清净和清闲是遥不可及的。

　　所以，我们还是要学会闹中取静，学会打理自己的生活，管理自己的时间，让自己能够做到忙而不乱、忙中有闲。能够对工作安排驾轻就熟，懂得控制自己的情绪，能够做到按时作息，遇事不逃避、不推脱，能够客观冷静、直面现实。要知道，任何事物的出现都有其内在的渊源，所有事情的发生、发展、结束都有其过程，一切存在都是必然，只有接受它、面对它，科学化解、平和处事，才是生活之道。这也是我一直在努力学习和追求的。

陪伴老人

多留点时间陪伴父母。与儿女们交流，是父母最香的"心灵鸡汤"。与晚辈们"话疗"，是老人最好的精神慰藉。

边永亮，男，白泥井镇隆盛城村人，是一名回乡创业的青年。他是家中老人的精神支柱，心灵慰藉，为老人排解忧虑，分担愁苦，与老人默契沟通；他是家中老人的细心家长、知己挚友，对老人真心呵护。他用几年如一日侍奉父母的实际行动践行着尊老敬老的美德。毕业后，他没有像其他年轻人一样去城里发展，而是回到农村，选择了一条更为艰辛的发展之路。母亲突发重病更是让他坚定了陪在父母身边的决心。"树欲静而风不止，子欲养而亲不待。我不想让这样的事发生在我身上，我想用爱陪伴着父母，就像他们当初照顾我长大一样。"边永亮说。他是这样说的，也是这样做的。一年四季，寒来暑往，无一日歇息，边永亮在老人身边伺候其起居生活。每天早晨，边永亮总是先给老人做好早点，等母亲吃好了自己才吃。母亲闹情绪，不管是谁的错，边永亮总是耐着性子，变着花样逗母亲开心。在边永亮的精心照顾下，母亲身体渐渐恢复。他经常和母亲坐在一起唠家常，陪着母亲看电视。尤其在母亲生病的时候，边永亮照顾得更是无微不至，老人见人总是在念叨："不知是哪辈子修来的福气，我家有这么好的一个儿子。"

今日在鄢陵老家，与父母兄弟相聚，内心无比舒畅。中午与父母、大爷、兄弟、弟媳一起聚餐，其乐融融。餐后开车带着父母、大爷到鄢陵鹤鸣湖景区游玩，老人家们都非常高兴，与儿女在一起走一走、看一看，也是非常开心的事情。我和洪涛开车围绕鹤鸣湖转了一圈儿，然后在湖边的小广场停了下来，下车活动活动，伸展下腰身。湖水清澈，湖面平静，放眼远眺，能看到对岸的船影和游乐的人群。湖边有人在悠闲地垂钓，老父亲、老母亲时不时与这些垂钓者闲聊几句，看一看"钓上的鱼有多少"，询问一下"有没有大鱼""能不能钓上来大鱼"，围绕钓鱼交谈了起来，时不时会哈哈大笑。是呀，垂钓是一种乐趣，游玩是一种乐趣，交流是一种乐趣，内心之美更是一种乐趣。

好长时间没有陪陪父母了，每次回老家总是匆匆忙忙，很多时候都是在晚上赶到老家，与父母见上一面。母亲知道我爱吃村里的豆腐，早早地催父亲去村里买豆腐，然后炖好，让我美美地吃上一顿老豆腐，吃完与父母闲聊几句，便又匆匆地离去了。每次回来，总想着带二老到城里转一转，但总是没有时间，只能遗憾作罢，内心深感歉疚，难以释怀。今年因为疫情的原因，春节我们一家就不能回老家了，所以想着这次自己在老家陪陪父母，尽自己的一点孝心吧。老人家们要求的也不多，总是说："你要是忙就不要回了，我们在家都很好，不要挂念，你们只要把孩子带好，把身体搞好，就比什么都好。"

"可怜天下父母心"，每次回老家都有这样的感慨。与老人家在一起聊聊天，讲讲过去的故事，给老人们增添了很多乐趣。人老了就喜欢回忆过往，说起过去有趣的事情，父亲总是非常开心。我很是惊叹于老父亲的记忆力，他能把哪一次、哪件事、哪个人，甚至当时是什么样的表情动作都娓娓道来，讲得又形象又生动，听完后总会令我们大家开怀大笑，回味无穷。

　　昨天，自己着意让老父亲、老母亲、大爷在湖边小亭子里休息，这样好与几位邻村的大叔、大爷聊聊天，大家互致问候，兴致很高，天南海北，无所不谈。聊聊过往，聊聊现在，聊聊发展，这种交谈给老人家们增添了无穷的乐趣，是老人们最畅快的事情了。与老人们在一起，也让自己快乐轻松很多，让自己内心增添了很多慰藉，同时增长了很多知识。关心父母，关爱老人，是我们晚辈应尽的责任与义务，也是自我成长的好途径。

紧跟时代

"出奇制胜，先声夺人"，紧跟时代步伐，摸准发展脉搏，不断创新，勇于开拓，使企业步入良性循环，永远立于不败之地。

多年前，电脑还没有普及。一个卖苹果的果农，他家的苹果又大又红，又不打农药，却没有销路卖不出去。原来，他的家乡就是一个名副其实"苹果乡"，因为到处苹果堆积如山，已经饱和了，当然不好卖出去了。果农看着那些又大又红的苹果一天天就要烂掉，每天吃不下睡不着，愁眉不展。果农的女儿看爸爸那么辛苦，那么着急，便开动脑筋，想到了利用现代科技的法子，到网上找销路来卖。于是，果农的女儿就找了会玩电脑的同学帮忙，与同学一同到网吧去，给她家的苹果做了一下宣传，承诺是纯绿色、不打农药的天然红苹果，又甜又脆，并且在网络上留下了详细的联系方式。没过几天，果然就陆续地有人打来电话，订购单越来越多，逐渐这家的苹果成了众所周知的产品，全村的苹果都被收购走了。并且有一家公司前来与果农合作，果农欣然同意了，几年后，这位果农已经成为一家果品公司的董事，并且带领全村果农共同发财致富了。其实，这种事情并不是意外，而是一种必然。只要我们紧跟时代的步伐，改变思维，与时俱进，在生活中不断寻找，尝试接受新的方式方法，终能大获成功。

最近，在规划、研讨宇航"轻食小店"项目相关事宜，致力于建立线下独具特色的店面连锁系统，真正打通线上线下的销售通路，创建连锁运营新模式，打造宇航级食品销售运营新业态，从而弥补运营中的销售短板，这确是非常关键的。有了好的研发、好的技术、好的产品，还必须有好的营销，这样才能推动企业的长足发展。

"产业运营，销售先行"，如果没有好的运营模式与渠道，产业发展就不可能实现，就不能够形成产业运营的良性循环。因此，如何结合现代商业发展的特点，创造性地开展独具特色的产业运营，打造复合式的产业销售新模式，这是我们亟待解决的重要议题。要真正地把线下体验、线下引流与线上裂变相结合，充分发挥线上的产品展列、产品售卖、产品直播等宣传职能，与线下形成有机的互动。通过线下店面的专柜展示，充分地展示产品及整体店面，通过无人店面、智能化售货柜，渗透到目标消费者的场所之中，形成市场对产品的深度认知。充分运用现代智能化售货终端，节省人力和空间，让销售变得更便捷，让售卖渠道更广泛，让创业更简单，充分发挥现代结算方式的便捷性。无论是支付宝、微信扫码支付，还是刷脸支付，均能够让支付来得更方便，让消费变得更简捷，让购物变得更人性化、更具时代感，极大地满足"九〇后""〇〇后"年轻消费者的习惯和需求，让消费变得更时尚。

智能化售卖系统终端的建立，是线下销售渠道建立的最佳途径，同时也是展现企业形象品牌的最佳场所，能够把企业的文化和品牌充分展示，能够把售卖和亲情结合起来，无论是在终端售卖店面、柜上都能够使用统一的广告语和IP形象来输出售卖信息，每一个终端售卖机都是一个宣传的媒体，真正把售卖和广告宣传相结合，能够更加贴近生活，更加贴近消费者。总之，有好的线下终端宣传，加之线上教育与线上裂变系统的建立，才能更进一步增加顾客消费黏性，真正锁定消费者，累积消费流量，形成私域流量池，增强消费者对品牌和产品的认知，增加消费者的依赖感，最终形成长期消费。

除此之外，还要把情感与文化融入销售之中，充分地分析消费者的心理，迎合消费群购买趋向，通过商品来传情达意，把购买商品当作表达情感的一种重要方式。也就是说，每一种购买行为都是传达情感的过程，都是达到自我心理满足的过程。总之，唯有及时地把握市场动向，充分地把消费心理分析到位，极大地满足消费者心理需求，才能够赢得商业运营的成功。

积累总结

不断记录，不断积累，不断总结，为自己保存下美好的记忆，让自己每天都有新的进步与收获，不断提升自我，实现自我的价值。

　　小王从学校毕业后步入了社会，很快找到了第一份工作，可不久便把找来的工作弄丢了。后来，面对自己即将开始的第五份工作，心里很是不安，他不知道自己这份工作又能维持多久。一个偶然的机会，他遇到了大学时一个心理学教授，于是便向教授提出了自己的疑问。教授问了他一些有关公司人际关系以及工作方面的表现等问题，未发现他心理有什么异常。教授继续问他："你在公司里有没有得罪自己的老板呢？"小王说："没有哇！不过，有时候我会将自己不同的意见直接说出来，这对公司是很有利的嘛。"教授说："问题或许就出在这里。虽然你一心为公司着想，但如果没有经过调查研究，不分场合，不讲究方式方法，领导又怎么能接受呢？或许，领导还会认为你在逞能，有意和他对着干呢！""啊，原来是这样啊，真是没有想到。"小王恍然大悟。后来，小王还是会把自己的不同想法说出来，但不再采用以前的方式，而是改变了策略，并经过事先的调查研究，且找准适当的时机说出来。结果，领导几乎每次都听取他的建议，有时还委他以重任，他第五份工作干得既稳定又踏实。从此，小王在打拼中喜欢上了回头看，学会了对人生过往的总结，他渐渐找到了适合自己人生的方向和目标，成为一个精明而智慧的佼佼者。

每天多写些文字，多写些文章，多记录些真实的生活，这样积累起来，也是人生一笔不小的财富。日子过得真的是太快了，几乎不知道自己每天都做了些什么，有什么样的发现和提高，有什么样的感受和感悟。如果我们不能够及时将这些记录下来，不断地进行总结，就感觉这一天是白白浪费了。倘若我们能够及时地书写生活，把这点滴的进步加以沉淀，我们就会有新的发现、新的感悟、新的收获。

我们的记录，我们的积累，不管什么时候回头看，都清晰如昨，都会那么鲜活地呈现在眼前，如此，我们的人生就会丰富起来，就会多彩起来。往往，我们不知晓自己从何而来，向何而去，不知晓自己这一天有多大的进步，有时甚至不知人生有多美。正如自己常用手机拍摄景物一般，当时并没有什么特别的感觉，可过段时间再看到当时的照片，眼前就会浮现起曾经的样子，内心就会被感动，就会增添不少快乐，感觉生活过得很充实，没有什么遗憾的事了。的确，生活是一段影像，是人生的投影。如果我们处处留心，就会留意到很多让自己感动之处，就会产生很多的感慨与感悟。人的记忆是有限的，我们只有及时地留下记录，在自己所从事的行业中不断学习、实践与总结，在生活中重新认识自我，重新认识别人，那么生活就有了无限的生机与活力。

每个人都在发现与创造新的奇迹，都在努力实现自己的人生价值。但往往现实总是很残酷的，不知道这些现实自己能不能打破，不知道自己能不能控制自己的思想，让自己置身于相对的安全之中，能够永远掌握自己的命运。生活中，所有的行为都会有相应的结果，所有的结果都能够影响自己的人生。所以，学会记录和总结就显得异常重要，这是让自己不断进步与提升的法宝。

相信自己

如果缺少自信，就会在做事时顾虑重重，难以把事情做精做好。所以，还是要相信自己，坚定信念，坚守自心，朝着既定的方向前行，去实现自己的理想。

苏格拉底在风烛残年之际，就想考验和点化一下他那位平时看来很不错的助手。他把助手叫到床前说："我的蜡烛所剩不多了，得找另一根蜡烛接着点下去，你明白我的意思吗？""明白。"那位助手赶快说。"可是，"苏格拉底慢悠悠地说，"我需要一位最优秀的传承者，他不但要有相当的智慧，还必须有充分的信心和非凡的勇气……这样的人选直到目前我还未见到，你帮我寻找和发掘一位好吗？""好的，"助手很温顺很尊重地说，"我一定竭尽全力地去寻找以不辜负您的栽培和信任。"苏格拉底笑了笑，没再说什么。那位忠诚而勤奋的助手领来一位又一位，都被苏格拉底一一婉言谢绝了。一次，当助手再次无功而返时，苏格拉底说："真是辛苦你了，不过，你找的那些人，其实还不如你……""我一定加倍努力。"助手言辞恳切地说，"找遍城乡各地，找遍五湖四海，我也要把最优秀的人选挖掘出来，举荐给您。"苏格拉底笑笑，不再说话。半年之后，苏格拉底眼看就要告别人世，最优秀的人选还是没有眉目。助手非常惭愧，语气沉重地说："我真对不起您，令您失望了！""失望的是我，对不起的却是你自己，"苏格拉底停顿了许久，才又不无哀怨地说，"本来，最优秀的就是你自己，只是你不敢相信自己，才把自己给忽略、给耽误、给丢失了……其实，每个人都是最优秀的，差别就在于如何认识自己，如何发掘和重用自己……"话没说完，一代哲人永远离开了他曾经深切关注着的这个世界。

　　每当坐下来写作之时，总会有一种紧张与振奋之感，感觉自己还在继续写作，为自己能够长期坚持而加油助威。写作能够帮助我们剖析自己，总结过去，继往开来，能够给自己、给他人留下一些精神食粮，自己感觉很是庆幸。

　　曾经一想到写作就压力巨大，有些不敢写，有些不能写，有些不愿写，总之不知道该写什么，又该如何去写，不知道如何写出好的内容来。一方面，害怕在大庭广众之下剖析自己的生活和心理状态，感觉有些难为情，有些不自在，习惯了把自己包裹严实，不愿去袒露自己，不愿与人分享，好像那样会给自己带来烦恼，会有这样或那样的事情出现，总之，有诸多的顾虑。另一方面，自己认为写作需要遣词造句，需要精准达意，内心会有不安之感。很多时候，顾虑越多，考虑越多，就越是下不了笔，就越是困难重重，也就不敢往前迈进了。

　　其实，只要坚守自心，抱着一颗坚忍、诚挚、简单之心去对人对己，去认真写作，能够写出真情实感，写作也变成了一件非常快乐之事。所谓的犹豫、顾虑、胆怯，都是自己找的，都是自己内心的一种错误认知而已。如果我们不把这些所谓的困扰挂在心上，敢于正视自己，敢于面对不敢面对的人、事、物，敢于超越自己，坚持不懈地去做一件事情，把这件事情乃至这一事业做精做透，也就成了这一行业的佼佼者，成了一个能够引领时代之人，最终成为能够把握自己命运之人。很多事情，不是自己不去努力，而是缺少成功者的自信。要清楚地认识到自己应该如何去做，如何去发挥自己的潜能与能力，在现实生活之中发现不同的成功之路，成就自己非凡的业绩。

学会感恩

漫漫人生之路，心中要树立起一座感恩的丰碑，感恩食之甘甜，感恩衣之温暖，感恩亲情的陪伴，感恩世界万物，感恩大自然所恩赐的一切。

有一次，行走在四川某地时，虚云禅师在一座小寺庙里暂住。寺庙旁边有两户人家，一户人家家境殷实，另一户人家却很贫寒。两户人家各有一个儿子，殷实者给儿子的都是最好的东西，儿子有任何要求，他都会尽力满足。相比之下，贫寒者就寒酸得多，儿子能够勉强吃饱穿暖就是最大的福气了。虚云禅师曾对家境殷实者说："家虽有余，予子却不必多，否则如无底之洞，永无满足。"殷实者颇为不屑，暗道："无底之洞又如何？儿子要再多我都能满足。"不久，当地暴发一场瘟疫。殷实者患病卧床，儿子非但没有在床前伺候，反而责怨父亲再也无法如从前一样满足自己。相反，贫寒者患病后，儿子伺候床前，端茶倒水，照顾得无微不至。殷实者不解地问虚云禅师："他提什么要求我都会满足，为何他却没有感恩？难道我付出的还不如贫寒者多？""付出不在多寡，而在于让孩子懂得知足。知足则平和满足，一衣一饭都当欢喜；不知足则怨怼丛生，永远想要索取更多，又何来感恩呢？故先知足而后感恩哪！"虚云禅师叹了口气说。

临近春节，这几天锦州的天气真是好，气温回升可达到零上八摄氏度。天空晴朗，骄阳当空，照在身上暖洋洋的，很是舒适。今日，爱人开车带着一家老小到锦州海滨新区笔架山游玩。大海的冰面犹如一面洁白的镜子映衬着天地，拂面的风犹如母亲慈爱的双手，轻轻抚摸在孩子的身上。在迎宾广场，孩子们又蹦又跳，非常高兴，那种兴奋的劲头深深地感染了大人们。广场上大都是一家老小一起来游玩的，每个人都怀揣着对春节的期盼，对快乐的向往，与家人欢聚在一起，一家人其乐融融，那份快乐和幸福写在每个人的脸上。

的确，家庭的幸福安乐是人生最大的福，是人生最值得珍惜的。也许我们会感觉不到，也许我们会认为这是自然而然的，是本应该拥有的，其实它是由无数付出积累而形成的，是弥足珍贵的。今天，在这个世界上，一些国家还有连年的战乱，还有互相争斗，饥寒交迫，民不聊生，百姓生活在痛苦之中。在这个世界上不如意之事可谓千千万。想到我们今天的生活，丰衣足食、自由自在、无忧无虑，并能够享受家庭的幸福快乐，这是多么难得呀！

人生无常，人生时时刻刻都会面对很多的困扰，时时刻刻都会有这样或那样的事件出现。我们无法预知明天，不知晓明天将会发生什么，生命在大自然面前是非常脆弱而渺小的。不管是才高八斗，抑或富可敌国，无论是功业卓著，抑或靓丽秀美，都逃脱不了人生的无常，病痛、离别、失去、忧伤、无奈，也许，这些我们不愿意去经历和看到的事情都会在生命之中出现。

学会珍惜，学会感恩，感恩遇到的所有人、事、物，把握内心，安守自在，让自己在创造与爱的世界里不断成长。

陪伴孩子

人有两次生命，第一次是作为孩子，陪伴在父母身边快乐成长；第二次是作为父母，陪伴在孩子身边，懂得第一次生命的难能可贵。

一天，父亲下班回到家已经很晚了，很累也有点烦。他发现五岁的儿子靠在门旁正等着他。"爸爸，我可以问您一个问题吗？""什么问题？""您一小时可以赚多少钱？""这与你无关，你为什么问这个问题？"父亲生气地说。"我只是想知道，请告诉我，您一小时赚多少钱？"儿子哀求道。"假如你一定要知道的话，我一小时赚二十美金。""哦，"儿子低下了头，接着又说，"爸爸，可以借我十美金吗？"父亲生气地说："如果你只是要借钱去买毫无意义的玩具的话，给我回到你的房间睡觉去。好好想想为什么你会那么自私。我每天辛苦工作，没时间和你玩小孩子的游戏。"儿子默默地回到自己的房间关上门。父亲坐下来还在生气。后来，他平静下来了。心想他可能对孩子太凶了——或许孩子真的很想买什么东西，再说他平时很少要过钱。父亲走进孩子的房间："你睡了吗？""还没有，我还醒着。"孩子回答。"我刚才可能对你太凶了，"父亲说，"我不应该发那么大的火——这是你要的十美金。""爸爸，谢谢您。"孩子高兴地从枕头下拿出一些被弄皱的钞票，慢慢地数

着。"为什么你已经有钱了还要？"父亲不解地问。"因为原来
不够，但现在凑够了。"孩子回答，"我现在有二十美金了，我
可以向您买一个小时的时间吗？明天请早一点回家——我想和
您一起吃晚餐。"

今天是大年初二，每个家庭都沉浸在节日的欢庆中，我们一家子来
到锦州万达广场游玩，这里人头攒动，喜气洋洋，一派热闹的景象。各
个商家也都展开热情攻势，展示产品，吸引顾客，尤其是一些餐饮店面
更是热闹非凡。一家人聚在一起品美食、逛商场，孩子们在游乐场的淘
气堡玩得热火朝天，骑木马、开小车、转罗盘、累积木、玩滑梯……那
种兴奋劲儿就别提了。直到过去很长时间，想叫孩子们回家，可孩子们
简直是玩疯了，就是不想回去，即便使用各种奇招也难以叫回，没办法，
只能让他们玩个尽兴。爱玩是孩子的天性，也是人之天性。即便是成年
人，也在寻找生活的乐趣，聚餐喝酒、唱歌跳舞、打牌下棋、越野探险
等，有时也会乐不思蜀，流连忘返。

的确，每个人都有爱玩之心，无非"玩"的内容不同而已。时刻保
持一颗童心，生活之中就会增加一些色彩。就能够让自己的生活不枯燥、
不乏味，生活就会有甜蜜之感。人要活得有趣味，要有好的兴趣点，让
自己有高雅的情调，有了这些，人就会活得很充实，生活就会充满了希
望和追求。

能够在新春佳节与家人欢聚在一起，的确是一种幸福，是人生中值
得珍藏的记忆。时光匆匆，我们每天都在为幸福而奔波，都在为幸福而
努力，我们所有的目标都是为了有一个快乐、自在、圆满的生活。放下
忙碌之事，让我们与家人拥抱、携手，的确是最幸福的、最浪漫的时刻。
按照我们国人的习俗，表达情感较为含蓄，节日刚好给了我们表达的机
会，能够与家人孩子在一起游玩、嬉乐、聚餐、举杯相庆，的确是非常
难得的。尤其像我这样整日在外奔波，很少有时间陪伴家人，回家也像
是住客栈一般，急匆匆来，急匆匆去。有几次送女儿去幼儿园，女儿拉

着我的手问我："爸爸能不能陪我？能不能不走？我不让你走。"女儿这些话让我非常感慨，有时也在暗暗地问自己：难道就那么忙吗？能不能停下来，好好陪陪孩子？但有时也的确很无奈。今后，还是需要更加科学地安排好时间，把工作和生活、事业和家庭都安排得更加有序，抽出更多的时间陪伴家人，让孩子有一个非常美好的童年，让家庭有一个幸福温馨的氛围。为了实现这美好的期待，我会更加努力。

真诚之心

做人真诚不仅是理念，而且也是经验，不只是挂在嘴上说说，还需要用心对待。真诚会让生活非常坦然，谎言会让人坐立不安。

阿特莱是一位著名的音乐家。听说非洲有个部落的人很有音乐天赋，他便决定去那里挑一名孩子当学生。他的到来得到了孩子们父母的欢迎，他们把珍贵的礼物送给阿特莱，希望能得到他的青睐。阿特莱准备了几十只盒子，每只盒子都写上孩子的名字。当孩子们的父母送礼物时，阿特莱会礼貌地把礼物放进属于这家小孩的盒子里。但只有一只盒子是空的，这是切斯特的盒子。阿特莱对切斯特有印象，他家特别穷，别人几乎都有像样的乐器，可他每天都是拿着两片树叶吹，所以常遭到嘲笑。几天后的一个半夜，刮起了大风，树叶被吹得满天飞，可第二天早上，阿特莱起床后却发现门前的空地已经被打扫得干干净净。后来，阿特莱终于发现了是切斯特在暗中帮忙，他问切斯特缘故，切斯特说："阿特莱先生，这是我送给您的礼物！我妈妈因为拿不出珍贵的礼物送您而觉得惭愧，但我有一颗真诚的心。"阿特莱欣慰地点点头，回屋去了。过了几天，阿特莱宣布收切斯特做学生，同时，将其他礼物悉数奉还。别人很不理解，纷纷问阿特莱原因。阿特莱说："你们给我送礼，其实是想用钱来买这个名额，只有切斯特，付出了一颗真诚且充满尊重的心。"

人生需要内心的指引，内心的方向决定了人生的方向。我们日常生活中的每一个行为都是内心的决定，内心是人之行为的总司令。有些时候，我们感觉到自己莫名其妙地做出了不可思议的行为，不知道自己当时是怎么想的，不知道为什么会这样去做，简直就是鬼使神差一般。针对这些问题，自己有时也是百思不得其解。

其实，所有的行为乃至人之抽象的表现都是有其根源的，都是有其内心观照的。也就是说，所有现象的出现不是偶然发生的，都是其内在真实的展现，即便是醉酒或梦呓也都是日常内心的熏染所致。虽然表面上看是无意识的，实质上还是有意而为，只不过是没有特定的条件无法展现，把最真实的一面隐藏起来而已。如若有了可发泄的机会，就会全面爆发出来，这是最真实的表达，也就是所谓的"醉后吐真言"。

日常生活中，因受种种因素的制约，需要表现出一种与人交往的状态，需要有一定的"伪装"，所谓完全的透明人是不存在的。每个人都有其真实的内心，也会有其隐藏的一面，要把那些非理性的东西隐藏起来，代之以理性和客观、全面和从容。人生经历多了，我们的理解就深刻了。善于隐藏和杜绝非理性无可厚非，人类文明就是要把不好的东西去掉，把好的东西留存。无论是人际关系、行为处事、文艺展现还是历史变革，都是在不断地进化和改变，都是在朝着美的方向去发展。

社会是光怪陆离、五彩斑斓、复杂多样的，我们不可能做到整齐划一、完美无缺，生活中也不可能时时处处皆是善美，有时也会存在着丑和恶的一面。我们不能因为这个社会存在着丑恶，而整日哀戚愤懑不已。要正视这种不完美，接受这种不完美，主动地调整自己的心态，从残缺之中去发现完美，从痛苦之中去找到快乐，从失败之中去收获经验，从失去之中去找到拥有，用全面客观之心去包容万物，去感知世事，去找到生命的依靠和光亮。再痛苦、再哀愁也要让自己开心起来，积极起来，这是对自己内心的调整，也是对自我的一种鼓励和提升。要相信自己，要激发自己，要不断地调适和培养自己，唯有如此，人生才会感到自在和潇洒，我们才能幸福快乐起来。从另一个角度来讲，人的所谓隐藏也要少一些，唯有真正客观而坦诚，人生才能更加轻松。你是什么样就是什么样，没有必要去隐藏，把自己的真实内心祖露出来，这样是一种自我的解放，也是一种轻松、坦荡的生活态度。

如果我们每天戴着一副假面具，不能够与人真诚相交，总是说一套做一套，言不由衷，虚伪矫饰，这样就会让自己陷入一种矛盾，不知道哪一个才是真实的自己。内心就会变得盲目而无依，变得挣扎而痛苦，说言不由衷的话，做内心不情愿的事，强颜欢笑，虚伪处事，这样就慢慢地丢失了自己，不知道怎样的生活才是最美的，这样的人生也是很悲哀的。因此，我们还是要有一颗真诚之心，有一颗善美之心，用诚心、爱心与人交往，善于发现生活之中的美好，真正实现人生的价值与意义。

自然变迁

世上的一切都是流动的，世上的万物都是千变万化的，变化是大自然永恒的真理。

内蒙古草原上有一种鼬鼠，整天忙忙碌碌，不停地寻觅着食物，并将吃不完的食物储存到洞穴里。据统计，一只鼬鼠一生要储存二十多个"粮仓"，足够十几只鼬鼠毕生享用。然而，谁也想不到，堪称"富豪"的鼬鼠最终结束生命的原因，既不是老死，也不是病死，而是饿死！鼬鼠晚年走不动的时候，就会躲进自己的"粮仓"里享用储备的"劳动果实"，但它们必须经常啃咬硬物以磨短两颗门牙，否则就会因门牙无限生长而难以进食。可怕的是，它们的"粮仓"里并没有储存硬物，以致因无硬物磨牙而使门牙不断生长，越长越长的门牙最终导致鼬鼠无法进食，最后饿死在粮堆上。鼬鼠一生忙着寻觅、储存食物，不可谓不勤快；它们知道将寻觅到的食物分散储存在多个洞穴，不可谓不聪明。最终将其送上"死路"的，是它们贪婪的本性。贪欲，使它们眼里只看见食物，而看不见用于磨牙的石子等硬物。如果每一个洞穴，在储存食物的同时，也准备一两件磨牙的"工具"，那么它们怎会守着众多"粮仓"而被活活饿死呢？鼬鼠看不到食物以外的东西，看不到隐患，看不到明天与未来，忘记了自己致命的门牙，这就是短视的代价。

今日初五闲暇，来到锦州古塔公园，绕塔祈福。在公园内木化石林处，被眼前这一壮观的亿年木化石所吸引。锦州木化石林坐落在锦州古塔公园内，占地四千多平方米，由两百多株木化石耸立形成，是继深圳、木化石林后，世界上第二座迁地保存的木化石林。这些木化石产生于锦州义县及朝阳地区，形成于一点五亿年前。当时，由于地壳运动或火山喷发，古代森林瞬间被泥沙或火山熔岩所掩埋。在漫长的岁月中，树木中的有机物质逐渐为二氧化硅所取代。所以木化石又称硅化木，是石化了的树干化石，木化石在当今世界上是极为珍贵和罕见的。

漫步在这上亿年的木化石林中，仿佛穿越到了几亿年前，幻想着那时的景象，仿佛所有的生物都活灵活现地展现在自己的面前。在这一刻，不知道自己从哪里来，也不知道自己向哪里去，只知道历史的脚印是那么清晰可辨，人类是如此渺小。内心不禁感慨：所有的功名利禄，所有的珍馐美味，又都算得了什么呢？在这历史的洪流之中，我们只是其中的一滴水而已，甚至于还没有泛起什么涟漪，就消失得无影无踪。从宇宙星体来看人生，简直不可同日而语，我们只是其中的一粒沙，只是时光的匆匆过客，来去无痕。什么功名利禄，什么锦衣玉食，什么豪车洋房……这些都不过是过眼的浮华而已，没有任何的意义。

所有的存在皆是不能长留之物，所有的虚华皆是骗人的把戏，所有的一切都会过去，没有必要去计较现在的得与失，没有必要去想象虚假的荣耀，一切都会随着时光的流逝而逝去。在宇宙浩渺的世界中，我们有时真的无法找到自己，自己是什么，自己又能成为什么，谁都说不清、道不明。面对这亿年的木化石，我感慨万千，内心受到了极大的震撼，感觉自己的宇宙观、人生观都有了新的提升，学会了站在自然变迁、历史延续发展的角度去看待自己。这上亿年的木化石将来变成什么，过亿年之后又能成了什么，也是很难说的。大自然的变迁是无法用常人的想象去理解的，这上亿年的过程本身，在宇宙时空观的概念之中，也只是眨眼一瞬间，看似亘远，实则是非常短暂的。

　　每个人都无法预知自己的未来，但我们要留下一些精神的传承。精神力量是一生之中宝贵的财富，它是人类文明的传递，也是生命永恒的留存。若要青春常在，若要有不老的传说，若要留存永久的记忆，就要学会从生活中去锻炼做人的精神品质，去展现人类的文明，去传播人间的美好。正因为生活如此的艰难和困苦，才能够彰显人类的伟大，才能够让生命得以延长，才能够让我们的精神永远不朽。

规划发展

　　紧跟时代步伐，定准发展目标，规划发展路线，不断创新创造，勇于开拓进取，这样我们才能够赢得事业的发展，才能够收获人生的成功。

　　1952年7月4日清晨，加利福尼亚海岸笼罩在浓雾中。在海岸以西二十一英里的卡塔林纳岛上，三十四岁的费罗伦丝·查德威克涉水进入太平洋，开始向加州海岸游去。要是成功了，她就是第一个游过这个海峡的女性。在此之前，她是从英法两边海岸游过英吉利海峡的第一个女性。那天早晨，雾很大，她连护送她的船都几乎看不到。时间一个钟头一个钟头过去，千千万万人在电视上注视着她。有几次，鲨鱼靠近了她，被人开枪吓跑了。她仍然在游。在以往这类渡海游泳中，她的最大问题不是疲劳，而是刺骨的海水。十五个钟头之后，她被冰冷的海水冻得浑身发麻。她的母亲和教练在另一只船上，他们告诉她海岸很近了，叫她不要放弃。但她朝加州海岸望去，除了浓雾什么也看不到。她知道自己不能再游了，就叫人拉她上船。人们拉她上船的地点，离加州海岸只有半英里！上船后，她渐渐觉得暖和多了，这时却开始感到失败的打击。她不假思索地对记者说："说实在的，我不是为自己找借口。如果当时我看见陆地，也许我能坚持下来。"后来她说，真正令她半途而废的不是疲劳，也不是寒冷，而是因为在浓雾中看不到目标。查德威克一生中就只有这一次没有坚持到底。两个月之后，她成功地游过了同一个海峡。她不但是第一位游过卡塔林纳海峡的女性，而且比男子的纪录还快了大约两个钟头。查德威克虽然是个游泳好手，但也需要看见目标，才能鼓足干劲完成她有能力完成的任务。因此，当你规划自己的发展路线时，千万别低估了制定可测目标的重要性。

时间真快，今天已是大年初七，法定假日已结束。今天是正式上班的第一天，收拾心情，整装待发，为今年的发展做好准备。还有很多事情需要与大家共同研究探讨，还要与全体员工共同谋划今年的发展，找出产业运营发展的切入点。可以说，这个切入点找好了，我们就会事半功倍，就会高效运营，就会创造出更大的成绩来。很多人事业不成功的原因，就在于没有提前做好科学的规划，没有明确的目标和方向，只是用不成熟的想法盲目地去做事，这样是很难成功的。不但事业成功不了，反而会给自己造成一定的损失，甚至是造成无法挽回的后果。因此，我们做事业一定要谋定而后动，不能凭空想象、主观臆断去做事。

有时候，人的想法是好的，但是客观现实很残酷，若是没有经过反复论证，就盲目地去做，就可能会给自己"挖坑"，造成让自己追悔莫及的后果。因此，我们一定要冷静地面对市场，面对产业运营中的诸多要素，不断地从市场中做调研。正所谓"没有调查，没有发言权"，没有充分的市场调研，急于去做开发只能是害人害己。我们做事情要开放思维，还要深入实际，不断调查研究，反复论证研讨。探讨的本身就是一个理顺思维的过程。一个人的思维毕竟是有限的、片面的，大家的共同思维才是全面的、客观的。同时自己也要有清晰的判断，要透过现象看本质，能够发现别人没有发现的问题。

当然，我们不能盲目乐观，不能总想到某些好的方面，要去深入地剖析不好的方面，发现不易察觉的不科学、不规范之处，要多听取反对意见，越是反对意见越要引起自己的重视。因为正是有反对的声音，说明还是有一些问题，可能还没有被自己发现，可能还需要引起自己的高度重视。"千里之堤，溃于蚁穴。"如果不从细节上做布局，不从细节上求突破，那么我们就会被表面的繁荣所迷惑，就不可能取得真正的成功。

针对神飞航天产业的发展，我们在春节前也做了深入的探讨，从单纯的标准建立、产品开发、产业对接，到我们目前所规划的。做好对接合作的同时，还要加强自我销售渠道的建设，最终形成自己的产品销售体系，形成稳固的产品销售渠道，这才是我们的发展之根。建立自己产品的销售渠道是一个极为庞大的系统工程，我们要谋定而后动，要从诸多的方法之中找到最适合自己的。要建立我们自己的宇航控体轻食店连锁系统，充分发挥自己的品牌优势、科技优势、产业整合优势，积极地开展连锁店的建设事宜。充分将线下店与线上店相结合，从线下实体店做引流，在线上店做教育和裂变。打通产品销售的上下环节，明晰产品销售的流程，集中火力进行客户的管理和引流教育工作。做好店面运营示范工作，规划智能化售卖系统，极大地减少店面运营成本。其中，智能化售卖机是我们要考虑的重点，它能够将多媒体宣传、产品展示售卖和客户引流相结合，有针对性地形成产品渗透效应，集中火力进行区域性产品传播。

产品结构上，要突出控体轻食餐。在"午餐"上下功夫，以楼宇经济、办公室经济为重点，把写字楼作为产品宣传售卖的重要场所。针对午餐消费痛点，如不健康、不经济、不便携等，我们的产品将在功能上满足"控体、轻食"这一消费需求。从"方便午餐"出发，在产品的多样化、品质化上下功夫，让产品真正体现宇航级标准的整合效应，联合众多企业合力开发"控体营养午餐"，以高标准、系统化、品牌化的模式，打造中国宇航控体营养餐的著名品牌，真正将宇航级食品企业做大做强，为企业的整体发展助力。

理性判断

学会客观理性地看待人、事、物，我们才能够尊重和体谅他人，才能够做出科学的分析和判断，才能够赢得事业的成功。

　　一位秀才进京赶考，住在一家旅店里。考试前两天的晚上他做了三个梦：第一个梦是梦见自己在墙上种白菜；第二个梦是下雨天他戴了斗笠还打着伞；第三个梦是梦见和心上人脱光了衣服躺在一起背靠背。这三个梦意味着什么，秀才摸不着头脑，第二天他便去找算命先生解梦。算命先生听完他述说三个梦后一拍大腿："我看你还是打道回府吧，没有什么希望了。你想，高墙上种白菜不就是白种吗？戴了斗笠还打着伞不是多此一举吗？和心上人脱光了衣服却背靠背不是没戏吗？"秀才一听，心一下掉进了冰窟窿，回旅店后便收拾包袱准备回家。店老板感到有点奇怪，问他还没考怎么就要回去。秀才如此这般地把算命先生的解梦说了一遍。店老板听了乐着说："依我看，这次你一定要留下来，大有希望。你想，高墙上种白菜不是高种（中）吗？戴斗笠还打伞不是有备无患吗？你和心上人背靠背躺在一起不是说明你翻身的机会就要来了吗？"秀才一听，觉得挺有道理，于是一改心灰意冷的神态，精神饱满地参加了考试，结果中了个探花。试想，如果这位秀才相信解梦先生的话，

178

他还能够改写自己的人生吗？而店主的一席话，使他换个角度看问题，因而也就获得了意想不到的成功。

　　产业运营是一个复杂的系统工程，容不得半点马虎，需要反复学习和推敲，真正找到其中的规律。我们一时所想到的方式方法未必是客观的、正确的，往往会带有某些主观的因素在里边，也许当时的考虑是正确的，但时过境迁再去总结，可能就会发现有许多偏颇之处。如果我们不从辩证的角度去思考，不通过大量的市场调研去求证判断，那么所得结果往往是不尽如人意的，甚至是失败的。我们每个人都不是圣人，工作中难免会犯主观主义的错误，往往要在有了一定的人生阅历之后，才会变得更加客观、理性，并通过大量的学习和实践，通过大量的积累和沉淀，经过风风雨雨的磨炼，抑或有了许多的经验教训之后，才有了心态的平和，才有了对事物的理性的判断。

　　很多时候，正如人在迷途一般，自己本认为是向东走，可实际上是向西走，以为是向南走，而实质上是向北走，那种迷路的感觉真是很痛苦。有时自己也很纳闷，内心深处反复地在问，为什么自认为正确的东西反而是错误的。所以，每个人都不要高估自己的判断力，自己在认知上会有不正确、不客观之处，况且有时尚不知晓自己不正确，还要去坚持做一些错误的事情。没有客观判断就妄下结论，往往最终的结果是害人害己。为什么会一错再错，为什么自己本以为理性的，而实质上是感性的，自认为很聪明，实际上很愚笨。这些都是现实中经常会发生的事。更可悲的是自己不知道其中的规律，这也是情智中存在的短板。其实，在人生的舞台上，自己只是一名在表演中的演员，有时演得好不好，只有别人能够真切地看出来，自己却一无所知。有时我们会陷入思维迷障，尤其是在与人交往的过程中，每个人都会站在自己的角度去看问题，这样就容易陷入误区，就会完全以自我为中心，用自己的内心去揣度别人，双方就会出现很多的矛盾，甚至造成伤人伤己的后果。

所以说，在工作和生活之中，我们都要学会尊重他人、包容他人、理解他人，学会认真倾听对方的意见，学会打破自己固有的思维，拨开迷雾见青天，让思维插上腾飞的翅膀，让它飞得更高、更远。

具体分析

成功是多种因素组成的，成功需要树立目标，需要长期努力坚守，需要充分调研论证，需要汲取众人智慧，需要持之以恒，永不言弃。

"量体裁衣"这个成语故事最早出自《南齐书·张融传》。故事讲的是：在我国古代南齐的时候，有一个人叫作张融。张融年轻的时候就很有才能，后来他当上了司徒右长史，深受齐太祖萧道成的器重。有一次，齐太祖赐给张融一件衣服，并且在诏书中写道："虽然这衣服是旧的，但是看起来比新的还好，是我穿过的，已经叫裁衣工按照你的身材尺寸改做了，你穿上一定会合身的。""量体裁衣"这个成语就是后人根据这个故事概括出来的。"量体裁衣"的意思就是先量身体，后裁衣服，比喻无论做什么事，都要从实际出发，按照客观的实际来办事。清人钱泳在《履园丛话》中也讲了一个量体裁衣的故事：从前，京城有个裁缝，他在给人做衣服时，对穿衣人的性格、年龄、相貌，以至这人什么时候中举等，都要详细询问一番，别人感到不理解，他说出了一套短长之理：如是年轻时中举，他必定性情骄傲，连走路都要挺胸凸肚，因此衣服要做得前长后短；如果年老才中举，大都意志消沉，走路难免要弯曲腰身，衣服要做得前短后长。体胖体瘦，腰有宽有窄；性急性慢，衣服长短有别。钱泳认为这个成衣匠很高明，不单单机械地量尺寸，而且根据对象的特点决定衣服尺码。

要深入地研究业态经济，针对不同的商业经济类型做出深入细致的分析，不能粗枝大叶，不能简单概括，因为粗略的工作往往不会有什么大的收获。如若操作不慎，盲目上马，反而会给企业带来损失。常言道，"智者千虑，必有一失""千里之堤，溃于蚁穴"。所谓的智者，往往是自己认为自己很聪明，对一切都了如指掌，总是以老师的身份来指导人，不能够躬下身来，踏实认真地研究分析，这样的人往往会以偏概全，不能够站在宏观的角度去看问题，最终只能得到失败的结果。

因此，我们一定要认真、深入地做分析，不断实践和总结，从细节着手，把市场运营的每一个环节分析透彻。如产品的研发，需要充分了解消费者的心理，将消费者的需求放在首位去考虑。同时还要认真研究同类产品的特点，分析产品的优势和劣势，找出产品的差异，明确自我产品的优势和个性，让产品卖点更加突出。要深入开展对消费者痛点的研究，能够最大限度地满足消费痛点。也可以说，抓住了消费痛点就找到了产品研发的关键点，就找到了市场开发的切入点。如若我们没有对消费痛点进行分析和研究，就不能研发出市场需求的产品，就不能体现自身产品的特色，就不能做出好的产品，也就不能收获好的市场回报。

除了对产品研发的分析之外，还要着力在产品的销售渠道上下功夫，找到适合的销售渠道是尤为重要的。我们不能盲目设定产品渠道，有些看似好的销售渠道却未必适合自己，别人做这些渠道可以很轻松，而你做这些渠道或许就会困难重重。原因就在于匹配度，也就是你的企业特点和产品特点是否适合这样的渠道。在选择销售渠道时，要论证该渠道是否有价值，是否可以作为我们产品的主渠道，要对渠道做出优劣、主次的评判，同时还要结合企业的实际和整体规划来制定渠道运营方案。

我们的产品定位为"宇航控体轻食"，要先建立起顾客对我们的消费认知、情感认知。针对年轻人群体，把楼宇市场的拓展作为首选，重点开发楼宇经济，加强对宇航控体食品楼宇渠道的设计，把智能化售卖设备与楼宇卖场相结合，把线下产品的展示销售与线上的裂变营销相结合，把产品的媒体推广与年轻消费群体的交际文化相结合，真正把楼宇经济做强做大，最终建立独特的宇航控体轻食售卖推广模式，为产品的市场拓展提供渠道支持，为企业的规模发展奠定坚实基础。

市场调研

创新是企业生存发展的灵魂，只有拥有创新思维、创新模式，充分调研、精准定位，企业才能走得更远、更稳健。

房地产行业，是一个投资大、起点高的高风险行业，大多数有实力的投资商都会望而却步。但是有一个房地产开发商多次冒险投资都以盈利而告终。好多同行非常不理解：面对竞争激烈的市场，面对竞争激烈的同行，为什么你总能获胜呢？你的制胜法宝是什么呢？这位开发商回答说，任何事情都可能有成有败，有得有失，他在选择一个投资项目时，无论别人怎么说，那都不行，那都不是机会，因为别人都能看见的机会，不一定是机会。他每次选择时，都要做无数次的市场调研，不辞辛苦地去反复考证，不是在办公室，而是去现场实地考察，别人说不行的项目，别人没看好的项目，而他却看到了其中的玄机。他认为，只有别人没有发现的，而你却发现的机会，才是黄金机会。尽管这样做很有风险，但不去冒险，就没有盈利，就没有成功。实践定成败，爱拼才会赢。

市场运营要大兴调研之风，要对市场运营的诸多环节开展调研。如产品定位分析、消费群体分析、消费心理分析、同类产品分析、渠道拓展分析、媒体宣传分析等，各个方面都要认真细致地分析到位，任何一点没有分析到位，都可能出现一定的问题，达不到既定的市场营销目的。

很多时候，我们产品的开发和市场渠道拓展、市场模式的制定是"拍脑袋"拍出来的，凭自己的经验从事，往往自己的想法与实际不符，出现了意想不到的偏差，从而导致市场运营没有任何起色，有时反而会给自己带来损失。主观臆断"害死人"，单凭简单的想象，没有集思广益共同探讨的过程，是不可能取得成功的。

最重要的一点是所有的运营规模，都要符合企业自身的实际，与企业的实际情况相吻合，充分发挥企业各方面的优势；能够扬长避短，放大自己的优点；能够善于借力，把品牌建设文化的引进和消费的互动结合起来。要有大数据的思维，建立精准大数据系统，培养和拓展团队规模，将顾客的服务、粉丝的带动作为工作的要点，一切都是为重点消费团队的建立，一切都是为拥有一个精准大数据的平台。要把精力放在消费引导和教育上，从而做好消费裂变，引入社交新零售的理念和运营模式。培养精准消费群体的核心，形成良性的口碑宣传效应，产生产品的消费裂变，从而形成几何级的产品销售提升，这样才能真正把产品市场拓展开来。

原有的传统做法，需要认真改良，需要不断改进，能够做到亲民、互动、分享、提升，将单纯的产品宣传变为一种良好的人性化、情感化的体验和互动。产品销售不是单一地体现某种功能，而且还要具有深厚的文化内涵，打造忠实的产品销售团队，形成精准的口碑效应，这在市场运营中的作用是非常巨大的，如若做到这一点，那么我们的市场也就成功了。要把人心引导好，产品才能够产生巨大的消费作用。要想有一个好的消费认知，必须在产品研发上下功夫，要真正做到真材实料，出新出奇，极大地满足消费者多样需求，从而实现既认同产品又认同文化，达到对消费的双认同作用。

在这里，我们要做好消费教育的多样性和长久性。多样性体现在产品的宣传上要亲民化，要能够针对消费痛点，让消费者产生情感的共鸣，也就是消费重点要突出，消费痛点要明确，消费引导要精准。长久性体现在消费教育的工作要长期持久地坚持，不能一曝十寒，不能前面做的和后边做的不一致，不能让消费者产生失落感。总而言之，一切要以创新和服务为上，要不断地创新产品，不断地创新渠道，创新服务方式，创新服务模式，迎合把握消费心理，真正把产品市场做好。

珍惜时间

如果你想让生活更加丰满，"写作"是一个不错的选择，它能够记录我们的观察，记录我们的思考，记录我们成长中的点点滴滴。

我国伟大的文学家和思想家鲁迅非常珍惜时间。他有一句至理名言："时间就是性命。无端地空耗别人的时间，其实是无异于谋财害命的。"鲁迅确实惜时如命，他把别人喝咖啡、闲聊的时间都用在工作和学习上。鲁迅还以各种形式来鞭策自己珍惜时间，刻苦学习和工作。在北京时，他的卧室兼书房里挂着一副对联，集录我国古代伟大诗人屈原的两句诗，上联是"望崦嵫而勿迫"（看见太阳落山了还不心里焦急），下联为"恐鹈鴂之先鸣"（怕的是一年又去，报春的杜鹃又早早啼叫）。书房墙上还挂着一张鲁迅最崇敬的日本老师藤野先生的照片。鲁迅在《朝花夕拾》中写道："每当夜间疲倦，正想偷懒时，仰面在灯光中瞥见他黑瘦的面貌，似乎正要说出抑扬顿挫的话来，便使我忽又良心发现，而且增加勇气了，于是点上一枝烟，再继续写些为'正人君子'之流所深恶痛疾的文字。"鲁迅用这朝夕相处的对联和照片督促自己抓紧时间。正是因为有了这种惜时如命的精神，鲁迅在他五十六岁的生命旅途中，广泛涉及自然、社会科学的许多领域，一生著译一千多万字，留给后人一份宝贵的文化遗产。

写作最害怕的是中间隔断，如果不能够坚持连续地去写，没有遵守对自己的承诺，就好像是放任了自己一般，内心总会有一种负疚感，会有一种很不舒服的感觉。由此我想到，我们做每一件事都要坚持，不能轻易地放弃。如若轻易地放弃自我的计划，那么这个人将会一事无成。我们要把做好每一件事当作对自己身心的一种修炼，对自我性情的一种提升。不管到什么时候，都不要放弃对自身的调养，它是我们不断进步的保障，是我们追求内心安乐幸福的必由之路。

谈起坚持，我自己也是诚惶诚恐。很多时候，因为没有科学地安排时间，没能够及时地完成写作任务，自己的内心都会感到深深的自责，会生出一种惆怅之感。如若能够认真完成每天的写作任务，或是超额完成了原定的任务，内心就会轻松畅快，就会感到无比的满足与欣慰，同时也会对自己更有信心，对未来的自己寄予更大的期望。自己总是感觉，很多事情如果不能够记录下来，就是不系统、不完整的。哪怕写得不好，如果你能够如实地记录生活，认真地分析事物的是非曲直，认真总结自己的工作和生活，那么就没有白白地浪费时光，就没有失去认真分析事物规律的机会，就是认真地对待了这一天的生活。

生活的本意是要进步，要发展，要找到生命中最闪光的地方。社会在不断地发展，时代在不断地进步，我们更应该不断地发展和提升自己，不断地发现新知、学习新知，让自己能够保持前行的步伐，跟上时代的脚步。我们要在每天的生活中，不断提升自己的心性，增长人生的经验，让自己每天都有所进步、有所提高。要学会思考和分析，学会总结和整理，学会记录和抒发，这是生活中极为重要的事情，也是我们进步的动力和快乐的源泉。即使再忙再累，也不应该放弃了每天的分析与总结，否则就会浪费掉一天的时光，错失了进步的机会。

生命中的每一天都是宝贵的，都是稍纵即逝的，都是无法挽回的。

时光在一天天中度过，我们在不知不觉中失去了青春，在不知不觉中走近了衰老和消亡。如果我们不能珍惜每天的时光，不能好好地把握现在，那跟"败家子"又有什么区别呢？所以，我们还是要认真地对待生命的每一天，要时刻怀有警醒之心，将自己融入社会的发展之中，为自己、为他人带来更多有益的东西，为社会创造更大的价值。这才是我们生命的最终意义所在。

青春记忆

    青春是宝贵的，每个人的青春只有一次，要珍惜这段光阴，珍惜师生情、朋友情，珍惜每一次的努力与进步，努力奋斗，拼搏进取，为自己创造更多美好的回忆。

    邓亚萍是乒乓球运动史上一位伟大的女子选手。邓亚萍从小就立志做一名优秀的运动员，但是她个子矮，手脚粗短，根本不符合体校的要求，体校的大门没能向她敞开。于是，年幼的邓亚萍跟父亲学起了乒乓球，父亲规定她每天在练完体能课后，必须还要做一百个发球接球的动作。邓亚萍虽然只有七八岁，但为了能使自己的球技更加熟练，基本功更加扎实，便在自己的腿上绑上了沙袋，而且把木牌换成了铁牌。对一个孩子来说，这是多么难能可贵！这不但要使身体备受煎熬，心理方面也要承受巨大的压力。小小的她，每闪、展、腾、挪一步，都可以用举步维艰来形容。腿肿了，手掌磨破了这是家常便饭，但她从不叫苦，不喊累。付出总有回报，由于邓亚萍的执着，十岁的她便在全国少年乒乓球比赛中获得团体和单打两项冠军。进入国家队后，邓亚萍都是超额完成自己的训练任务。队里规定上午练到十一时，她就给自己延长到十一时四十五分，下午训练到六时，她就练到六时四十五分或七时四十五分，封闭训练规定练到晚上九时，她练到十一点多。最终，她如愿以偿站上了世界冠军的领奖台。在她的运动生涯中，她总共夺得了十八枚世界冠军奖牌。邓亚萍的出色成就，不仅为她自己带来了巨大的荣耀，也改变了世界乒坛只在高个子中选拔运动员的传统观念。

近两天，天气突变，寒流再次袭来，河南出现大范围降雪，给我们这些已开启入夏模式的人们来了一个突然袭击，还要把装入柜子里的棉衣拿出来，重新进入冬季模式。虽然天气较冷，但还是挡不住观雪的欣喜之情。雪是纯洁无瑕的，雪是美好的象征，雪对大地的滋润，对农作物的生长起到至关重要的作用。雪同时荡去了尘埃，让城市空气变得更清新、更洁净。这场突如其来的大雪，恰逢正月十五元宵节，感觉这就是上天的赐福。瑞雪兆丰年，这也意味着牛年的好收成。

的确，下雪给我们的元宵节带来了惊喜，我也是带着这份欣喜，昨晚回到了老家鄢陵，与师范的老同学在鹿品家庄园酒店举行晚宴。大家欢聚一堂，共叙同学之情，气氛很是热烈。这家以鹿肉为特色的庄园酒店，地理位置优越，交通便捷，且环境优雅，掩映在绿树丛中，酒店的菜品也是色、香、味俱佳。在元宵节来临之际，能够吃鹿宴、话友情、庆佳节、谈发展，也是一件令人非常开心的事情。鹿是吉祥的象征，与鹿结缘，也是福禄双至的意思，其中也包含着一种美好的祝愿。席间，同学们互致问候，举杯相庆，暖心的话说不完、道不尽。仔细算来，我们离开学院已经三十二年了。转眼之间，我们已从青春年少变成了中年大叔，原本青春洋溢的脸庞上已经染上了皱纹，从少年的激情与活力变成中年人的老成与持重，每个人的变化都是很大的。但无论年龄、相貌如何改变，相聚在一起的快乐与激动是永远不会改变的。无论人生到了什么时候，大家对于青春的美好回忆都是永恒不变的。

人生在世，匆匆百年，就像一场不短不长的梦。这场梦里承载着我们的悲欢离合、爱恨情仇。有许多的愉悦与满足，也有许多的痛苦与忧烦；有许多的荣光与收获，也有许多的黯然与失去。总之，人生就是一本书，我们要做的就是把这本书的内容书写得更加丰富，让人生留下更多美好的记忆，留下更多有意义的珍藏。愿我们每个人都能够青春无悔，幸福常在。

创新模式

创新是企业发展的灵魂，创新是企业生存的保障。只有创新思维，创新思路，创新模式，企业才能走得更稳健、更长远。

美国有一间生产牙膏的公司，产品优良，包装精美，深受广大消费者的喜爱，每年营业额蒸蒸日上。记录显示，公司前十年每年的营业额增长率为百分之十至百分之二十，令董事会雀跃万分。不过，业绩进入第十一年、第十二年及第十三年时则停滞下来，每个月维持同样的数字。董事会对此业绩感到不满，便召开全国经理级高层会议，以商讨对策。会议中，有名年轻经理站起来，对董事会说："我手中有张纸，纸里有个建议，若您要使用我的建议，必须另付我五万元！"总裁听了很生气地说："我每个月都支付你薪水，另有红包、奖励。现在叫你来开会讨论，你还要另外要求五万元，是否过分？""总裁先生，请别误会。若我的建议行不通，您可以将它丢弃，一分钱也不必付。"年轻的经理解释说。"好！"总裁接过那张纸后，阅毕，马上签了一张五万元支票给那年轻经理。那张纸上只写了一句话：将现有的牙膏开口扩大一毫米。总裁马上下令更换新的包装。试想，每天早上，每个消费者多用一毫米的牙膏，每天牙膏的总消费量将多出多少倍呢？这个决定，使该公司第十四个年头的营业额增加了百分之三十二。

按照中国人的习俗，过了正月十五元宵节，年就算过完了，我们也该整理心情重新投入工作了。就本年度的宇航科技民用推广来讲，我们还是要多动些脑筋，结合自身实际去做一些有针对性的事情，比如宇航级食品产业的整合与发展，这是符合我们实际发展的产业。我们有较权威的专家团队，有规范化的生产基地，有相对成熟的产品研发技术，有较完善的市场销售渠道，有刚刚正式公布的《宇航级食品生产企业通用规范》……这些都是我们实施宇航级食品产业发展的基础条件，也是我们产业推广运营的基础。我们既要充分发挥自己产业运营的优势，也要看到自身的短板与不足。比如说，在产品线的拓展中还稍显滞后，没有新品种的开发，不能与消费者实际生活相契合，不能突出自己的软硬件优势，开发出消费者日常所需的产品，从而满足不同消费人群的需求，进而让销售渠道更广泛，让市场发展更迅速，让企业发展更稳定。这些的确是应该引起我们高度重视的。

年轻的消费群体是我们最应该重视的一个消费群体，要充分调研年轻一代的消费趋向，开发出"九〇后""〇〇后"年轻人喜欢吃的产品，要在刚性需求上下功夫，让大家离不开、喜欢吃，在口味上迎合这些消费者的需求。特别是要加强白领办公室控体午餐的开发力度，开发出适合于白领的控体午餐，认真分析白领午餐的消费痛点，比如说，外卖点餐问题较多，食品安全事件频发，等等。针对这些现实情况，我们应该充分运用宇航冻干技术，开发出低盐、低油、低糖，且方便、营养的控体午餐，真正迎合年轻人的口感喜好。

针对时尚的方便午餐，如麻辣魔芋米粉、魔芋五色果蔬面、魔芋果蔬粥、麻辣粉、土豆粉、关东煮、冻干面、方便火锅、魔芋凉皮等，我们可以开发出一系列的冻干方便主食餐，在此基础上，再开发一些与之相搭配的果蔬粗粮饮品、果蔬奶茶等系列的蛋白果蔬饮品。总之，开发的产品要与时俱进，要对市场进行充分的调研，找到消费者的需求点，满足特定消费群体的消费需求；同时也要在产品的独特性上做文章，做有特色、有品位、有影响力的品牌产品。在销售渠道拓展上，要积极有为，针对不同的渠道开展不同的拓展工作。尤其要注重消费群体的特殊性，有针对性地开展工作，真正把线上线下相结合，在线下做精准目标消费群体的体验、宣传和引流，在线上商城平台做消费裂变和创业裂变，在淘宝、天猫、拼多多、抖音、快手等平台做合作运营，建立多种渠道整合模式，真正形成融厂家服务与商家招商合作运营于一体的销售渠道拓展新模式。要对每一个营销环节做出充分的规划，真正把消费服务与招商裂变相结合，线上商城和线下店面相融合，形成产品消费裂变与创业裂变相统一的产品销售新模式，进而开辟出一条产品销售、产业发展的新道路。

开拓思维

纵观事业成功者，他们都不畏艰难，克服一个又一个困难，解决一个又一个难题，不断地用创新的思维、踏实的行动，去完成自己的目标，去实现自己的梦想。

日本最大的帐篷商太阳工业公司董事长能村先生打算在东京建一座新的大厦。善于动脑筋的他在心里盘算着，在寸土寸金的东京只建一座大厦，不仅一时难以收回成本，而且大厦的每日消耗也是一笔不小的开支。怎样能做到既建了大厦，又可以借此开拓新的市场呢？万事就怕有心人，有了这样想法的能村先生便特别关注生活里的一些热点问题。当时，攀岩热正在日本兴起，且大有蓬勃发展之势，这令能村先生茅塞顿开：何不建一座都市悬崖，满足那些都市年轻人的爱好。经过调查研究，能村先生邀请了几位建筑师反复研讨，决定把十层高的大厦外墙加一点花样，建成一座悬崖绝壁，作为攀崖运动的练习场。半年后，一座植有许多花木青草的悬崖，便昂然矗立在东京市区内，仿佛一个多彩而意趣盎然的世外桃源。练习场开业那天，几千名喜爱攀岩的年轻人兴高采烈地聚集此处，纷纷借此过一把攀岩瘾。在东京市区内出现了从前在深山峻岭才能看到的风景，这一下子吸引了人们的目光，每日来此观光的市民

196

不计其数。而一些外地的攀岩爱好者闻讯后，也不辞辛苦到东京一显身手。接着，能村先生又恰到好处地把握了这种轰动效应，在大厦的隔壁开了一家专营登山用品的商店。很快，该店便因货品齐全，占据了登山用品市场的榜首地位。"越能利用有利用价值的东西就越能赚钱。"这是能村先生的经营之道，而他也正是在这一理念的引导下，把大楼的外墙建成都市里的悬崖，从而赚得盆满钵满。

每天都要参加两次视频工作会，虽然辛苦但也是收获满满，通过会议，大家针对某一问题来进行分析研究，能够仁者见仁，智者见智。有一些思维的碰撞，有一些灵感的激发，能够让自己考虑问题更加深入，甚至有了更大的发现。虽然是别人不经意的一句话，但对自己的触动还是很大的，会对自己的思维有新的引领，能够发现自己没有发现的东西，让自己茅塞顿开，且有醍醐灌顶之感，自己的思维更加活跃，思考更加深入，有一些新的想法和点子。

很多的创造皆来自激发，瓦特发明了蒸汽机，爱迪生发明了电灯，莱特兄弟发明了飞机，牛顿三大定律学说，都是一种激发力与想象力的完美结合，都是通过一种常规的现象而产生了联想力。想象力是一个人成就的前提，而这种想象力往往是要被激发的，唯有这种激发才使某种思维和想象有了灵感的召唤，能够让我们突然之间就"开悟"了。

因此，开会不是简单的我讲你听，或是你讲我听，而是一种引导和激发，是自我思维的更新和完善，是触类旁通的一种表现。千万不要小看我们平日里的互动交流、互相沟通，这些都是一种思维的碰撞，是自我的一种提醒和引导。所以，好学之人、会学之人都会有一种深度的联想力，不只是死记硬背、为学而为，而且是一种再发挥、再创造的过程。

只要我们掌握了此要领，我们就能够充分利用每一次的会议及其他学习沟通的机会，让思维的碰撞和激发来引领自己的创造力，让自己有更大的收获与发现，不断地通过提升让自己有不同的境界。

　　同时，会议也是我们整理思维的过程，很多我们原来没有考虑周全的事情，通过会议的学习、沟通与交流，让我们的思路更加清晰。真正理清头绪，把杂乱变为有序，把混沌变为清晰，这是一种思维的融合与互通，是心灵的相通与共鸣。总之，要善于开会，学会互动，学会交流，接纳新知，并把它化作对自己有益的养料，从而指导自己的工作与生活。

结合实际

企业的发展，离不开创新性的思维，同时也要结合自身的实际，充分分析市场需求、渠道特点和自身优势，制定科学的规划和发展战略。

江西信丰瓜农刘新女种植了四亩西瓜，当西瓜长到八成熟时，她了解到市场的需求，将写有"吉祥如意""生日快乐"等词句的纸剪成空心字贴在西瓜上，通过阳光的照射作用，几天后，西瓜便"长"出清晰的文字来。结果，"长"字的西瓜吸引了一批瓜商前来抢购。刘新女将创意巧妙地运用到农副产品生产上，西瓜由此销路大开，而且卖出了好价钱，带领全村人脱贫致富，奔小康。创意使普通的西瓜变成"长"字的西瓜，让消费者在买瓜的同时得到了一份精神上的满足，这便是创意赋予产品的独特魅力。当然，产品创意并非凭空想象，创意者要有一定的科技头脑，要结合市场和企业的实际，摸透消费者的心理，才能有把握使自己产品创意一举成功，从而使自己的产品不断拓展新的市场空间，并在市场竞争中一枝独秀，畅销不衰。

产业的发展一定要结合自身实际来进行。所有的运转，都要以企业现有的实际为出发点，不能不顾企业的实际而去设定一些无法落地的规划，这样既不切合实际，也没有可操作性，在具体实施过程中也会困难重重。

在近期的产业规划中，我们立足企业实际，充分发挥宇航科技品牌优势，扬长避短，在科技扶持和产业对接上做文章，真正给企业带来更好的发展，使企业运营更加轻松。凝聚众多企业的力量，打造宇航食品产业联盟，真正形成优势互补，取长补短、互相支持、互相借势，将企业的优势集中发挥。要建立一套完善的产业对接合作新模式，真正把技术、品牌和生产完美地结合起来，真正为各方带来更大的发展与收益。同时要在规划的合理化上下功夫，用一条发展主线来做指引，有一个具体明确的合作方向，以产业发展的某一点相对接，进而以点带面来形成产业发展的优势。

在近期的具体规划中，我们要把"宇航控体轻食"作为产业发展的主线，通过宇航优选品种的打造，将一些符合我们产业发展线的企业整合起来，优选产品，统一品牌，统一配送，统一宣传，建立宇航优选产品专柜和专卖店。以控体轻食为主导，以方便主食为内容。分析市场的差异性，确定在主食类别之中以冻干粥、冻干汤为主线，突出"健康营养好粥道""美丽养生冻出来"的主体宣传思路，把轻体控食与粥、汤充分地结合起来，突出产品的营养全面和配方的科学搭配。在产品的原料配比和冻干营养上下功夫，让产品口感更佳、营养更全、功能更强，把这一碗粥、一碗汤做好。充分展示我们自身品牌、技术、生产优势，形成产品的系列化开发。要充分发挥生产的潜能，极力拓展市场的空间，充分把握和研究楼宇经济特点，突出办公室、写字楼、公寓的区域特点，针对年轻人群体，并以此群体作为市场重点消费群体来挖掘，打造楼宇自动化售卖平台，建立健全市场销售渠道，为宇航食品产业的发展提供更好的平台。

深入研究

营销大师菲利普·科特勒曾说，市场定位是整个市场营销的灵魂。唯有深入分析市场需求，找准市场定位，制定科学的运营规划，企业才能在市场竞争中立于不败之地。

有一位犹太人叫布拉德利，最初向客户推销保险时，一见到客户便向他们介绍保险的好处，同时还向对方大讲现代人不懂保险会带来什么不利。最后他就会说："最好你也买一份保险。"可是很少有人跟他买保险，一个月下来，他没有得到一份保险业务。后来经过仔细思考，他改变了策略，不再对客户夸夸其谈，而是换了一种交谈的方式。"您好！我是国民第一保险公司的推销员。"布拉德利说。"哦，推销保险的。"客户应道。"您误会了，我的任务是宣传保险，如果您有兴趣的话，我可以义务为您介绍一些保险知识。"布拉德利说。"是这样，请进。"客户说。布拉德利初战告捷。在接下来的谈话中，他像是叙说家常一样，向客户详细介绍了有关保险的全部知识，并将参加保险的利益以及买保险的手续有机地穿插在介绍中。最后，布拉德利说："希望通过我的介绍能让您对保险有所了解，如果您还有什么不明白的地方，请随时与我联系。"说着布拉德利就递上了自己的名片，直到告辞也只字未提动员客户买他的保险的话。但是到了第二天，客户便主动给布拉德利打电话，请他帮忙买一份保险。布拉德利成功了，一个月卖出的保险单最多时达一百五十份。

产业发展需要深入分析，需要细致规划，不能够想当然，仓促上阵。没有经过充分的分析和研究，没有产业运作的定力和方向，发展就会陷入盲目，就会东一榔头西一棒槌，人会变得焦躁不安，无所适从。做任何事情都不能没有定力，也不能没有耐心和决心。也许，在发展的过程中，要经过一段较为黑暗的时期，在这个时期里，迷茫混乱、焦虑不安等多种情绪会交织在一起，人就会变得很烦躁，就会想东想西，内心难以平静，找不到前行的方向和出口，不知道如何能够规范而科学地引领自己。

的确，我们无论遇到什么问题，都要静下心来冷静思考，从复杂之中找到简单，从迷茫之中找到清晰，从失去之中找到拥有，从失败之中找到成功。大千世界，一切都是辩证的，没有绝对的好，也没有绝对的坏，一切均在于对自己内心的调节，在于对自己内心的把握。要正视现实，接受现实。现实是身心变化的结果，现实也是一种变革，现实是经过长时间的熏习创造出来的。现实能够让我们了解到许多未知的领域，能够让我们安然平静。现实是内心的引领，现实本身也是对自我的教育。不管现实如何呈现，都是自己的收获，都是自己最大的珍宝。

企业的发展也要遵循这一条。要结合企业发展的实际，根据市场需求的变化，灵活地调整企业发展的方向。充分地分析现在所存在的问题，了解自身的优势和劣势，真正做到扬长避短，在自己最擅长的领域中去发挥，把自己的特点放大，把自己的优势发挥到极致。结合自身条件，不断地寻找产业发展的突破口，让企业能够不断地发展和壮大。

任何的运营规律都要建立在不断分析和研究之上，要真正做到谋定而后动，要深入细致地分析产业的发展，不断研究市场的发展规律。多

202

一次研究，就多一次认知；多一次交流，就多一次提升。这种研讨和交流本身就是凝聚智慧的过程。专注问题，拓展思路，制订规划，其中的意义已经远远超越了交流本身。

规划细节

选对了方向目标，深入地调查研究，在最关键的环节用力，在细节上下功夫，就能够收获高效能的、事半功倍的成果。

　　日本东京一家贸易公司有一位专门负责为客商购买车票的小姐，经常给德国一家大公司的商务经理购买来往于东京、大阪之间的火车票。不久，这位经理发现一件趣事，每次去大阪时，座位总在右窗口，返回东京时又总在左窗边。有一次，经理询问小姐其中的缘故。小姐笑答："车去大阪时，富士山在您右边；返回东京时，富士山已到了您的左边。我想外国人都喜欢富士山的壮丽景色，所以我替您买了不同的车票。"就是这么一件不起眼的小事使这位德国经理十分感动，促使他把对这家日本公司的贸易额由四百万马克提高到一千两百万马克。他认为，在这样一个微不足道的小事上，这家公司的职员都能够想得这么周到，那么，跟他们做生意还有什么不放心的呢？每一条跑道上都挤满了参赛选手，每一个行业都挤满了竞争对手。如果你任何一件小事做得不好，都有可能把顾客推到竞争对手的怀抱中。

随着时间的推移，人们对事物的看法就会不尽相同，心态上也会有所改变。同时随着对某件事物有了更深入的了解，我们也会产生不一样的认知。近期，针对产业发展的相关事宜，同事们进行了多次研讨，对新开发的产品、建立的渠道以及宣传推广的方法等，都进行了研究与探讨。并且，每天大家都去想、去讲，把产业发展的业态了解透彻，把运作发展的每个细节规划出来，从深度、细度着手，不断研讨分析产业运作的每一个环节，对每个细节都有深入的调查和了解分析。

"成功在于细节"，有了大的方向，如果没有完善的规划和落实，那么也会出现问题，看似不错的规划也会以失败告终。任何事情不能想当然去面对，都要深入地研究，细致地布局，细化地落实。近一段时间以来，我们就是在探讨、规划、推翻、建立、再推翻、再完善、再建立的过程中。有些要进行几次，甚至十几次、几十次的反复推敲，唯有这样我们才能得出一个相对成熟的结论，才能够制定出一套具有前瞻性、可操作性的方案来。可能此方案与我们原来的规划大相径庭，与原来的完全不相同，有着非常大的出入。有的时候我们回过头来看自己所走过的每一段路，也是颇有感触的。

规划是需要不断修正的，智慧是在不断思考和研究中获得的。每一件事情的成功都不是一蹴而就的，都需要经历一个过程，需要有一个实践总结、再实践再总结的过程。所以做事之前一定要三思而后行，谋定而后动，如果想当然盲目跟进，不做规划，这样就极易失败。一个人的思维毕竟是有限的，且个人的思考会很局限，往往会陷入盲目自我的状态。有的事情，当时以为是正确的，并且还很坚持，但时过境迁，深入实践后发现，那是不完整、不科学、不客观的。若想做成任何一件事情，都需要深入了解事物的本质，需要综合多方面的因素，需要把有益的因素有机地聚合起来，才能够对做好此事产生有利的影响。唯有如此，我们成功的把握才会更大一些。

因缘聚合

事物的产生、发展、变化都是有其内在渊源的。要尊重这一规律，不断积累成功的因素，努力实现自我的发展。

宋国有一位农夫，希望自己田里的禾苗长得快点，于是天天到田边去看。可是，一天、两天、三天，禾苗一点也没有长高。有一天，他扛着锄头下田耕种，围着田边走来走去，苦心思索着有什么办法可以使禾苗长高一点。忽然，他灵机一动，毫不犹豫地卷起裤腿就往田里跳，把每一棵秧苗都拉高了一点，从中午一直忙到太阳落山，弄得筋疲力尽。傍晚，农夫好不容易才完成了他自以为很聪明的杰作，得意扬扬地跑回家。一到家，农夫就迫不及待地对他的儿子说："告诉你一件了不起的事，我今天想到一个好点子，让咱们田里的禾苗长高了不少。"他的儿子不明白是怎么回事，急忙跑到田里一看，发现自己家的禾苗都枯死了。这个故事告诉我们，事物的发生发展皆有其规律，不能急于求成，只有积累才有结果，只有付出才有回报。

很多事情，只有静下心来去规划，才能有所得。有的时候，我们面对纷繁复杂的事情，不知从何下手，显得毫无头绪，慌乱异常，这样反而把自己的心志扰乱了。没有了前行的主张，失去了自我的定力，这样事情就会变得越来越糟糕，生活就会变得一片狼藉。也就是说，任何事情的处理，任何危机的攻关都要有稳妥的把控，要始终保持清醒的头脑，能够分清利弊得失，能够"泰山压顶不弯腰，巨变来时心不惊"，要永远葆有这样的心态。所有危机的化解都离不开镇定、清醒的头脑。或许对于一些事情，我们真的是无能为力，无法去改变，但我们也要有清醒的认知，知晓自己何去何从，要从危机与困扰之中得到启示，给自己的内心以引领。

任何事物或结果的出现，都具有其内在的渊源，都是多方面因素聚合的产物。看似偶然、不可想象的事情，其实都有其必然性，尤其内在的规律。也可以这样说，任何事物的出现都不是偶然的，无论是好事还是坏事，均是如此。内心一定要有这种认识，要知道一切都是最好的安排，一切事物的发生发展都有其道理。尽管我们有很多的遗憾和不情愿，尽管这种结果我们很难去接受，尽管我们有很多的难言之隐，我们也要跟自己说，一切都是必然的显现，一切都是最好的安排。

一个人的性格、爱好、生长的环境，还有周围人的引领，长期在诸多因素的熏习和影响下，人就会做出某种行为，就会产生某种结果。我们平日里要注重品德的养成，注重习惯的培养，要不断地去学习，不断地积聚力量，去赢得自我的发展和成长。

相信科学

科学是开拓者手中的拐杖，科学是创造未来的金钥匙，科学是医治一切问题的良药，科学更是战胜一切困难的有力武器。

勇于改变自己，锻炼自己，才利于生存发展。对于那些害怕危险的人，危险无处不在。有一天，龙虾与寄居蟹在深海中相遇，寄居蟹看见龙虾正把自己的硬壳脱掉，只露出娇嫩的身躯。寄居蟹非常紧张地说："龙虾，你怎么可以把唯一保护自己身躯的硬壳也放弃呢？难道你不怕有大鱼一口把你吃掉吗？以你现在的情况来看，连急流也会把你冲到岩石上去，到时你不死才怪呢！"龙虾气定神闲地回答："谢谢你的关心，但是你不了解，我们龙虾每次成长，都必须先脱掉旧壳，每天不停地游走，坚持不懈地锻炼自己的身体和心灵，让它更坚硬更结实，然后生长出更坚固的外壳。这是为了将来发展得更好而做出的积极的准备。"寄居蟹细心思量一下，自己整天只找可以避居的地方，而没有想过如何令自己成长得更强壮，更健康，整天只活在别人的护荫之下，永远都在限制自己的发展。每个人都有一定的安全区，你想超越自己目前的成就，就不要划地自限，要勇于接受挑战充实自我，不怕困难，不断地克服困难。要相信大自然，相信科学的自然法则，树立科学的发展观念，你才能发展得比想象中更好。

昨天，与白树民主任、杨昌林主任一起来到内蒙古呼和浩特，参观宇航人高新技术公司，深入学习和了解该企业整体的发展历程与发展规划，同时为宇航人能够深耕沙棘产业、不断推陈出新、不断跨越自我而深受感动。董事长邢国良介绍，企业的发展经历了一路艰辛，在发展的过程中，也是摸着石头过河，一步一个脚印地蹚过来的。其间，他们一直保持一个永远坚持的沙棘梦，一门心思要把这棵沙棘圣果做大做强，让它能够为人类做出贡献。无论是从防风固沙，防止水土流失，增强抵御自然灾害，还是从保障健康营养，增强国人体质，调节人体疾病，沙棘都具有不可多得的、不可替代的作用。沙棘给人们带来了很多收益，这确是自然赋予人类的宝贝，也是人类得以健康的营养原料。我们要感恩天地所赐，感谢这颗颗圣果，它为人类做出了许许多多的贡献，让我们在这地球的沙漠贫瘠之地找到了财富与希望。广泛地种植沙棘，对当地的生态环境保护起到至关重要的作用，同时通过种植、采收沙棘，农民自身增加了收入，带来了很多的收益，为当地的脱贫攻坚任务的完成，做出了应有的贡献。

的确，好的产业需要有好的带动，唯有带动才能够真正做到引领，推动产业发展。唯有进行产品的深加工、精加工，实施企业的加工与引导，形成完整的产业链，打造完整的企业体系，才能真正让这一产业体系循环起来，健康起来。没有完整的种植、采收、储存、加工、销售等诸多元素的协同发展，就不可能有产业的健康发展。在这一发展的过程之中，要能够结合资源，顶住压力，不断地解决在发展之中所遇到的困难与问题，尤其是市场销售的问题。如何充分地拓展市场，是关系企业发展的核心问题，因此，创新渠道的建成，多种销售渠道互相补充，从而拉动企业健康发展就显得非常重要。

宇航人公司能够积极拓展，与国内外众多的销售团队形成合作，针对销售团队的需求，开发适应市场需求的产品，近些年来做得还是比较好的。除了国内市场还积极拓展国际市场，美国、日本、东南亚市场相继打开，并展现出良好的势头。疫情的有效防控，在某种程度上刺激了国内市场的健康发展。国人逐渐认识到营养与预防对于健康的重要意义，从而也刺激了宇航人沙棘产业的发展。沙棘产业潜力无限，沙棘产业造福国人，相信宇航人公司在邢国良董事长带领之下，定能够一路前行，企业腾达，大展宏图。

时光宝贵

岁月不是因经历而遗憾，而是因沧桑而丰盈。珍惜时光，认真生活，记录生活，留下美好，留下记忆永恒。

三十年前，一个年轻人离开故乡，开始创造自己的前途，准备干一番事业。他动身的第一站是去拜访本族的族长，请求指点。老族长正在练字，他听说本族后辈开始踏上人生的旅途，非常高兴，为鼓励他而写了三个字：不要怕。然后抬起头来，望着年轻人说："孩子，中年前就这三个字，其实，人生的秘诀只有六个字，今天先告诉你三个，供你半生受用。"遵从这三个字，年轻人历尽千辛万苦，不畏任何困难，终于成就了自己。三十年后，这个从前的年轻人已是人到中年，思乡心切，归程漫漫，风风光光到了家乡，他又去拜访那位族长。他到了族长家里，才知道老人家几年前已经去世，家人取出一个密封的信封对他说："这是族长生前留给你的，他说有一天你会再来。"还乡的游子这才想起来，三十年前他在这里听到人生的一半秘诀，拆开信封，里面赫然又是三个大字：不要悔。啊，老族长是告诉我们：中年以前不要怕，中年以后不要悔。告诫我们人生不要虚度，要珍惜年华，创造美好人生和未来，才能不枉此生。记录下我们的生活，记录下我们的经历，记录下我们丰富多彩的有价值的人生。

很多时候，我们会感叹于时光的迅速流逝，在不知不觉中就失去了很多宝贵的时光。在日常繁杂的事务中，我们容易迷失自我，没有感觉到时光的流失会给自己带来什么损失，没有意识到今天的生活经历会给自己的人生描摹出更多的色彩，留下永恒的记忆。这的确是很可惜的，也是对生命的一种犯罪。在这个世界上，在我们的生活中，有很多值得记忆的东西，它就在你我的对望里，在相互的理解中，在不断的思考里，在不断的创造中，它就在我们的身边，在我们每时每刻最平凡的生活中。

我们的起心动念、行为举止、迎来送往、待人接物都是值得记录的。有时候，我们会感觉生活极为平凡，没有什么可写的，没有什么值得记录的，反而认为记录是一种麻烦，是一种痛苦。因为不愿意去回忆那些磨难和痛苦的过程，不愿意提及那些不想见之人，不愿意提及那些备感难堪之事，只想把这些都埋在心里，好像很害怕被别人看到，而总是愿意展现自己最为风光、最为英雄的一面，认为所谓的记录，就是要记录那些非常荣光的备感伟大之事，其他的事尽量少提或不提，更不能把它展露于世人面前，就像是家丑不可外扬一般。生怕别人对自己之事有所了解，生怕把自己的"隐私"展露出来，生怕别人看不起自己，整天都是把自己伪装起来，让自己的天性难以展露。

这样日久天长，自己有很多的话不敢说，有很多的事不敢做，总是装着一副"高大上"的样子，没有了自我的充分认知，讲了很多违心的话，做了很多违心的事，完全没有了自我，有的是虚情伪饰，对人不能真心相待，对己总是欺骗隐瞒。这样的生活真的是毫无生机，没有了轻松与快乐。

我们应该给自己创造一片自由的天空，拥有一个最真实的自我，让自己行走在广袤的大地之上，让内心在自由的天空里翱翔，让自在与勇敢充盈于心，给自己增添无穷的乐趣，让自己活得更自由、更轻松、更潇洒。记录人生就是对生命的延长，记录人生就是对生活的珍爱，记录人生就是对生活的再创造，就是给人生开辟了新的道路，迎来自己人生的光明与未来。

改变自己

　　心态若改变，态度跟着改变；态度若改变，习惯跟着改变。随着习惯的改变，人生必将鲜花盛开，春色满园。

　　琳达是个不同寻常的女孩，心态总是那么阳光。她的心情总是非常好，因为她对任何事的看法都是乐观的。如果有人和她打招呼，问最近怎么样，她总会回答："我当然快乐无比。"因为她每天一早醒来，就会对自己说："今天你有两种选择，你可以选择心情不好，也可以选择心情愉快。"然后会回答自己："我选择心情愉快。"所以她这一天的心情都会很好。无论遇到多么糟糕透顶的事情，归根结底我们都要坚强地、乐观地面对人生。琳达在二十岁的时候患上了中期乳腺癌，需要尽快做手术，手术前她依然过着正常而有规律的生活，直到麻醉前，她依然对医生说："明天傍晚前，麻烦您，我手术以后别忘了给我插一束鲜花。"并且对医生说："我还记得你那天给我带来的汉堡包，真是非常好吃。"手术以后她与医院的医护人员都成了非常好的朋友，他们都为她的乐观和坚强所感染和征服。她充满着欢乐与战斗精神，永远带着微笑与欢乐迎接阳光。面对疾病的痛苦永远保持着乐观向上，对自己所遭受的不幸，积极地面对，顽强地生活。后来她成为一名非常优秀的销售经理，

三十年过去了，她依然健康地活跃在营销的市场中。她常说："我生了病是不幸的，但是我乐观的态度战胜了疾病，我是最幸运的。"生活就是这样，你微笑地对待它，你的心态改变了，你的心情好了，疾病就自然地被战胜了。如果遇到了困难，我们一味地退缩，一味地没有自信，一味地产生烦恼，一味地感觉这样或那样的缺憾和不足，我们的人生将会失去了光彩，失去了光芒，生活就会变得很糟糕。所以，心态改变了，生活习惯就改变了。快乐的人生观让人快乐健康地活着，而且充满希望和未来地活着，不是吗？

这一天过得真快，转眼间就到了晚上，回想这一天的文章还没写，赶紧拿起笔来写一段文字。自己总是想把每天的所思所想写出来，总感觉到没有那妙笔神功，无法把这美好的人生绘声绘色地完整地记录下来。每天的事务较多，多得不知道自己又忙了些什么，可能认为都是最为重要的事情，但回过头来又不知是何要务。日日、月月、年年均是在这忙碌又自认为充实的生活中打转，每天都会随着生活状态的改变而改变自己的心志，都会随着外在环境的变化而变化内心的想法。

好多时候，害怕自己静下来，害怕面对最真实的自己，不知道跟自己说些什么，不知道如何真实地看待自己，总感觉自己在蹉跎岁月，浪费了这大好的时光，总感觉有这样或那样的缺憾和不足，不知道如何能够把人生过得更加精彩。人生是一个不断改变的过程，有时改变得真是让自己都不能认识，有时心志恍惚，不能自安，在外在的变化中改变了自己，变得面目全非。

要学会自我调剂，学会在生活中改变自己，从生活中汲取营养，不要哀怨所有的呈现，这些呈现都是必然的呈现。也许，我们在面对不好的景况之时，内心就会产生一种烦恼，认为这是不可能出现的情况，认为这些情况不应该落在自己的头上，自己不应该见到这个样子，自己有自己的选择，应该能够去确定和左右自己的人生。其实，这些所有的不可能，所有的不应该，都是一种现实的景象，只是你自己不愿意承认而已。大多数人一开始对于不好的事物，都会有一种排斥的心理。殊不知，日常的生活本身也造就了这样的一个结果，不管你承认不承认都会出现，只是我们往往会忽略，内心会排斥这种结果而已。要知道，这些结果是必然的呈现，不可能有另一种结果，一切皆是最好的存在，在不急不躁中，追求安然平和的自己。

创新思维

紧跟时代步伐，摸准发展脉搏，大胆思维、不断创新、先声夺人、出奇制胜，企业才能步入良性循环，才能永远立于不败之地。

西门子作为麦克拉伦车队的主要赞助商，搭上了中国赛的顺风车，其推销无绳电话的做法可圈可点。西门子此次营销最大亮点在于，全球限量推出了世界级车手签名版无绳电话，并玩起拍卖和限量销售。首先，为了能在昂贵的游戏中脱颖而出，西门子在产品创意上下足了功夫。西门子推出了全球限量版数字无绳电话，在设计上力求体现运动精神，最大的亮点在于其别具匠心的设计理念：以赛车手的第一视觉，红外壳宣泄澎湃激情，定格电光火石的刹那景象，中间的流光溢彩则是赛车手在高速飞驰时所见景象，赛道、赛车、标志线交织成一幅真实的画面，让使用者仿若身临其境，纵情挥洒极限魅力。怎样吊起观众的胃口？西门子用起了明星签名和全球限量销售的招数，并选择互动行销的淘宝网限量拍卖签名无绳电话。比赛当天到拍卖结束时，这款原价一千元的无绳电话涨到了七千五百元的天价。营销是系统作战，需要调动各种资源，整合利用，达到资源利用最大化。西门子无绳电话融入了企业精神，折射出西门子形象，网上拍卖和所谓的全球限量销售，可谓噱头恰当，声势浩大，配合严密，淋漓尽致，这就是创新思维带来的成功和辉煌。

创新是生命的本质，创新是发展的基础，创新无处不在。唯有创新才有希望，没有创新空忙一场。面对飞速发展的时代，我们不能无动于衷，我们不能以不变来应万变，那种用老的、旧的思维来做现在事情的想法是非常错误的，也是完全没有希望的。神飞航天的发展，一定要建立在创新的基础之上，无论在产品的开发、包装的设计、模式的规划上，还是市场的运营上，都要有创新点。神飞航天具有产品研发、品牌高端等优势，我们要立足自身的优势，围绕自己的优势来发力。要把这些优势转化为自身发展的突出点，围绕创新产品、创新品牌、创新模式来着手，不断地开发出市场所需要的优质产品。

要在宇航科技的应用上下功夫，突出宇航的科技含量，把宇航级食品做得更有创意，更契合消费者实际生活所需，更贴近民生、贴近家庭、贴近百姓，把所谓的曲高和寡的高科技产品与老百姓的日常生活相结合、相融合，怎么贴近怎么来做，怎么迎合大众需求怎么来做，怎么能够脱颖而出怎么来做。也就是说，既要亲民又要新颖，既要富有时代气息，又要突出宇航科技背景。要体现时代发展趋势，要突出宇航科技与文化的内涵，在宇航文创上下功夫，将其文化氛围充分展示出来。

一个产品如若不能突出其文化性，不能有其独到的科技文化背景，那么这个产品就是一个死产品，就不会有生命力，没有了消费市场，没有了市场前景，这个企业就很难发展。有了好的包装设计，有了好的文化规划，有了科技的烘托，但如若没有一个好的推广模式，没有一个好的运营办法也是不可行的。要充分发挥宇航科技背景优势，以及其独特的品牌文化优势，在产业推动上也要体现此点。要创造性地开展科普营销模式的设计，把商业化的推广与科普宣传相结合，真正把社会效益和经济效益紧密地结合起来；在宣传推广宇航科普文化的基础上，将商业推广融入其中，创造出一条独特的产业运营之路。比如，建设"神飞航天号"宇航文创体验馆、宇航文创体验站，开展宇航文创体验活动，把神飞航天号智能化售卖服务车、宇航VR太空站体验营、宇航文创礼品展销、宇航小火箭卫星发射体验等系列活动结合起来。将科普、体验与自动化文创产品售卖系统相结合，最终打造出独具特色的"神飞航天号"文创体验店的完整完美系列，真正使宇航科技文化得以传播，使宇航文创产品得以推广，最终收获社会价值和商业价值相结合的综合效益。让我们携起手来，为宇航科技的民用化推广，为打造宇航文创产业生产链，做出创造性的示范，贡献我们的智慧和力量。

生活规律

规律的作息，能够很好地提高我们身体的免疫能力，能够有效地提高我们的工作效率，让我们精神饱满地投入工作，享受生活，拥抱未来。

有一位青年问著名的小提琴家格拉迪尼用了多长时间学小提琴，格拉迪尼回答，用了二十年，每天要拉十二个小时。格拉迪尼回忆，他年轻的时候有点懒惰，比较懒散，不注重身体健康，没有科学的作息习惯，不愿意锻炼身体，因此精力越来越差，拉起琴来精神不集中，觉得每天昏昏沉沉的，小提琴的演奏水平始终没有大的提高，甚至完全没有进步。后来，一位保健医生对他说，你只有锻炼好身体，每天按时认真地作息，安排好衣食住行，你才能更有精力，才能精神饱满地去练琴，才能取得好成绩。这样，二十年来，他照着医生的话去做了，常年如一日，年复一年，日复一日，坚持不懈，精力越来越充沛了，他终于成为世界闻名的小提琴家。人生就像一场马拉松赛跑，你比别人慢，没有关系，到终点也会有人为你鼓掌，能够坚持到最后就是成功。我们有了耐心，我们增长了恒心，我们坚定信念，就会有惊人的成就，那么我们成功的那一刻终将到来。正如一位哲学家所说的那样：耐性、耐心、恒心，是征服者的灵魂，是人类与命运做斗争的武器。保持科学的生活作息，是我们战胜一切艰难险阻的精髓，为了执着的愿望，只有严格要求自己，努力坚持到底，才会创造新的奇迹。

早睡早起的确是一个好习惯，回到家里是孩子教育了我。因为孩子第二天要上学，所以一般到晚上九点就要上床睡觉了。近几天陪女儿，我也和孩子一样早早上床休息，改一改自己一直熬夜的坏毛病，同时也调整下前段时间因睡眠不足导致的身体困乏的状态，找回原有的体态轻盈、头脑清醒、耳聪目明的感觉。前段时间，因为较多地饮酒应酬，熬夜加班，搞得整日身困意懒，头脑昏沉，这的确是一种非常不舒服的状态。自己明知这样不好，这种状态长期下去，会给自己带来不可挽回的后果，千万不可再当儿戏了。可话总是这样说，但总是受一些习惯的影响，无法很好地规划自己，管理自己。这些毛病一直没有得到彻底的改变。晚上熬夜应酬，白天工作繁忙，很多事情都要处理，这样就显得力不从心，不知如何是好。每天都想去改变，但总是改变不了，总是受积习的左右，就像是被困在囚笼里一样难以脱身，实在是疲惫至极，痛苦至极。的确，这种状态一天不改变，自己就不会自在，也不能够轻松。

回想起七年前曾在沈阳工作的那段时光，每天的工作生活都是非常有规律的。每天晚上都要求自己十点前上床休息，每天早上五点钟准时起床锻炼，真是做到了早睡早起。坚持锻炼自己的身心，每天都是精力充沛，轻松怡然，工作起来干劲十足，效率极高，始终保持一种很好的身心状态，这种感觉是非常棒的。真的想追回这种感觉，让自己在自由的天地间生活，能够支配自己的思维和行为，不会被私欲和外部环境所引诱，真正成为自己的主人，引领自己的人生道路，拥有人生至真至美的珍宝，获得人生之中的大美与大爱。让心灵纯净，让心灵升华，自在快乐，无悔今生，成就今生。仔细想来，人生不就是在追求这种感觉吗？不就是在努力拥有这份轻松自在与快乐吗？所谓轻松自在与快乐，不是锦衣玉食，豪车洋房；不是富甲天下，位高权重。纵观历史的朝代更迭，英雄辈出，权贵如云，怎奈何时光流转，斗转星移，流年似水，难留得半点荣华，一切都会随着时光的流逝而付诸东流。的确，人生百年眨眼之间，还有什么可去争去抢的呢？还有什么不能放弃和包容的呢？唯有把那些虚妄贪欲放下，才是真正的拥有，才是自己最大的收获，才是人生最大的成功和幸福。

团队合作

有时候，成功并不是一个人的努力就可以完成的。那些成就需要团队的智慧与努力，团结，就是力量。

20世纪30年代，全球最大最强的汽车制造企业是美国的通用汽车公司。到20世纪80年代，日本的汽车已经成功地打入美国市场。日本汽车的成功靠的是团队合作。企业生产的产品一般经过市场营销、产品设计、成本核算、生产制造、销售、售后服务等环节。美国的汽车制造企业是按照流程从市场营销开始，一直到售后服务来开展业务，一般需要五年时间形成一个周期。而日本企业通过团队合作，从市场营销开始，各个部门共同参与，一般只需要十八个月就能形成一个周期。日本企业在20世纪80年代利用能源危机这一契机，成功占领了美国汽车市场。

近两日在沈阳，虽然感觉天气有些寒凉，内心却很温暖。能够与刘集魁秘书长及其他领导、朋友、同事在一起，很是开心。大家心意相通，友情深厚，互相理解，互相包容，互相配合，共同围绕发展的目标在不断努力，不辞辛苦，尽心尽力。自己的内心真的是充满无限感恩，感恩有你，感恩这些深厚的友情，感恩一路上大家互相扶持，共同进步。

　　俗话说"一个好汉三个帮"，意思就是说，在我们的个人奋斗和发展中，不能靠单打独斗。总认为自己的力量能够包打天下，就是对自己没有正确的认识，就不能够取得事业的成功和个人的长足发展。的确，一个人的成长与发展，离不开大家的支持，离不开大家的协助与合作，否则就不会有个人的发展与进步。这不是一句过誉之词，也不是一句谦虚之言。也许，表面上看，自己的成就似乎是自己努力的结果，但是其中总是有主客观相互适应、相互映照的因素。也许，看似别人没有给你提供更多的支持，但实质上，表面看不到的价值所蕴含的实际价值会更大。比如说人脉关系的建立，比如说前行规划、产业思路的打开，比如说烦恼时朋友善意的安慰与鼓励，比如说在陌生的城市能够获得亲人般的温暖，比如说在与人交流产生障碍时的互相调节、包容，等等。这些有时看不到的助力，会对我们的事业起到至关重要的作用。

　　在这个社会上，人们都是在互相包容与关照中生活，都有更多对精神生活的需求，都有对友情的渴望和对发展的期盼。我们与人交往，不能只用功利之心去相处，不能只注重表面利益的互换，不能只考虑自己的得失。有时，一种给予正是自己发展的开始，有了对别人的关心和支持，就有了以后别人对自己的关心和支持，有了对别人的关照和爱护，也就有了别人对自己的关照和爱护。人非草木孰能无情，所有的一切都是相互的，都是在相互认知和交融中获得相互依靠的。因此，我们不能只注重于眼前，只注重于一点，只是考虑自己既得利益的得失。为了那些既得小利而争执不休，就失去了交往的意义，就没有了人际的认可，就破坏了相互的友情。友情的确是人生的依靠和滋养，友情是我们不断前行的助力，友情帮助我们攻克难关，让我们在寒冷的冬夜里感受温暖，让我们看到美好的希望与光明的未来。有了它，我们的人生将丰富多彩；有了它，我们不会再形单影只；有了它，我们的人生将充满力量。获得友情，拥有美好。

恒心毅力

培养一个好的习惯，比如学习，比如运动，并且持之以恒地坚持下去，我们终会从中受益。培养自己的恒心与毅力，是我们走向成功的基石。

王羲之自幼酷爱书法，几十年来锲而不舍地刻苦练习，终于使他的书法艺术达到了超逸绝伦的高峰，被人们誉为"书圣"。王羲之十三岁那年，偶然发现他父亲藏有一本书法书《说笔》，便偷来阅读，他父亲见他年幼，身体又不好，经常生病，担心他身体吃不消，答应待他长大之后再传授。没料到，王羲之竟跪下请求父亲允许他现在阅读，他答应父亲，从明天开始每天锻炼身体，增强体质，父亲很受感动，终于答应了他的要求。王羲之从此每天按时起床，按时作息，定时锻炼，除了保证身体锻炼的时间，练习书法更是刻苦，甚至连吃饭、走路都不放过，真是到了无时无刻不在练习的地步。没有纸笔，他就在身上画写，久而久之，衣服都被划破了。王羲之练习书法会达到忘情的程度。一次，他因练字而忘了吃饭，家人把饭送到书房，他竟不加思索地用馍馍蘸着墨吃起来，还觉得很有味，当家人发现时，已是满嘴墨黑了。王羲之常临池书写，就池洗砚，时间长了，池水尽墨，人称"墨池"。

前日从沈阳到北京，昨日又从北京来到上海，参加誉康品牌说明会，一路下来，确是紧张有序。最近身体状态不错，基本上能够坚持锻炼，并且逐渐地把睡眠调整了过来。前段时间最大的问题就是缺乏锻炼，睡得太晚，天天熬夜，对自己的身心损伤很大。近期起得较早，一般在六点左右起床，活动活动，写写东西，然后到外面去扩胸、慢走、慢跑，并且可以充分利用语音会议间隙锻炼下自己的身体，感觉身心很轻松，这真是一举两得。原来整日坐在办公室内开会，因为室内空气毕竟不是很流通，加之身体几乎不动，活动量少，就会觉得整日腰酸背痛，身心俱乏，很不舒服，工作状态也较为低迷，因此，我是要强迫自己去改变。当然，要改变自己的生活习惯，的确也是一件很难的事情，但再难也要努力去改变。如若不思改变，身体就会受到很大的伤害，甚至于会出现大的问题，我们确实要戒之慎之。

好在每次回到锦州家里，都能够有所改变，有所调整。因两个孩子还小，每天睡得早、起得早，除了上学的时间，余下的时间都要陪着他们玩，还要跟上他们的节奏，在家时难得清静。不要小看小孩子们，真要想与他们同步，那可不是一件简单的事。首先大人们要学会，改变自己的生活习惯，尤其是作息时间，要学会"日出而作，日落而息"的作息规律，要有恒心和毅力，能够完全以孩子为中心去改变自己的生活节奏。的确，唯有这些外在因素的要求，才能够彻底地改变，如果没有这些要求，没有外在环境的影响，有时自己是很难改变的。

有时，感到自己的自制力还是较差的，容易受外在环境因素的影响，容易陷于自我的"自由主义"，什么事都由着自己的性子来，不去考虑所谓生活的细节及其科学性，总是认为自己是对的，总有一个不去改变的理由，为自己的"自由主义"买单。仔细想来，人还是要有所改变，要学会改变，唯有改变，才能让自己不再受到外在的制约，才能够让自己有所警醒和领悟，让自己感受到一个全新的自我，能够自己主宰自己，自己管理自己，真正成为自己的主人。

思考人生

我们要每天坐下来，静心思考人生，要找到人生的方向，明了人生的意义，这样我们才能不畏将来、不惧过去，才能发现更多的美好。

一个秀才模样的人，慢慢腾腾地走在满是尘土的路上。秀才出门已经一年多了，原先是进京赶考的，但是考场失利，名落孙山，在沮丧和低落的心情度过了几个月的黑色时光，整日借酒浇愁，以泪洗面。后来他跟几个朋友共游兰若寺，与一个禅师相谈。秀才道出了心中的苦闷，禅师听后说："昨天早晨与你说话的第一个人是谁？"秀才回答说："这个我忘记了。""那你明天会遇到什么人呢？""这个我哪里知道？"禅师轻轻点头说："那么你面前有谁？"秀才愣了一下说："我面前当然是禅师您哪。"禅师轻轻地点头说："昨天已过去，明天尚未来，能把握的唯有现在，施主又何必对过去的事耿耿于怀。明天又不可知，不如放下挂念，平淡对之。你并没有失去什么，不过是重新开始。"秀才瞪大了双眼，似乎明白了他的话，既然是重新开始，又何必执着于过去。正如潺潺溪水，偶尔被沙石所挡，但终究汇成万里波涛，势不可挡。秀才此刻已有了新的打算，他振奋起精神，开始实施新的目标。

很多时候，当我们坐下来、静下来之时，就能够有所思、有所想，就能够写出一些东西来，就能够客观地看待现在，认真地规划未来，轻松地去面对所有的事、所有的人。

每天东奔西跑到全国各地去参加各种会议，去谈不同的事情，每次都显得很是匆忙，又好像是如若停了下来就显得很不适应，会有一种浪费时光的感觉。其实，大可不必那么匆忙，当我们静下来之时，将内心有所安顿，心境也会不一样，就会变得非常开阔，能够发现原本在办公室发现不了的东西，就会有如梦初醒之感，会增加很多的奇思妙想，就会有不一样的想法，你就会收获得更多。

很多时候，我们不知道自心在何处，不知道自己将来会如何，处于一种迷乱混沌之中。很多时候，我们会有很多的压力犹如黑云压顶，就好像是整个天都暗了下来，又好像是整个天都要塌下来一般，感觉到的是丝丝的绝望和莫名的苦闷，内心没有一点点的轻松之感。但如若我们能够看得开，把这些当作是人生的必然，当作是自己的重生，当作是凤凰涅槃的起点，当作是黎明前的黑暗，就有了那种重获自由之感，内心马上就会释然了。你会发现，好像一切都顺达无比，都阳光无限，都充满了生机与希望。有了内心的踏实感，一下子自己就轻松多了，自然快乐即会如约而至。

很多时候，压力来自自己，没有能够调整好自己，没有能力或方法去安放欲念之心，没有办法让自己逃脱泥潭，没有办法形成真正的自我拯救。有的时候，自己也难以理解自己，不知道为什么就少了内心的愉悦，不知道生命的活力从何而来，不知道怎样才能了解和把握自己。自己的内心没有了定力，无法去正确地引领自己的行为，无法去把握自己人生的方向。这样，就像失控的马车一样，慌不择路，误打误撞，没有了目的地，没有了人生的方向，这样的人生是很可怕的。它能够让自身难以获得好的结果，会让自己一直生活在痛苦之中。我们要在生活中去锻炼自己，去寻找内心的依靠。找到了信仰，找到了方向，就找到了人生的清净，就找到了美好快乐的生活。

顺应变化

只要我们改变思维，不断尝试、接受新的方式方法，不断修正不足，紧跟时代，与时俱进，终会赢得成功。

日本东京都中野区，住着一个穷困潦倒的知识分子——田中正一，他没有职业，不名一文，却整天关着门在家里研制一种"铁酸盐磁铁"，被邻居看成是"怪人"。当时他患上了"神经痛"的毛病，怎么治也治不好。每逢星期四他都要带着许多制好的磁石，到大井都工业试验所去测试。时间一长，一个偶然的现象出现了：每逢星期四他的神经痛就得到缓解。田中正一是一个探究心很强的人，他感到十分好奇，于是就找来一条橡皮膏，在上面均匀地粘上五粒小磁石贴在自己手腕上做试验。很快，他发现这玩意儿对治神经痛很灵，就立即申请了专利。田中正一认为："将磁石的南极、北极相互交错排列，让磁力线作用于人体，由于人体内有纵横交错的血管，血液流过磁场时，便能感生出微电流，这种电流能达到治病强身的效果。"取得专利权后，田中正一模仿表带的式样，制造四周镶有六粒小磁石的磁疗带，向市场推出。产品上市后，果然不同凡响，很快就被抢购一空。工厂三班制生产也供不应求。在销售最好的时期，仅一周的销售额就达两亿日元。就这样，转眼之间，田中正一就完成由穷汉到富豪的转变，逆袭成功！

　　前两日从沈阳到北京，第一次乘坐新开通的高铁线，高铁车厢内宽敞、整洁、舒适，很多地方都比原来的动车车厢有了更加人性化的改进，感叹于历史车轮滚滚向前，时代发展一日千里，原来从沈阳到北京需要五个多小时，现在压缩到三个小时以内，这的确是一个不小的变化。世间没有一成不变的事物，变是永恒的。一切都在变，一切都在发展，都在向好的方面发展，表面看似不变的环境，实质在发生着巨大的改变，这是历史发展的规律，我们要努力适应这种改变。

　　今天，社会发展突飞猛进，环境变化日新月异，的确有的时候，自己感觉不到这些变化，好像是没有变化一样。那是因为我们总是用不变的眼光去看待一切，片面地认为改变比登天还难，事物总是以它惯有的状态展现，自己就会错误地认为没有什么变化。其实不是事物本身没有变化，而是自己看待事物的角度与方式没有改变。总是习惯用老眼光去看人待物，没有对自己及人、事、物的仔细观察，没有从内心的变化中去感知万物，人自然就会变得异常麻木，丧失了感知的敏锐度，就不会有更大的收获与发现。

　　所以，我们还是要先调整自己的内心，让它安然宁静，让它清净无染，让它无忧无碍。唯有如此，才能产生对自己的触动，才能真正感知到周围的变化，才能在守真守静中感知到人生的美好。在这纷纷扰扰的生活里，要努力找到能够使自己静下来的方法，真正做到在复杂之中找到简单，在困惑之中感知清醒，在烦恼之中找到愉悦，在消极之中创造积极。要学会科学规划、尊重规律、安守平和、不急不躁、沉着冷静、乐观豁达、相信自己、相信美好，这些都是我们生活幸福的前提。

成就事业

满怀希望，科学选择，真心付出，永不放弃，是人类智慧的传承，是事业发展的前提，是事业成功的保障。

1796年的一天，德国格丁根大学，一个十九岁的很有数学天赋的青年吃完晚饭，开始做导师单独布置给他的每天例行的三道数学题。像往常一样，前两道题目在两个小时内顺利地完成了。第三道题写在一张小纸条上，是要求只用圆规和一把没有刻度的直尺做出正十七边形。青年做着做着，感到越来越吃力。困难激起了青年的斗志：我一定要把它做出来！他拿起圆规和直尺，在纸上画着，尝试着用一些超常规的思路去解这道题。终于，当窗口露出一丝曙光时，青年长舒了一口气，他终于做出了这道难题！作业交给导师后，导师当即惊呆了。他用颤抖的声音对青年说："这真是你自己做出来的？你知不知道，你解开了一道有两千多年历史的数学悬案？阿基米德没有解出来，牛顿也没有解出来，你竟然一个晚上就解出来了！你真是天才！我最近正在研究这道难题，昨天给你布置题目时，不小心把写有这个题目的小纸条夹在了给你的题目里。"多年以后，这个青年回忆起这一幕时，总是说："如果有人告诉我，这是一道有两千多年历史的数学难题，我不可能在一个晚上解决它。"这个青年就是数学王子高斯。

　　事业的打拼需要的是一种意念，是一种不怕困难、一往无前的精神，唯有不忘初心，向着大道勇敢前行之人才能到达成功、幸福之境。很多时候，想象起来很容易，实际操作起来却很难，我们不知道如何能够落实我们的想法，不知道如何才能规避现实中的困扰险阻，不知道如何才能去除现实之中的烦恼。如若我们整天哀叹连连，牢骚满腹，困惑重重，犹豫不决，瞻前顾后，畏惧不安，这样是很难做成事的。但凡做些事都会遇有这样或那样的问题，不会总是一帆风顺，都会在痛苦和纠结之中徘徊。如果不是世事维艰，那么每个人都会是成功者，这显然是不现实的。面对困境，有些人迎难而上，有些人胆小畏缩；有些人乐观积极，有些人哀叹连连；有些人创新创造，有些人是因循守旧。不同的人会有不同的选择与判断，会有各自的心态和行为，正是因为有了这些不同，才会有不一样的结果，才会有不一样的人生。

　　昨日在许昌，参加许昌孔子书院世界读书日暨孔子书院儒商学院成立仪式，我深有感触，深受鼓舞。昨日的活动气氛热烈，座无虚席，大家用心编排的节目精彩连连，赢得了参会人员的阵阵掌声，有些情节催人泪下，让人久久回味，整体活动圆满成功。此次活动参加的领导非常多，涵盖了许昌市的"四大班子"及其他社会团体的领导。还有我从北京邀请的一些专家、领导等参会，他们积极指导，踊跃参与，都非常认可本次活动，对本次活动的成功举办给予了高度的评价。我本人被推举为孔子书院儒商学院理事会理事长，在大会上做了发言，并参与了儒商学院揭牌仪式，与市政协郑直副主席一起为儒商学院揭牌，为自己能够参与传统文化的传承备感自豪，深感荣幸。传承传统文化，以传统文化来引领企业和自身发展，能够在优秀经典文化的引领之下，通过自己的努力为传统文化的传承做些贡献，让自己的人生有所指引，是一项非常有意义的事业。当然在具体的工作中，还有这样和那样的问题和困扰，还需要努力用心去解决，去克服，如此才能把这件伟大的事业做得更好。在这点上，我要向孔子书院丁雪玲常务院长学习，学习她坚忍坚持、勇于超越、不变初心、真诚奉献的精神。书院初创时期有很多繁杂的事务，还有许多的困难，她能够顶住压力，想尽办法，不断突破，让书院在短短的三年之内有了一个大的变化，真是令人钦佩。本次活动，也是在非常困难的前提下，集合大家的资源，在政府领导的支持下得以顺利举行，并取得了圆满成功。在此向她表示最诚挚的祝福，祝愿孔子书院越办越好。让孔子书院儒商学院，真正成为企业家们学习传统文化，提升企业文化实力的重要平台。

人生选择

保持一种淡雅的志气，一种真挚的心态，正确看待功利得失，潜心励精图治，最后获得全胜，这便是我们的人生选择。

据说，林肯竞选总统的时候没有什么钱，也没有专车，朋友给他准备了一辆耕田用的马车，大家看到这样的总统候选人，心里都有很亲切的感觉。有一次，他在破马车上对选民发表演讲说："有人写信问我有多少财产，我告诉他们，我有一个妻子，还有一个儿子，这些都是无价之宝，此外我还有一个办公室，一张桌子，三把椅子，一个书架，值得每个人都看一看。我这个人比较穷，也很瘦，也不会发福，我实在没有什么可以依靠，唯一可以依靠的就是你们，希望你们投我一票。"结果，人们被林肯的谦虚和诚恳所打动了，纷纷站到了他的一边。林肯那种谦虚真诚的演讲方式，既不张扬也不做作，不是故意装穷赢得大家的同情，那种真情实感的表达，比起那些夸夸其谈的轻易许诺，声嘶力竭的豪言壮语不知强上多少倍，所以他成了美国最伟大的总统之一。他有自己的人生目标，有自己的人生选择，他谦虚和蔼，不妄自尊大，不四处逞强。不骄不躁，汲取力量，往往能够在世事纷扰中开辟出一片安宁境地。潜心修养，集中力量，这就是自信的、深层次的绝好姿态，这是一种策略，一种心境，一种魅力，更是一种风度。

每个人都有自己的人生选择，我们不要为眼前的纷繁艰辛而迷茫失落，要看到那些细微中的变化，要看到看似平凡生活中的无比奇妙，要看到那些看似渺小而实际伟大的东西，更要有平日里的积累，能够把这些小的积累变成大的进步。其实生活中，每天都会有令人振奋的事情出现，每天我们都在为自己人生的日历记下最辉煌、最耀眼的闪光。

每个人都是自己的主人，都能够主宰自己的命运，都有别人无法替代的、无可比拟的优秀的一面，都有自己最美好的展现。可能，平日里我们没有注意自己，没有发现自己的优点和美好，只是认为自己还有这样或那样的不足。尤其是只会拿别人的优点、优势来和自己做比较，看到的是自己无法与别人相比的部分，而对于自己的优势和收获却熟视无睹，未能够充分地认知自己，只能活在哀痛和感伤之中，这就是自己裹足不前、停滞不前、不敢前行的主要原因。有时，我们只是看到了自己的失误和不足，只是注意到了自己的劣势和缺点，这样就丧失了自信，就没有了对自己的尊重，这当然是最可怕的。

纵观社会上做出不凡成就之人，他们都是非常自信的，都是对自我有正确的认知和非常自尊自重的。若我们对人生、对自己没有信心，没有自尊的存在，自己不能够尊重自己，是很难做出成绩的，是没有幸福可言的。有时，我们一谈到成功就感觉离自己较远，甚至认为自己是不可能成功的，认为自己就是人生的失败者，这种潜意识越来越深，对自己的认知越来越差，失去了信心，丧失了勇气，不敢越雷池半步，一个人就真的关上了自己成功的大门，产生别人都能成功而自己不能成功的想法，就真的不可能创造出人生的奇迹了。如若一个人总是认为自己不行，那就真的不行了，因为这种"不行"的病毒会浸染自己的心灵，会指挥人生走向失败。这就是失败人生的根源所在。

尊重自己就要爱护自己，善于调养身心，善于调整生活，善于把自己置身于一种非常安乐的环境之中，学会用科学规范的管理来指引自己的生活，让自己的生活方式更健康、更科学。学会陶冶身心，加强自身锻炼，让内心平和安然，让身心健康无忧。能够客观地看待人生，平和地包容别人，能够不断地督促自己，不断地提升性灵，永远保持一种定力、一种活力、一种朝气、一种向上的勇气。要选择人生最佳的生活方式，去创造人生美好的环境，去开辟人生美好的事业，这样的人生才是最幸福最快乐的人生。幸福快乐人生，从对自己的理解和认知中来，从对自身潜力的深度挖掘中来，从对自己的自信与自尊中来，从对自己的锻炼与锻造中来。

发挥优势

做事业要善于发挥自身的优势，围绕自己的特色与优势去规划产业的发展，不变初心，坚持创新，这样我们才能够不断做大市场，赢得长久的发展。

人人皆知的马克·吐温，以写作和演说著称。但在成名之前，他也有过一段艰难的历程，一度陷入过困境。曾经他把成为卓越的商人作为奋斗目标，于是投资开发打字机，结果不但没有成功，一无所获，最后还赔掉了五万美元。可见经商是他的劣势，他没有经商头脑。当他看见出版商因为发行他的作品赚了大钱，心里很不服气，还想发财。于是他开办了一家出版公司。然而，经商与写作毕竟风马牛不相及，这次短暂的商业经历以出版公司破产倒闭而告终。栽了跟头，吃尽了苦头，经过两次打击，马克·吐温终于认识到自己毫无商业才能，于是断了经商的念头。他开始发挥自己风趣幽默、才思敏捷的优势，在全国巡回演说，最后成为赫赫有名的演说家。尺有所短，寸有所长。走向成功的秘诀，是根据自己的优势来确定并坚持自己的人生方向，将自己的优势发挥到淋漓尽致。正如马克·吐温，将自己演讲与写作的才华运用到了最大化，才得以事半功倍。

　　昨日，应中国工合食药委秘书长孙迪的邀请，与首都营养保健协会配餐委员会张科秘书长一同去山东金乡考察交流。在金乡受到了农业流通专业周勇先生的热情接待，并与金乡县农业农村局领导、金乡县最大的市场流通企业——凯盛集团王新健董事长进行了深度的交流，就金乡大蒜、辣椒等主导产业的发展做了深入的讨论和研究。

　　金乡县是国家现代农业示范区，是首批国家现代农业产业园，是全国著名的大蒜之乡，大蒜种植历史已达两千余年，种植面积达七十万亩，年均产量八十万吨。其大蒜的种植面积、产量、品质、出口量均居全国榜首，素有"世界大蒜看中国，中国大蒜看金乡"的美誉，产品销往全国各地，并远销出口达一百六十多个国家。金乡大蒜分为白皮蒜和紫皮蒜，具有蒜头个大、汁鲜味浓、辣味纯正、香脆可口、不散瓣、抗霉变、抗腐烂、耐储存等优势特点，是国家质检总局认定的地理标志产品。

　　以前我没来过金乡，但对金乡的名字早有耳闻，知道这是一个种植大蒜的地方，在自己的想象中，金乡就是一个带有浓厚乡土气息的小县城。而这次来到金乡，才发现这里的发展已经远远超出了我的想象：高楼林立，绿树成荫，道路宽阔笔直，街区干净整洁，城区河流横贯东西，俨然一个新兴的现代化城镇。这次来到金乡真的是令我耳目一新，给我留下了深刻的印象。金乡的特色农产品有很多，除了大蒜，还有辣椒、小米等，品质都非常好。当地能够以大蒜为主导，做到全国第一、世界知名，确实很了不起。如今的金乡，市场繁荣，贸易畅通，建有完备的市场交易及储运系统，已成为世界最大的大蒜种植交易基地。也可以说，金乡的数据就是世界的数据，金乡的标准就是世界的标准。

　　走进山东凯盛国际农产品物流园，仿佛置身于现代农业科技发展王国，一张张图片介绍了特色农业发展成长的过程，尤其是凯盛集团的发展历程更是感人至深。凯盛集团董事长王新健靠卖蔬菜起家，历尽艰辛，大胆开拓，积极创新，准确把握市场行情，围绕蒜业发展不动摇，及时进行产业升级转型，狠抓流通环节，着力建设大型蔬菜交易市场，如今总建筑面积约四十万平方米，总投入资金达十一亿元人民币，建有三十六个千吨级恒温、低温、速冻冷库，市场规模日益发展壮大。通过参观企业并与负责人进行深入交流，我也收获颇多、感触颇多。的确，我们要狠抓特色产业不动摇，突出地方地域特色，夯实基础，才能做大做强。产业发展，市场先行。没有大的国际化的市场做依托和带动，就不可能有产业长期持久的发展。在主导产业的发展上，要不变初心、坚持创新，用创造性的思维、市场化的思维去引领产业的发展，这样我们才能够取得丰硕的成果，成就辉煌的事业。

科学规划

爱因斯坦曾说，他喜欢步行，喜欢简单运动，运动给他带来了无穷的乐趣，运动是一切生命的源泉。

有一个美国小伙子，在中学时代就立志经商。他的父亲是洛克菲勒集团的一名高级职员，发现儿子有商业天赋，机敏果断，敢于创新，但经历的磨难太少，没有经验，更缺乏必要的知识。于是，父子俩进行了一次长谈，并描绘出职业生涯的蓝图。因此升学时小伙子没有像其他人一样直接去读贸易专业，而是选择了工科中最基础最普通的机械制造专业。大学毕业后，这个小伙子没有马上投入商海，而是考入芝加哥大学，攻读为期三年的经济学硕士学位。出人意料的是，获得硕士学位后，他还是没有从事商业活动，而是考了公务员。五年的政府工作结束之后，小伙子完全具备成功商人所需的各种素质，于是辞职下海，去了通用公司。又过了两年，他开办了自己的商贸公司。二十年后，他的公司资产从最初的二十万美元发展到两亿美元。这位小伙子就是美国知名企业家比尔·拉福。

今天上午开完视频会到中塔公园、临河绿园锻炼身体，跑跑歇歇，走走停停，舒展腰身，压腿展臂，疲惫僵硬的身体有了很大的缓解，顿时感到耳聪目明，浑身有力。只是因为站立的时间太长，有些腰部酸痛，除此之外，舒畅无比。虽然北京现在的天气还是很热，但这闲暇的锻炼机会也是比较难得的。在锻炼身体的同时，还可以戴上耳机跟着主播学一学英语口语，做到锻炼学习两不误。走在林荫小路上，内心感到无比畅快与惬意。虽然身体有些疲累，但是精神状态有了很大的提升。

　　中午时分回到办公室，换好衣服，准备将就一下，吃点东西，刚打开方便面，中工合健康委孙迪秘书长恰好来了，我们便开始了工作交流，一直交谈到下午六点钟。双方就神飞航天下一步工作的开展做出了规划，并共同探讨了如何发挥各自的优势，打造宇航级科技产业园区工程，进一步推广商业卫星的研发，充分发挥产业的主导作用。让企业做引领，以专家做支撑，充分考察，认真思考，不断地拓展自己的思路，这样才能够占领先机，真正把有形资源、无形资源充分地结合起来，为更多的企业提供更优质的服务。总之，无论是工作还是生活中，我们都要科学地规划自己，不断地调整自己、提升自己，真正发挥出自己的优势，实现自己的人生价值。

正视苦难

人生中难免会有很多的无奈和痛苦，我们要正视这些苦与痛，把它们当作是锻炼自我、提升自我的机会，当作是通往成功的必经之路。

赖斯小时候，美国的种族歧视还很严重。特别是在她生活的城市伯明翰，黑人的地位非常低下，处处受到白人的歧视和欺压。赖斯十岁那年，全家人来到首都。就因为黑色皮肤，他们全家被挡在了白宫门外，不能像其他人那样走进去参观。小赖斯备感屈辱，坚定地告诉爸爸："总有一天，我会成为那房子的主人！"赖斯父母十分赞赏女儿，经常告诫她："要想改善咱们黑人的状况，最好的办法就是取得非凡的成就。如果你拿出双倍的劲头往前冲，或许能获得白人的一半地位；如果你愿意付出四倍的辛劳，就可以跟白人并驾齐驱；如果你能够付出八倍的辛劳，就一定能赶到白人的前头！"为了实现"赶在白人的前头"这一目标，赖斯数十年如一日，以超出他人八倍的辛劳发奋学习，积累知识，增长才干。普通美国白人只会讲英语，她除母语外还精通俄语、法语和西班牙语；白人大多只是在一般大学学习，她则考进了美国名校丹佛大学并获得博士学位；普通美国白人二十六岁可能研究生还没读完，但她已经是斯坦福大学最年轻的女教授，随后还出任了这所大学最年轻的教务长。此外，赖斯还用心学习了网球、花样滑冰、芭蕾舞、外交礼仪等。凡是白人能做的，她都要尽力去做；白人做不到的，她也要努力做到。最重要的是，普通美国白人可能只知道遥远的俄罗斯是一个寒冷的国家，她却是美国国内数一数二的俄罗斯武器控制问题的专家。天道酬勤，"八倍的辛劳"带来了"八倍的成就"。2005年，赖斯成为美国首位黑人女国务卿。

昨日上午从北京回锦州，下午两点到达锦州南站，这也是离家近二十五天的又一次"远足"。因前一段时间受大连疫情的影响，曾查出有病毒感染者到过锦州，因此锦州也严加管控，已有近四千人在隔离之中，好在隔离结束后，没有查出病毒阳性者，现均已解除隔离，那颗悬着的心总算落了下来。听说因疫情停课的幼儿园要开始复课了，家长可盼到了这轻松之时。的确，今年受疫情的影响，锦州已经有近半年没有开园上课了。家长都在盼着幼儿园开学，早点解放自己。家长们每天既忙工作又带孩子，忙得是团团转。虽然有些家庭有保姆或老人，但毕竟孩子的学习还是需要自己去辅导的，况且有些家庭还有两个孩子，照顾了老大，还要照顾老二，真是让家长疲惫至极。我女儿已经五岁多了，学习规划、课程辅导都要由爱人来做，家里虽有老人和保姆，但是毕竟有好多事情是不可替代的。人生在世，要学会体验与经历，要把这些经历当作是人生的财富，从中得到慰藉和领悟，得到成长与发展，从而让自己的人生丰富多彩，乐味无限。

人生是一个真心体验的过程，有很多的苦和难需要自己去解决。一位老领导曾经说过："人生一场，我们是为追求幸福和快乐而来，不是为受苦受难而来的。"仔细品味，我们才能真正领悟其中的道理。每个人都在追求着自己的快乐与幸福，都在不断地创造着人间的奇迹。在这个过程中，我们会艰辛无比，会痛苦不堪，但如若我们转换观念，把这些所谓的苦与痛当作是幸福与快乐的过程，当作是自我锻炼与提升的机会，那么这所谓的苦与痛又算得了什么呢？每天我们都在追求着幸福与快乐，每天我们都在播撒着种子和希望，都在前行之中发现着不一样的风景，期待收获人生丰硕的成果。现实中，我们的确有很多的无奈和痛苦，但只要我们有信心和希望，只要有坚持和创新，就一定能够拥有美满的人生。

童年记忆

感恩自己和孩子们在一起的快乐时光，陪伴孩子成长是重启自己人生的机会，是他们让我遇见了更好的自己。

卡耐基小时候是个大家公认的非常淘气的坏男孩。在他九岁的时候，他父亲把继母娶进家门。当时他们是居住在弗吉尼亚州乡下的贫苦人家，而继母则来自条件较好的家庭。他父亲一边向她介绍卡耐基，一边说："亲爱的，希望你注意这个全郡最坏的男孩，他可让我头疼死了，说不定会在明天早晨以前就拿石头扔向你，或者做出别的什么坏事，总之让你防不胜防。"出乎卡耐基意料的是，继母微笑着走到他面前，托起他的头看着他，接着又看着丈夫说："你错了，他不是全郡最坏的男孩，而是最聪明，但还没有找到发泄热忱的地方的男孩。"就是凭着这一句话，他和继母开始建立友谊。也就是这一句话，成为激励他的一种动力，使他日后创造了成功的二十八项黄金法则，帮助千千万万的普通人走上成功和致富的光明大道。因为在她来之前没有一个人称赞过他聪明。他的父亲和邻居认定他就是坏男孩，但是继母只说了一句话，便改变了他的命运。

跟孩子们在一起，真的是要有极大的耐性，要有一颗炽热的爱心，还要有一颗未泯的童心。我感觉到和孩子们在一起，开心常在，笑容常在，自己永远不会变老。没有虚伪与狡诈，没有昏暗与污浊，孩子们的情感是真实的，孩子的世界是澄明的。有时候，我们体验一下回到孩童的感觉也是非常奇妙、非常美好的。虽然，跟孩子在一起，有时会觉得很累，但这种累是幸福之累，是快乐之累，是轻松之累，是收获之累，更是让自己觉醒之累。如果连这点累都受不了的话，那么我们就没有了努力的方向和前行的动力，就不可能去承担更大的责任。

的确，在现实中，孩子也是很顽皮的，一切事情都是由着天性而来，毫无顾忌，有吃有喝，有哭有笑，有蹦有跳，随性而为，自在逍遥。生在今天这个幸福和平的时代，孩子们真是长在了蜜罐里，没有饥饿，没有痛苦，没有寒冷，没有酷热，有的只是快乐，有的只是玩闹，有的是玩具，还有最可贵的父母之爱。有时候我也在想，要是能回到童年该多好，虽然自己的童年不如女儿、儿子拥有这么多，这么自在安乐，但自己的童年有自己的幸福所在。20世纪70年代，大家还处于吃不饱的年代，物质匮乏，生活清苦，但还是挡不住童年的生活乐趣。有小伙伴自制的小玩具，有河塘边的嬉戏打闹，有看露天电影的兴趣，有田野里的四处追逐，有偷摘邻居奶奶家的杏子，有晚上麦秸垛上的摔跤比赛，还有放学后的剧情表演：一方是八路军，一方是日本兵，惟妙惟肖，乐趣无穷，那种兴奋劲就甭提了。回忆永远是悠长而甜蜜的，那是一段美好的人生旅程，是生命永久难忘的留念和记忆。人之一生皆是在回忆与现实中感受着，发现着，创造着，引领着，在生命的每一段旅程中，都能够创造更多的美好，发现更多的美好。也许，我们永远都会认为过往是稚嫩的，是不成熟的，但在当时来讲那是最好的呈现，是最美的体验，也是人生最大的快乐。

不断创新

时代在变化，市场在变化，万事万物都在变化，我们唯有不断创新，紧跟时代的步伐，才能赢得长久的发展。

　　1952年，日本东芝电器公司生产的电扇遭遇销售困局，仓库积压越来越多，市场迟迟无法打开，公司高层着急万分，号召几万名员工一起想办法，可进展不是太大。某一天，一位底层小职员大胆提出了自己的办法——改变电扇颜色。在当时，自有电扇以来，颜色就一直是黑色的，在漫长的时间里已逐渐形成为一种惯例、一种传统，似乎只要是电扇，就只能是黑色的，东芝公司的电扇也不例外。这个小职员的具体建议是把黑色改为比较浅的颜色。这一建议迅速引起了东芝高层的重视，经过研究后，东芝公司决定采纳这一建议。第二年夏天，东芝公司推出了一批浅蓝色的电扇，一经推出就大受欢迎，还掀起了消费者的抢购热潮，在几个月之内就卖出了几十万台。此后，在日本乃至全世界，电扇就都不再是统一的"黑脸儿"了。这个故事看起来不可思议，却是真实发生的。很多传统观念和做法，是前人的经验总结和智慧积累，值得我们后人继承、重视和借鉴。但也要保持警惕，不能让它们成为妨碍和束缚创新的阻碍。

　　昨日工作较为繁忙，上午开全体人员视频会议，这是铁打不动的例会，是自春节以来每天都要召开的视频工作会。因为疫情的特殊原因，大家在家里办公，通过视频工作会，也能够互相交流、总结与学习。的确，视频会议的召开，使大家在工作的方式上有了很大的转变，大家都能够迅速地适应新时期的工作形式，能够通过相互的学习和探讨，进一步拓宽自己的思路，明晰自己的工作内容和工作方法，这确实是紧跟时代发展的比较好的一种工作方式。我每天都坚持与大家交流，并对工作中的问题给大家做出分析与指导，通过对问题的分析，能够找到解决问题的方法，让大家树立信心，找到工作的方向，从而让大家少走弯路，能够把工作做得更加高效。我们都不是圣人，都不是神仙，不可能在工作中不出现任何的问题，不可能把工作做得完美无缺。也许正是因为对这些问题的分析、思考与解决，才能够让我们的能力得以提升，才能够让我们养成勤于思考、不断创新的好习惯。这对我们一生的发展都是有益的。

　　"百业相通，百业互联"，在当今大融合的时代，让我们运用现代产业发展理念，不断创新，不断发展，引领美好未来。

控制欲望

　　每个人都有欲望，这是人之常情，没有欲望，我们就会丧失了前行的动力。合理地控制欲望，把握自己，才能不沦为欲望的奴隶，才能把握自己的人生。

　　有这样一则寓言故事：在非洲的大草原上，一头小狮子逐渐长大，掌握了觅食的本领，开始试着独自生活。几个月后，狮子妈妈遇见了小狮子，发现它瘦了好几圈，一副营养不良的样子。狮子妈妈百思不得其解。正当她要走上前去问问儿子的时候，一个鹿群从远处奔来，这正是捕猎的大好时机，而小狮子也抖擞了精神，做好了觅食的准备。于是，狮子妈妈躲在一边，决定看看儿子是怎么捕捉猎物的。只见小狮子做好了隐蔽，等待着鹿群进入自己的攻击范围。不一会儿，一头位于鹿群边缘的小鹿来到离小狮子很近的位置，小鹿完全没有意识到危险的存在。狮子妈妈觉得儿子这时只需张张嘴就可以享受一顿美餐，可令她出乎意料的是，小狮子按兵不动，白白放掉了送到嘴边的食物。又一头小鹿过去了，两头，三头，越来越多的鹿走过了小狮子的攻击范围，可是小狮子还是没有任何动静，还盯着远处正在靠近的鹿群。终于小狮子按捺不住了，凶狠地扑向了鹿群，可由于距离太远，小鹿轻易地摆脱了小狮子的追捕。

狮子妈妈实在看不下去了，赶忙追上去质问儿子："刚才那几头小鹿明明就在你的嘴边了，你为何不抓住机会吃掉它们？"小狮子不甘心地说："妈妈，说不定等一等我能抓住更多！"狮子妈妈摇了摇头，无奈地说："我的孩子，你这样想就错了，欲望永远难以满足，机会却是稍纵即逝的。一味地贪心不仅不能让你获得更多，反而会让原本能够拥有的东西也失去了。"

每天的思维动念都是在思考一种得到，得到快乐，得到温情，得到关爱，得到财富，得到地位，得到尊贵。其实，向往得到也许就是人类进步的内在动力，也是促进社会发展的源头，我们要客观地看待得到，客观地把握这种得到，不能为了占有和虚荣将道德扔到一边，为了占有，为了得到而不择手段，这样就曲解了得到的真正含义。欲壑难填，人之欲望是无穷的，欲望能使人发愤图强，不断创新，但欲望也能够使人贪婪无度，害人害己，要正视欲望的存在，但也要警惕欲望给人带来的各种灾难。任何事情都要讲究"止"，要令行禁止，要有所把控，不能让欲望之洪水淹没了道德之堤，否则，人生之光就会被蒙上阴影，人生之路就会越走越窄，甚至会给人的身心带来极大的伤害。我们要时刻保持警醒，要科学地规划自己的生活，用彻悟之心去看待自己与他人，只有具备自己管理自己的能力，不断地给自己的成长增加养分，我们的人生才会变得辉煌无比。

平日里，我们会说别人如何厉害，如何拥有这么大的事业，拥有战无不胜的能力，能够成为别人利益的维护者，成为别人心中的依靠。可以说，这些人就是做到了很好地把握自己，能够轻松地面对所有，坚守自己的信念，引领自己，不断提升，让自己在可控的范围内去做事。超出自己的范围，把事情变得更加不可控，让自己暴露在不安全的环境之中，这些都是非常危险的。任何时候，我们都要以维护自己的身心，调养自己的身心为第一要务。要充分地调动有利因素，让自己得到更大的发展，让自己拥有更多的快乐与满足。要时刻拥有一颗感恩之心、奉献之心，给予别人更多的关爱与支持，给予别人更多的引领与指导，给予别人更多的热情与帮助，帮助别人的同时就是在成就我们自己。要把握自己，管理自己，时刻以道德的标准来引导自己，不行害人害己之事，为社会增添光彩，为人类的文明与社会的发展做出自己的一点贡献。

控制情绪

人都是被自己打败的，而且大多是被自己的情绪所打败。控制不了情绪的人，就会失误很多，就会失去很多，甚至将会一事无成。

有一个叫爱地巴的人，他一生气就跑回家去，然后绕自己的房子和土地跑三圈。后来，他的房子越来越大，土地也越来越多，而一生气时，他仍要绕着房子和土地跑三圈，哪怕累得气喘吁吁，汗流浃背。孙子问："阿公，你生气时就绕着房子和土地跑，这里面有什么秘密？"爱地巴对孙子说："年轻时，一和人吵架、争论、生气时，我就绕着自己的房子和土地跑三圈。我边跑边想——自己的房子这么小，土地这么少，哪有时间和精力去跟别人生气呢？一想到这里，我的气就消了，也就有了更多的时间和精力来工作和学习。"孙子又问："阿公，成了富人后，您为什么还要绕着房子和土地跑呢？"爱地巴笑着说："边跑我就边想啊——我房子这么大，土地这么多，又何必和人计较呢？一想到这里我的气也就消了。"仔细想想其实任何事都不会使你生气，让你生气的是你的想法。你可以让自己变得快乐，也可以让自己痛苦，这都是你的选择。

今天是周日，自己在办公室待了将近一天，临近傍晚时分才想起出去走一走，透透气。这一天也是较为充实的一天，处理一些公务，同时也能停下来写两篇文章。写文章是让自己静下心来的一种很好的方式，如若事务繁多，千头万绪，就会让自己心绪不定，没有着落，人会变得失魂落魄，盲从无依，情绪也会躁动起来，就会失去了控制力。我发现，一个人大多时候都在与自己的情绪做斗争，情绪的好坏，关系到人际关系、工作效率、快乐与幸福。如果没有一个好的情绪，人就容易激动，就会做出一些令自己瞠目结舌的事情来，甚至会犯下大错。很多时候，人会因为一时冲动，而与人争执，甚至大打出手，最后酿成了大错。这就是因为失去了对情绪的控制。一个人失去了定力，没有了对情绪的控制力，就会徘徊在失败和痛苦的边缘，稍有不慎就会酿下惨剧。

　　昨日，看网络新闻，在四川某景区，一位中年女士无缘无故地把景区的指示牌、垃圾桶推入河中，且不听工作人员和游人的劝阻，连续性地去做，并辱骂他人，后来警察赶来将她带走予以处理。据后来报道说，她是与家人生气，情绪失控，所以拿公共财物撒气。这种做法实在令人难以理解，也为她的冲动而叹息。这还是较小的事件，万幸的是她没有做出更加出格的事情来。在现实中，还有因情绪失控而自杀或伤人现象的发生，这些均让人认识到了管控情绪的重要性。我发现，写作能够排解自己的情绪，能够让自己对自己有一个清晰的认知，让自己能够接纳自己，理解自己，让自己更加冷静客观地去看待事物，抽丝剥茧般从事物的细微之处了解事物的发生发展，从而对事物的发生发展有一个客观的判断。每当写好一篇文章，我的内心就会平和许多，对于一些人、事、物也会有了更加理性的看法，不会再受不良情绪的影响，让原本焦躁的内心平静下来，这样再投入日常的生活和工作，就会显得心境平和、游刃有余。人发泄情绪的方式有多种，比如和朋友聊天、运动、聚会、旅游、看书、画画、唱歌等，我们可以通过这些方式将不良的情绪释放出去。总之，要学会控制自己，调节自己，唯有把握好自己的情绪，才能把握好自己的人生。

接受改变

季节更迭，四季轮回，人生何尝不是如此。要学会适应改变，学会品味沧桑，学会勇敢面对，方能无悔光阴，无憾岁月流逝。

有一位高僧是一座大寺庙的住持，因年事已高，考虑着找个接班人。一日他将两个弟子叫他面前，对他俩说："你们哪个能从寺院后面的悬崖攀爬上来，谁就是我的接班人。"两个弟子，一个叫慧明，一个叫尘元，二人一同来到悬崖边。那是一座令人望而生畏的悬崖，极其陡峭。信心百倍的慧明开始攀爬，但是不一会儿就从上面滑了下来，然后他又小心翼翼地继续攀爬，又落回到原地，他休息之后又去攀爬，一直没有放弃。最后他拼尽全力，爬到一半时就重重地摔到一块大石头上，当即昏了过去。高僧让几个人把他救了下来。接着轮到尘元了，他一开始也是和慧明一样竭尽全力去攀岩，结果爬到半截腰儿，他突然停下来解下身上的绳索，扭头向着山下走去。旁边的人都很不理解，原来他发现了一条通往山上的小路。他来到了山下，沿着一条小溪顺流而上，穿过小树林，越过小山谷，随后没费什么力气就来到了崖顶。这时候大家都在担心高僧会埋怨他胆小、贪生怕死等，高僧却微笑着宣布将尘元定为新一任住持，他说："寺庙后面的悬崖乃是人力不能攀登上去的，但是，只要你善于观察山腰的底部，就会看见有一条上山的小路。明者因境而变，智者随情而行。"

　　昨日的北京，阵阵秋雨带来了入秋以来的凉爽，一夜安眠，醒来已是天光大亮，雨已停，天空放晴。其实，每一天的心境也会随着天气的变化有很大的不同，那份空灵静雅又回到了自己的心中。洗漱完毕，坐在桌旁写几段文字，的确是一种美好的享受。生活中很多时候，我们不能左右自己的心灵，就像我们不能左右天气的变化一样，因为它每时每刻都在发生着变化，要享受变化，体验变化。变化永远与我们相随，唯一不变的应该是我们亲近自然、探求人生本意之心。人生从孩童的顽劣，到青春的活力，到中年的成熟，再到老年的慈祥，一切都在潜移默化地发生着变化，可能这种变化不为人所觉察，事过境迁后才感觉到人生的无常。岁月无痕，空留嗟叹，扪心自问：自己这一生到底做了什么？为社会、为他人、为家庭创造了什么？留下了什么值得回忆的东西？这是我们人生常常会思考的问题。

　　人要适应变化，要遵循这种变化，把握这种变化，在变与不变之中找到最真实的自己。有时候，自己也害怕面对自己，害怕袒露真实的自己，总是生活在自己的角落中，不想被人发现，不想说出真实的想法，不想与人分享自己的思想。表面上看像是一种自我保护，其实这是一种自我封闭，害怕会给自己带来不必要的麻烦，害怕自己失去自己珍藏深处的东西。总之，不想与人分享和交流，不想让自己暴露在阳光之下，不想让大家真实地观察自己，因此，自闭、悲观之心就会油然而生，让人感受到无比烦闷，那份清静怡然就会荡然无存。如若内心再受到外境与欲望的驱使，人就会更加纠结，即使是暂时得到了些许欢愉，但过后内心也是一片空茫，就好像是自己把自己搞丢了，找不到真实的自我。所以，无论什么时候都要保持一颗清净之心，要正视外在环境的变化，要善于调节自己，不要为环境所左右，找到真实的自己，这是我们的快乐之源。注重自己的内心，真心与外界相交，你的快乐就会随之而来。

时光匆匆

早晨做好一天的计划，一天的工作都会非常有条理，而且效率会极高；合理地安排时间，就等于节约了时间，就等于延长了生命。

"今天是你余生的第一天。"在维尔玛·丹尼尔的书《欢庆快乐》中，她给了这句耳熟能详的话一个全新的解释。她曾经采访过一个去阿拉斯加拜访因纽特人的人，那人的话使每个人有所领悟。"永远不要问因纽特人他多大了。如果你问，他会说'我不知道，我也不在乎'。他们中的一个人就对我这样说。当我第二次问他的时候，他说：'不到，就这样了。'这对我来说还不够。于是我问他：'不到多少？'然后他说：'不到一天。'因纽特人相信到晚上入睡时，他们就死了，对世界来说是死了。然后当他们在清晨醒来时，他们重新复活，获得新生。因此，没有哪个因纽特人能活过一天。这就是因纽特人说他不到一天的意思。那天还没有结束。""北极圈里的生活是严苛残酷的，起码的生存成了主要的奋斗目标，"他解释，"但是，你永远看不到一个面带担忧焦虑的因纽特人。他们学会了每次只面对一天。"你学会如何把担忧和焦虑抛到一边，生活在每一天里了吗？

近几天，在北京办公室待得久一些，一般是早上起来就伏案而坐，写一篇文章；然后吃过早饭，参加每天铁打不动的全体视频会，与大家共同研讨、交流、规划每天的工作，真正做到了事事有总结，天天有汇报，月月有积累。可以说，一点一滴的进步，都是建立在不断研讨总结的基础之上，不断积累经验的基础之上。与此同时，大家通过总结与积累，不断提高自己的理论素养与工作能力。会议结束后，一般的情况下，自己会把工作加以总结，用文字把它整理出来。写总结也是写文章，不仅是就事论事，还能从工作中整理一下自己的心情，让自己以饱满的热情来面对生活中的每一天，活出这一天的感觉来，活出这一天的价值来。唯有调整好自己的心情，并能够把好的方法运用到工作实际中去，把好的体验与大家交流与分享，才是非常充实而有意义的。做完这些事将近中午了，我会在午饭前到公园里散散步，活动一下腰身，按按腰，捶捶腿，压压脚，跑跑步，听听英文，边锻炼边学习，两不耽误，不浪费任何一点时间，这样让自己感觉充实而满足。不知不觉，这一天很快就过去了。

时光匆匆，仿佛前几天还是炎炎夏日，一眨眼就进入了凉爽初秋。时光的匆匆流逝也让自己备感惶恐。回想过去的几十年，好像就在眼前一样，不知不觉就已老之将至，正像那首歌里唱的："怎么刚刚学会懂事就老了，怎么刚刚学会包容就老了，怎么刚刚懂得路该往哪儿走，怎么还没走到就老了，怎么刚刚开始成熟就老了，怎么刚刚开始明白就老了……"时光飞逝，眨眼之间，双鬓已染，曾经光滑的脸庞已出了很多的"沟壑"，有时会在无奈与惶恐之中发出感慨，心中会生起对往日的依恋和对曾经的同学好友的怀念，那些美好的时光仿佛已离我们远去，不知道以后的路还有多长。回忆是感伤也是甜蜜，是满含热泪的微笑，也是在秋风之中枝头摇曳的果实，愉悦与感伤，厚重与淡薄，都将在自己的心底里流淌。

关爱父母

奥斯特洛夫斯基说，在这个世界上，永远都需要我们报答的，永远都需要我们感激的最美好的人，就是我们的父母亲。

在汶川地震中有这样一个故事。有一位母亲，抢救人员发现她的时候，她已经死了，是被垮塌下来的房子压死的，透过那一堆废墟的间隙可以看到她死亡的姿势：双膝跪着，整个上身向前匍匐着，双手扶着地支撑着身体，有些像古人行跪拜礼，只是身体被压得变形了。救援人员从废墟的空隙伸手进去确认了她已经死亡，又冲着废墟喊了几声，用撬棍在砖头上敲了几下，里面没有任何回应。当人群走到下一个建筑物的时候，救援队长忽然往回跑，边跑边喊："快过来！"他又来到她的尸体前，费力地把手伸到女人的身下摸索，忽然，他朝着其他人高声喊道："有人，有个孩子，还活着！"经过一番努力，人们小心地把挡着她的废墟清理开，在她的身体下面躺着她的孩子，包在一个红色带黄花的小被子里，大概有三四个月大，因为母亲身体庇护着，他毫发未伤，抱出来的时候，还安静地睡着，他熟睡的脸让所有在场的人感到很温暖。随行的医生过来解开被子准备做些检查，发现有一部手机塞在被子里，医生下意识地看了下手机屏幕，发现屏幕上是一条已经写好的短信："亲爱的宝贝，如果你能活着，一定要记住我爱你。"看惯了生离死别的医生在这一刻落泪了，手机传递着，每个看到短信的人都落泪了。这个当时在网络上流传的故事感动了很多人。父母对子女的付出，总是不计回报的，而作为子女，我们也应该时刻牢记：感恩父母，关爱父母。

昨日，回鄢陵老家看望病中的父亲。本打算从北京出发先到郑州，把郑州的工作先安排一下。但老父亲胆囊结石转重需马上做手术，看望父亲为重，我便急急忙忙从郑州转车赶回鄢陵，赶到医院时，父亲已进入手术室，红刚、洪涛、海英、二姐、二姐夫、老母亲等亲人都在手术室外等候。虽然胆结石微创手术不是什么大的手术，但是看得出来大家还都是蛮紧张的，尤其老母亲更是神色凝重，不时地向手术室方向张望，嘴里还念念有词，是在祈求手术圆满顺利。

老父亲的胆结石病犯过几次了，每次都是呕吐不止，胆部疼痛，每次犯病均是在老家的村诊所输液消炎，能够缓解疼痛即可。听弟弟红刚讲，每次让他住院手术，他都以小病不碍事来拒绝，或者说等天气凉快的时候再做，听起来真是难以理解，天热病房里有空调，治病跟天气有什么关系呢。总之老人是能拖就拖，能熬就熬，一来是对病情重视不够，二来是怕麻烦大家，认为住院又要人来伺候，况且还有那么多的活等着自己去干呢。所以，老人推辞的理由很多。这一次实在熬不过去了，晚上呕吐不止，让村里医生输液也不见好转，结果凌晨实在疼得难忍，母亲打电话让在城里的弟弟开车赶回来，抓紧送到医院。母亲还说，本来村里医生建议打"120"叫急救车，这样会更安全。可老父亲、老母亲担心晚上吵醒邻居，让别人不安，会感觉家里出了什么大事一般，就不想叫"120"。有时候老人的想法真是不太好理解，可怜又可敬的老人家，在最紧张的时候还想着不打扰别人，不影响别人。手术比较顺利，没有大碍。只是老人家胆囊脆弱，手术创面较大，需要止血消炎较长时间。这次多亏了弟弟在医院的同学富盛，直接联系专家一同进入手术室，果断处理，手术才得以顺利进行，没有对身体产生更大的影响。

　　此次病情也给我们做儿女的提了个醒，老人们要及时体检，发现病情及时就医。不能像老人自己说的那样，再等一等，拖一拖，该果断的时候一定要果断，有病就要及时治疗，以免出现不可挽回的后果。有时我也在反思，自己长期在外，对老人的身体关心不够，不能及时陪他们去做身体检查，不能及时地带着他们去诊治。自己确实有一些麻痹大意，总觉得老人们身体还行，没什么大的问题。实际上，父母都已经七十多岁了，随着年龄的增大，很多潜在的疾病就有可能突发，还需要及时予以关注。愿天下所有的父母都能够健康一生，长寿百年。

珍惜拥有

真正的幸福并不是来自财富和名利，而是来自内心的满足。珍惜生活中的每一天，珍惜身边的人、事、物，相信你会体验到真正的幸福与快乐。

从前有一位富翁，他虽然非常有钱，却常常自怜。他可怜自己空有钱财，却从来没有体会到真正的和全然的快乐。他常常想："我有很多钱，可以买到许多东西，为什么买不到快乐呢？如果有一天我突然死了，留下一大堆钱又有什么用呢？不如把所有的钱拿出来买快乐。如果能买到一次全然的快乐，我死也无憾了。"于是，他变卖了大部分家产，换成一小袋钻石，放在一个特制的锦囊中。他想："如果有人能给我一次纯粹的全然的快乐，即使是一刹那，我也要把钻石送给他。"一天，他听说在一个偏远的庙宇里有一位高僧，无所不知，无所不通。他找到那位高僧，问道："高僧，人们都说你是无所不知的，请问在哪里可以买到全然快乐的秘方呢？"高僧说："我这里就有全然快乐的秘方，但是价格很昂贵，你准备了多少钱，可以让我看看吗？"他把怀里装满钻石的锦囊拿给高僧，没有想到高僧连看也不看，一把抓住锦囊，跳起来就跑掉了。他大吃一惊，过了好一会儿才回过神来，大叫："抢劫了！救命啊！"可是在偏僻的庙宇根本没人听见，他只好死命地追赶那位高僧。他跑了很远的路，跑得满头大汗、全身发热，也没有发现高僧的踪影，他绝望地跪倒在山崖边的大树下痛哭。没有想到费尽千辛万苦，花了几年的时间，不但没有买到快乐的秘方，钱财又被抢走了。他哭到声嘶力竭，站起来的时候，突然发现被抢走的锦囊就挂在大树的枝丫上。他取下锦囊，发现钻石还在。一瞬间，一股难以言喻的、纯粹的、全然的快乐充满他的全身。

坐在窗前，看着窗外穿梭往来的车流，能够感觉到人生的忙碌和生命的激情。每个人都在奔着自己的幸福方向前行，都在按照内心指引的方向前行，都在为梦想和希望努力前行。其实，看似平凡普通的生活，却孕育着不平凡的意义，正是有众人努力的拼搏，才有了我们如今的日子。有时候，我们会感觉生活没有乐趣，感觉内心无序而忙乱，这就是没能真正了解人生所致。生命不在于有什么惊天动地的奇迹，而在于在看似平凡无奇的日子，能够安然平和地去感受人间的温暖，拥有人间的真爱。儿女绕膝，夫妻恩爱，父母健康，一家人其乐融融，这些福分都是来之不易。我们要珍惜这份朴实无华，珍惜这平凡而踏实的每一天，无病无灾，无忧无虑，无牵无挂，无烦无扰，这就是梦一样的生活。

尽管在日常生活中，免不了有这样或那样的不如意，认为我们拥有的财富不多，职位不高，离我们的梦想生活还有一定的差距，还有一些困扰在我们的身旁，前方的道路还未可知，但毕竟我们拥有的已经够多了，有家庭的和睦，有儿女的孝敬，有身体的健康，有人生的自由，有衣食的丰足，这不就是最大的拥有吗？纵观世界，还有多少人，正在被战乱所侵扰，被饥饿所煎熬，被疾病所折磨，被贫困所裹挟，被矛盾所缠绕，生活在惊恐、饥饿、病痛之中，甚至于连年累月看不到希望，看不到自由的那一天。反思现在的自己，没有这诸多因素的侵扰，没有所谓大的痛苦与灾难，有的是收获的喜悦，有的是创造的快乐，有的是亲朋的呵护，有的是健康的体魄，有的是温暖的家庭，有的是和平的环境，有的是出行的自由，有的是互相的关爱，有的是社会的尊重，我们应该把知足与感恩挂在心间，把奉献与关爱挂在心间，把创造与付出作为一生价值的展现，成就一个不一样的人生。

激发热情

四季更迭，时光匆匆，岁月教会我们懂得取舍，教会我们尊重感恩。人生的画卷，因懂得取舍而唯美，因懂得感恩而永恒。

　　杨彬出生于浦北县平睦镇六峰村委会麓顶村，这是一个贫穷而又落后的小山村。他从小就乖巧、懂事，时常帮助父母干农活、做家务。天有不测风云，2012年，杨彬的父亲到山上种植的八角树采摘八角，不幸从树上掉落下来，经抢救无效身亡。父亲去世后，为了减轻家庭的经济负担，母亲不得不外出打工。2014年，在一次搬运木头运送到山坡下时，母亲不幸被倒塌的大树砸中，由于伤势过重，经抢救无效，还是永远地离他而去了。此后，家里只剩下哥哥和杨彬两个人相依为命。为了让弟弟能够继续上学，杨彬哥哥只读完初中便放弃学业，一个人去广东打工赚钱供弟弟读书。整个家庭也因为父母的意外身故而欠下亲朋好友和邻居好几万元，入不敷出。在这个家庭最艰难的时刻，在党和政府的扶贫政策支持下，这个家庭被民主评议为贫困户，享受到国家扶贫政策的帮助，让这个家庭在寒冰中感受到一丝温暖。国家的扶贫政策让杨彬享受到党和政府的殷切关怀，他深知，只有通过自身努力奋斗，努力工作，成长成才，争取早日摆脱贫困，摘掉贫困帽，让家庭经济好起来，将来才有能力可以帮助更多需要帮助的人。2015年高考，杨彬顺利考上大学，被百色学院材料成型及控制工程专业录取。他在大学里积极参加各类竞赛，勤工俭学，各科成绩名列前茅，多次获得国家励志奖学金和"先进个人""专业学习达人""优秀学生干部"等荣誉称号。大四时，他被前来校招的广东坚美铝业有限公司录取，顺利通过面试进入该公司工作。最终，他用自己的坚强意志和不懈努力，奋斗出属于自己的美好生活。

走过春夏秋冬，走过青春时光，人在慢慢地成熟，在取舍之间找到了真实的自己。一个人如若总是心怀感恩，用感恩与关爱去面对生活，那么他一定会快乐自在，幸福满满。现实之中，我们往往不满足于现在的拥有，总感觉天地赋予自己的不够多，总感觉周围的人对自己不够好，总认为自己遇到的困难和痛苦很多，感觉自己付出的太多，而得到的又太少。

如若我们对自己没有清醒的认知，人就会变得异常狂躁、痛苦，心灵就会变得非常脆弱而不堪一击，就会用一颗憎恨之心去面对所有，没有了大度与包容，没有了关爱与宽厚，没有了感恩与付出，没有了轻松与自在，这样的人生的确是异常痛苦的，犹如生活在地狱里一般。人在这种氛围里生活，就会如同行尸走肉，就会被憎恶与痛苦所包围，就会变得异常敏感与自卑，就会将自己的勇气与信心全部抹杀，变成了一个自怨自艾、孤苦无依之人，失去了前行的动力与激情，丢掉了生活的动力与希望，心衰了，人也就败了。所以说，一个人往往不是被别人打败的，而是被自己打败的，被自己的心态、认知所打败。

我们一定要相信自己，培养自己，关爱自己，激励自己，提升自己，奉献自己。要知晓生而为人就是要创造更多的美好，就是要奉献更多的爱心，就是能够让周围的人生活得更幸福，让这个世界因为自己变得更美好，这就是人生最大的意义所在。人生在世，难免会遇到种种困难与烦恼，难免会面对种种艰险，面对种种不如意，这是每个人都会经历的，关键就是看你如何去面对，是逃避还是接受，是自卑还是自信，是哀叹还是奋起，不同的态度和行为会带来不同的结果，并最终决定了人生的成败与喜悲。站起来吧，掌握自己的命运，成为自己的主人！

感恩人生

感恩是一种处世哲学，感恩是一种生活智慧，感恩更是学会做人、成就阳光人生的支点。

帮助汉高祖打天下的大将韩信，在未得志时，境况很是困苦。那时候，他时常往城下钓鱼，希望碰着好运气，便可以解决生活。但是，这究竟不是可靠的办法，因此，时常要饿着肚子。幸而在他时常钓鱼的地方，有很多漂母（在河边清洗丝棉絮或旧衣布的老婆婆），其中有一个漂母，很同情韩信的遭遇，便不断地救济他，给他饭吃。韩信在艰难困苦中，得到那位仅能以双手勉强糊口的漂母的恩惠，很是感激，便对她说，将来必定要重重地报答她。那位漂母听了韩信的话，很是不高兴，表示并不希望韩信将来报答她的。后来，韩信替汉王立了不少功劳，被封为楚王，他想起从前曾受过漂母的恩惠，便命人送酒菜和黄金一千两来答谢她。"一饭千金"就出自这个故事。它的意思是说：受人的恩惠，切莫忘记，虽然所受的恩惠很是微小，但在困难时，即使一点点帮助也是非常可贵的；到我们有能力时，应该重重地报答施惠的人。

前几日，老父亲做了胆囊微创手术，其间不少亲朋好友前来看望，每天都是人来人往、络绎不绝，就连八十多岁的楷奶奶也来到病房探望，令我们非常感动。楷爷楷奶是我本村本家的长辈，从我记事时起，两家就一直关系密切，多有往来。楷爷曾经在乡里高中做总务工作，后来转到乡做文教助理工作。我上初中时，从临时学区转到了乡里的马坊集学校，因为这个学区教育质量很好，我的学习成绩也进步很快。一方面是离开了熟悉的环境，离开了一起玩耍的伙伴，到了一个陌生的新环境，便只能老老实实地学习了；另一方面，关键是受到了楷爷的影响。那时我整天住在楷爷的办公室里，没有了玩闹的环境，加上楷爷的儿子自力与我年龄基本相仿，但按辈分我叫他叔叔，他学习很用功，每天学习到很晚。有时候我已经很困了，看到他还在灯下跟着收音机一句一句学英文。受到他的影响，自己也不敢偷懒了，怕楷爷说我，如果不好好学习的情况被我爸知道了，那就该接受"惩罚"了。青春时期的故事已渐行渐远，但青春时期的记忆很是清晰的，无论何时，楷爷这份恩德我会永记在心，化作我不断前行的动力。试想一下，如果我不转学到楷爷所介绍的学区，如果没有他眼皮底下的监督，如果没有自力叔、红霞姑的影响，可能自己也不会发奋努力，不会去真正下苦功夫，也就不会有现在的小成就。

仔细想来，我们都应该心怀感恩，感恩那些帮助过自己的人，感恩那些给自己带来积极影响的人，因为他们改变了我们的一生，让我们走上了一条充满阳光与温暖、通往成功与幸福的道路。通过父亲的本次手术，我也联想了很多，感悟了很多人间真情。这份真情是人间的圣洁之花，展现了内心之中永久的善良，这是心心相连的纽带，这是支撑生活的依靠。回家探病这几天让我收获了很多，学习了很多，发现自己做得还远远不够，还应该给予家人和亲朋好友更多的关心。下一步自己还要努力做出新成绩，回报那些关心关爱自己的人。

坚持前行

前行之路，不怕困难重重，只怕自己投降；理想之帆，不怕狂风巨浪，只怕自己退缩。有路就要大胆去走，有梦就要展翅飞翔。

　　不幸也是一种成功的机会。有一对好朋友，他们都是商人，一个叫约翰，一个叫亚瑟，很不幸的是他们两个人同时患上了白内障，视力严重受损，使他们无法阅读，无法驾驶汽车等，这令他们非常沮丧。约翰开始每天抱怨，心情越来越暴躁，经常无端发火，自暴自弃，终日无所事事，人到中年，一无所成。而亚瑟并没有让自己消沉太多的时间。因为他想让妻儿过上有保障的生活，他有责任有义务这么做。命运是公平的，它为亚瑟打开了另一扇窗，就在亚瑟的视力模糊不清时，一个灵感来临了，他想，既然世界上有这么多视力不好的人，为什么不研究出一种给视力不好的人看的书籍呢？接下来的日子，他开始潜心研究。因为他的视力不好，所以他只能在晴朗的白天工作，差不多一年的时间过去了，亚瑟发现，在纸上印有粗线条的斜纹体字，不但对有视力障碍的人有帮助，还能提高普通人的阅读速度，于是他果断地拿出了自己过去所有的积蓄，自设印刷厂，用多年研究出来的特殊字体印刷书籍，结果完全符合他的愿望，在一个月的时间里，亚瑟接到了订购七十万本书籍的订单。整日抱怨与积极面对，两个人的故事，使我们清楚地看到：只有不抱怨，不放弃，才能走好自己的人生之路。

生活的车轮滚滚向前，一刻不停息地朝着梦想的远方前行。在这场旅途中，有些人会迷失方向，中途做出新的选择，把原本的誓言忘得一干二净；有些人会难以忍受旅途中的风霜雨雪，道路中的坎坷泥泞，因看不到未来与希望产生了动摇，停止了前行，望着远方的五彩云霞而暗自嗟叹。没有了梦想，没有了未来，没有了坚守，没有了自信，没有了恒心，没有了依靠，最终失去了成功。如果我们没有一个好的人生选择，不知道如何安顿自己的内心，不知道怎样找到人生的方向，不能够真正在生活中去创造爱，去付出爱，去展现爱，那么人生将是一片黑暗，自己犹如在灰暗的黑海之中挣扎，没有了依靠与支持，没有了温暖与关爱，没有了光明与未来，失去了人生的意义与乐趣，陷入痛苦的深渊中不能自拔，这样的人生是痛苦的，是失败的。

我们还是要找到梦想起航的地方，找回这颗童稚之心，在纷繁复杂之中保持简单与质朴，在纠结与矛盾之中找到坚守与勇气。无论如何我们都要遵循内心的指引，去做最有意义的事情，那就是创造美、发现美、拥有美、创造爱、发现爱、拥有爱。唯有美好与善良，仁爱与付出才是人生最亮的灯塔，照亮我们的人生，指引我们美好的人生之路，让人生在光明与希望之中前行。也许，因为我们所遇到的一些困难与波折，遇到的一些无奈与失望，在某些时段让我们失去了内心的希望，变得盲从无依，不辨东西，不知道该做些什么，不知道自己的前方之路该如何去走。但只要我们不失信心，乐观前行，就会在失望之中看到希望，在痛苦之中找到快乐，在失去之中拥有收获，在迷茫之中找到方向，我们的人生终归是光明无限、快乐幸福的。我们定会拥有诸多的人间之爱，能够活出人生的价值与意义，拥有人生的真正自在。

战胜自我

人生之路，风风雨雨，坎坎坷坷。在这场人生旅行中，何不磨炼自己，锻造自己，适应一路风雨，为自己撑起一方璀璨星空。

在外人看来，一个绰号叫斯帕奇的小男孩在学校里的日子应该是难以忍受的。他读小学时各门功课常常亮红灯。到了中学，他的物理成绩通常都是零分，他成了所在学校有史以来物理成绩最糟糕的学生。斯帕奇真是个不可救药的失败者。每个认识他的人都知道这一点，他本人也清清楚楚，然而他对自己的表现似乎并不十分在乎。从小到大，他只在乎一件事情——画画。他深信自己拥有不凡的画画才能，并为自己的作品深感自豪。但是，除了他本人以外，他的那些涂鸦之作从来没有其他人看得上眼。上中学时，他向毕业年刊的编辑提交了几幅漫画，但最终一幅也没被采纳。尽管有多次被退稿的痛苦经历，斯帕奇从未对自己的画画才能失去信心，他决心今后成为一名职业的漫画家。到了中学毕业那年，斯帕奇向当时的沃尔特·迪士尼公司写了一封自荐信。该公司让他把自己的漫画作品寄来看看，同时规定了漫画的主题。他用心画了许多幅漫画，然而，迪士尼公司并没有录用他。走投无路之际，他尝试着用画笔来描绘自己平淡无奇的人生经历。他以漫画语言讲述了自己灰暗的童年、不争气的青少年时光——一个学业糟糕的不及格生、一个屡遭退稿的所谓艺术家、一个没人注意的失败者。他的画也融入了自己多年来对画画的执着追求和对生活的真实体验。连他自己都没想到，他所塑造的漫画角色一炮走红，连环漫画《花生》很快就风靡全世界。这个小男孩便是大名鼎鼎的漫画家查尔斯·舒尔茨。

　　人都有趋利避害之心，都希望自己远离痛苦与烦恼，希望自己做任何事情没有波折，顺风顺水。这基本上是人人所期盼的。但现实生活中，百分之八十以上的时间我们所遇到的都是困扰和艰难，还有诸多的苦恼和无奈，似乎人生就应该在苦恼中挣扎一般。正如古人所讲"人生不如意事十之八九"。面对诸多的不容易，我们又该如何？是逃避，还是面对？即便是面对，又将如何去面对？如何能够让自己转危为安，转苦为乐，转烦恼为豁达，这的确是我们所面临的非常现实的问题。很多人往往无法回答此类问题而变得消沉无比，内心惊恐不安。

　　有时，当遇到了自己无法解决的问题之时，自己就会出现种种沮丧复杂的心理，就会产生诸多消极的情绪，会把自己看得一无是处，认为自己很难逾越这道坎，认为世上的事情对自己不公，为什么会有这么多的磨难找到自己。好像自己再也无法回到从前，没有办法战胜面前的困难，没有了希望，没有了未来，没有了战胜人生的机会。这种负面的情绪伴随着自己，使自己完全失去了主张，这的确是一种非常可怕的感觉。它能够让自己失去战胜一切困难的信心和决心，让自己从此消沉，整日生活在不安与惊恐中，犹如进入了地狱一般，自己的内心处在一种极度的煎熬之中。人一旦进入这种负面连连的情绪之中就很难自拔，就会成为情绪的奴隶，成为困难的仆人，这样就会让自己从此一蹶不振。

　　的确，情绪的管理是人生中最为重要的课程，要学会管控自己的情绪，要成为自己情绪的主人，要学会面对困境，要学会与困难相处，要了解人生的无常性、偶然性与必然性。世事皆无常，众生皆有苦，这是现实生活的写照。关键是我们要如何把握这种无常性，能够用有常之心去把握无常，这的确是一种境界。要学会面对，学会改变，只有真正面对，而不是逃避，只有把有常当作无常，把无常当作有常，人生才会有真正的进步，自己才会有真正的成长。

感恩付出

一个人最高的素养，就是理解别人的不同；一个人最大的善良，就是理解别人的不容易；一个人最深的感恩，就是理解别人的付出。

有一个孩子跑到山上，无意间对着山谷喊了一声："喂——"声音刚落，从四面八方传来了阵阵"喂——"的回声。大山答应了。孩子很惊讶，又喊了一声："你是谁?"大山也回问："你是谁?"孩子喊："为什么不告诉我?"大山也说："为什么不告诉我?"孩子忍不住生气了，喊道："我恨你。"他哪里知道这一喊不得了，整个世界传来的声音都是："我恨你，我恨你……"孩子哭着跑回家，告诉了妈妈，妈妈对孩子说："孩子，你回去对着大山喊'我爱你'，试试看结果会怎样，好吗?"孩子又跑到山上。果然这次孩子被包围在"我——爱——你——，我——爱——你——"的回声中。孩子笑了，群山笑了。有时候，我们总是在抱怨别人的态度太冷漠、情绪太不好，却不知自己是对方最好的一面镜子——如遇到类似的情况，不妨问问自己做了什么——想让别人爱你，你得先去爱别人，爱是循环的，爱是传递的。

要在家庭与事业之间找到一种平衡，这种平衡能够让家庭融洽和谐，能够让事业不断发展。把握好这种平衡，成就生活事业的双丰收，成为生活和事业的成功者，这也许就是我们所追求的目标，也是我们每个人努力的方向。也许，每个人都有其不同的人生态度，都有其不同的待人处世的方式，都有自己的精彩故事。但无论如何，万变不离其宗，我们都要怀有一颗感恩与付出之心，任何时候都能够葆有自律，葆有对自己严格的约束。

可以这样说，好的人生都是规划出来的，对自己要有目标、有方向、有规划、有管理。如果我们放任自我，对自己的人生没有思考与规划，没有做人的品格与准则，那么自己的人生就会出现问题，是不可能有幸福与安乐的。人生犹如在铁轨上高速行驶的高铁，如果我们偏离了轨道，高铁设计得再好，也不可能以每小时四百公里的速度飞速疾驶。高铁如是，那么飞机何尝不是如此呢？飞机飞行时要按照原本设计的航线，在导航的指引下，在飞行员精准的操控下，才能一跃飞入高空，瞬间飞到地球的另一端。

其实，所有奇迹的创造皆是有规律可循的，都是在有规划、有要求、有条件的前提下得以实现的。如果没有了这些规范、限制、要求和规律，包括交通等一切即会陷入瘫痪，人们只能在动荡与不安中生活。社会与生活的正常运转，在于每个人都要付出真心，在于具有牺牲自我的精神，在于真正把大爱洒向人间。

近日，带孩子返回锦州，本来感觉能够轻松一下，谁知女儿在早上要去幼儿园时突然发烧，不能去幼儿园了，只能在家静养。爱人忙前忙后，给孩子降温，想把温度降下来，第二天去上学，可越是心急越没有什么大的效果，孩子渐渐高烧起来，体温已达到38.6摄氏度，并且还在逐渐升高。爱人也是想尽了办法，给孩子按摩穴位，用毛巾热敷头部，让孩子多喝温开水，总之是一个晚上没有好好睡觉。因为，近两天保姆阿姨儿子结婚没来，这样忙完了老大，还要忙老二，还得陪伴儿子，给他讲故事，哄他睡觉，总之是一夜没得消停。母爱是最伟大之力量，母亲是天底下最伟大之人。感恩父母给予了我们生命与美好，感恩爱人给予了这个家无限的爱，感恩孩子给予了我们成长的启示。感恩即在身边，美好永远相伴。

孝敬父母

这个世界上最后悔的事情莫过于：树欲静而风不止，子欲养而亲不待。趁我们还年轻，趁父母还健在，多多陪伴父母，孝敬父母，感恩父母，关爱父母。

有位绅士在花店门口停下了车，他打算向花店订一束花，寄给远在故乡的母亲。要走进店门时，他发现有个小女孩儿在路边哭，他走到小女孩面前问："孩子，为什么坐在这里哭呢？""我想买一朵玫瑰花送给妈妈，可是我的钱不够。"孩子说。绅士听到了很心疼，于是牵着小女孩儿的手走进花店，先订了要送给妈妈的花束，然后给小女孩儿买了一朵鲜花。走出花店时，绅士向小女孩儿提议要开车送她回家。"叔叔，真的要送我回家吗？我妈妈住的地方离这里很远。"绅士照小女孩儿说的，一直开了过去，没想到走出市区大马路之后，沿着山路前行，竟然来到了墓园，小女孩儿把花放在一座新坟旁边。她为了给一个月前刚刚过世的母亲献上一朵玫瑰花，走了一大段远路。把小女孩儿送回家后，这位绅士再度折返花店，他取消了要寄给母亲的花，而是买了一大束鲜花，然后直奔离这里有五小时车程的母亲家。这位绅士是在小女孩儿身上看到了童真，看到了真情，看到了真心，看到了真爱，他要亲自将鲜花献给自己的妈妈。

前天是母亲生日，本来计划要回鄢陵老家搞一个仪式，给母亲祝贺一番，让老人家高兴高兴。结果这几天在锦州家里，孩子感冒发烧，加之保姆阿姨儿子结婚，爱人带老大、老二忙得团团转。我常年在外，一直都是爱人操持家务，带孩子，想着回来帮带带孩子，跟孩子亲近亲近，忙来忙去的，结果就把母亲的生日给忘记了。临近生日的前一天才突然想起，马上翻查火车、飞机的售票信息，结果已经没有合适的班次了。自己感觉很是郁闷，很是内疚，不能给老母亲祝寿，也实在是大的不孝。

之后跟母亲通了电话，说明原委，老人家非常通情达理，反复叮嘱我在家多陪陪孩子，不用来回跑了，不在乎形式，现在的生活每天都是生日。还记得前一段时间，老人家嘱咐我，千万不要给她的生日搞得那么复杂，越简单越好，不要告诉其他的亲戚朋友，并认真地说，她不喜欢过生日，过了生日就代表着自己又老了一岁。可能这些话是开玩笑的，实际她是担心儿女费心，怕因为她的生日耽误我们的工作。她总是讲："你们平时都很忙，不要替我操心，我能吃能喝，能跑能跳，千万不要考虑我，我一切都好，把你们自己的事业做好，把家庭安排好，就是我最大的心愿，也是我最大的幸福。"母亲的话一直言犹在耳，操劳一生的母亲、父亲永远是家里最大的依靠。

非常令人欣慰的是七十五岁的老母亲身体还好，除血压偏高以外没有什么其他的疾病，每天按时吃点降压药，近些年来一直保持得比较好。母亲每天种菜、养鸡，还时常开着三轮电动车进城，整天忙前忙后，过得很是充实。有时候我说，不要那么忙，不要那么累，他们总是满不在乎地说，人老了就要动起来，这样身体才好，这样才能开开心心。我从小就很佩服母亲，她就像一台永不停歇的机器一样，一直在忙碌，一直在运转，好像从来不知道累，并且非常执着，总是认真地把每件事都干完、都干好。多少年来，母亲的言传身教一直影响着我，启示着我，激励着我，做工作要认真细致，要不畏艰难，要做出创意，要努力坚持，要勇攀高峰。向母亲学习，向母亲致敬，祝老人家健康长寿！快乐永远！

生活本义

　　人活一世，不应匆匆忙忙，毫无方向，要知晓生活的本意，了解生命的真谛，让人生变得有价值、有意义，让自己找到真正的幸福与快乐。

　　一个青年背着一个大包裹千里迢迢跑来找无际大师，他说："大师，我是那样孤独、痛苦和寂寞。长期的跋涉使我疲倦到极点；我的鞋子破了，荆棘割破双脚；手也受伤了，流血不止；嗓子因为长久的呼喊而喑哑……为什么我还不能找到心中的阳光？"大师问："你的大包裹里装的什么？"青年说："它对我可重要了。里面是我每一次跌倒时的痛苦，每一次受伤后的哭泣，每一次孤寂时的烦恼……靠了它，我才能走到您这儿来。"于是，无际大师带青年来到河边，他们坐船过了河。上岸后，大师说："你扛了船赶路吧！""什么，扛了船赶路？"青年很惊讶，"它那么沉，我扛得动吗？""是的，孩子，你扛不动它。"大师微微一笑说，"过河时，船是有用的。但过了河，我们就要放下船赶路。否则，它会变成我们的包袱。痛苦、孤独、寂寞、灾难、眼泪，这些对人生都是有用的，它能使生命得到升华，但须臾不忘，就成了人生的包袱。放下它吧！孩子，生命不能负重太多。"青年放下包袱，继续赶路，他发觉自己的步子轻松而愉悦，比以前快得多。原来，生命是可以不必如此沉重的。

今年的时间过得尤其快，转眼之间已到了9月中旬，再过半个月，就是国庆、中秋节啦。春夏秋冬四季交替，在不知不觉中，岁月转换着不同的气候，不同的风景，让人们体验着不同的感受。每天早晨起来坐在桌旁，思考一下现在与未来，找到自己生活的指引，找到自己每天生活的方向。没有方向，没有目标，没有规划与指导的人生，是没有目的地的人生，而忙乱无序的人生，生活的意义亦不复存在。面对纷繁复杂的社会，我们要有自己的选择和取舍。要有明确的人生目标，要有自己心中的依靠，这样做起事来就有劲头，生活起来就有趣味，人也就会变得精神百倍。

生活的本意就是创造快乐，寻找快乐。其实，我们一直都在思考：什么是真正的快乐？难道衣食丰足、香车宝马、富贵尊崇，即是人生的快乐吗？面对人生的无常，衰老与疾病，脆弱与无奈，有时还真是惊惧不已，感慨万千。如何能够让自己为自己而自豪？如何能够让自己真正地放松，让心灵得到净化，真正找到人生的无挂亦无碍，真正获得人生的大自在，这的确是我们要去努力追寻的，它才是生命的至高境界。如此，才能活出真正的自在与潇洒，活出真正的快乐与真实，活出生命的意义与向往，活出人生本来的味道。我们不是圣人，不是神仙，不可能不沾染凡尘，不可能不犯错误，不可能不受欲望的诱惑，不可能没有自己的小私心；而关键的问题就是要能够去伪存真，展露出生命中最闪亮、最崇高的一面。人虽不是神仙，但人是天地人三宝之一，人能够拥有自己的灵性与智慧，拥有自己的品格与精神，拥有能够战胜一切困难的精神指引。有了精神和目标，有了信心和力量，有了方向和依靠，有了让自己快乐的能力和机缘，有了事事为人的精神理念和幸福观，那么人生的快乐也就找到了，人生的意义也就找到了，人也就真的快乐起来了。

磨炼自己

人只有经历过痛苦和困难的磨炼，才能够锻炼一颗强大的内心，才能让自己拥有跨越障碍的力量，实现自我的成长。

巴拉尼小时候因病成了残疾，母亲的心就像刀绞一样，但她还是强忍住自己的悲痛。她想，孩子现在最需要的是鼓励和帮助，而不是妈妈的眼泪。母亲来到巴拉尼的病床前，拉着他的手说："孩子，妈妈相信你是个有志气的人，希望你能用自己的双腿，在人生的道路上勇敢地走下去！好巴拉尼，你能够答应妈妈吗?"母亲的话，像铁锤一样撞击着巴拉尼的心扉，他哇的一声扑到母亲怀里大哭起来。从那以后，妈妈只要一有空，就帮巴拉尼练习走路，做体操，常常累得满头大汗。有一次妈妈得了重感冒，她想，做母亲的不仅要言传，还要身教。尽管发着高烧，她还是下床按计划帮助巴拉尼练习走路。黄豆般的汗水从妈妈脸上淌下来，她用干毛巾擦擦，咬紧牙，硬是帮巴拉尼完成了当天的锻炼计划。体育锻炼弥补了残疾给巴拉尼带来的不便。母亲的榜样作用，更是深深教育了巴拉尼，他终于经受住了命运给他的严酷打击。他刻苦学习，学习成绩一直在班上名列前茅，最后以优异的成绩考进了维也纳大学医学院。大学毕业后，巴拉尼以全部精力，致力于耳科神经学的研究，终于登上了诺贝尔生理学或医学奖的领奖台。

心性的磨炼不是一时之功，它需要长期的打磨和修炼，需要认真的领悟和分析。我们一直在思考，应该如何过自己的生活，如何让自己的人生丰富多彩，自由自在，无怨无悔，安乐幸福，如何才能成就自己，成就他人，找到自我发展的机缘。我们曾经走过很多的路，做过很多的事，遇到过很多的人，体验过很多的尝试，在匆忙的前行中，也许会收获颇多，也许是两手空空，也许是快乐自在，也许是愁眉苦脸。

但无论如何，事情还要一件一件地去做，生活还要一天一天地去过，还是要永远向前看，规划好今后生活的每一天。我们不能只是停留在幻想之中，一味地期待着早点渡过难关，期待着赢得事业和人生的成功，期待没有障碍，没有忧烦，没有苦恼，只有鲜花与掌声，尊崇与富足，成功与微笑，快乐与自在，期待着一切顺风顺水。这些都是人人所期待的美好的愿望，真正能够实现的却是寥寥无几。生活中，每个人都有自己的苦乐喜悲，都有自己的痛苦纠结，都有内心的失落与煎熬，有些时候，甚至会让人愁肠百结，无法突破。但不管如何，早晨醒来只要你还活着，你就应该感觉到庆幸，要为自己喝彩。不要在意别人对你的态度，要知道，你活着首先是为你自己而活，当然要活得轻松无比，自由自在。人生要知道自己的追求，要有自己的目标与方向，发挥自己之所长，展现自己之优势，在一个领域里深入运作，就能干出一番事业，就能开辟出自己的新天地，活出真实的自己。

现实生活中，我们往往不够自信，总认为自己比不上人家，总是看到别人的优点，总是发现自己的缺点，而认为自己一无是处，低人一头，从而显得很自卑，整个人就会低落消沉。如果我们不及时调整自己，就会越陷越深，成为生活的弃儿。要维护好自己这颗心灵，时时刻刻给心灵以滋养，不断地给内心增添力量。要善于发现自己的优点，充分发掘自己的潜能，真实客观地认识自己，规划自己，提升自己，教育自己，成就自己，做自己的主人。

时光感慨

朋友相逢，谈天说地，挽手叙旧，春意赏花，秋浓煮酒，回首当年
时光，忆起旧时模样……

在里约热内卢的一个贫民窟里有一个小男孩儿，非常喜欢
踢足球，可是又买不起，于是他就在垃圾箱捡来椰子壳，找到
任何一片空地来踢"球"。有一天，当他在一个干涸的小池塘里
猛踢一只猪膀胱时，被一位足球教练看见了。他发现男孩儿踢
得很是那么回事，就主动送给他一只足球，小男孩儿得到足球
后踢得更加卖力了，不久，他就能准确地把球踢进远处随意摆
放的一只篮子里。圣诞节到了，男孩儿的妈妈说，我们没有钱
买礼物给我们的恩人，就让我们为他祈祷吧。小男孩儿听罢，
向妈妈要了一只铲子跑了出去。他来到一处别墅前的花圃里，
开始挖坑，这时教练从别墅里走出来，问他在干什么。小男孩
儿抬起满是汗珠的脸蛋儿说，教练，圣诞节到了，我没有礼物
送给您，我愿给您的圣诞树挖一个树坑。教练把小孩儿从树坑
里拉上来说，我今天得到了世界上最好的礼物，明天你就到我
的训练场去吧。三年后，这个十七岁的小男孩儿在1958年世界
杯上率领巴西队第一次捧回金杯。一个原来不为世人所知的名
字——贝利随之传遍世界。贝利用自己的实际行动，表达了对
教练的爱心和感激，因此也受到了教练的喜爱和培养，最终成

为世界球王，成为世界足坛上的一颗明星。

今天是周日，中午与曲大哥、大嫂共进午餐，与曲大哥小酌几杯，心情很舒畅，两个人兴致也很高。我们一起回忆了过往的时光，学习、工作的经历皆历历在目，那份鲜活与亲切犹在眼前，那情那景令人难以忘怀。我们各自回忆了自己的年轻时光，那些在大集体中生活的场景……记得20世纪80年代，正值我们的青少年时期，那时父辈们都很辛苦，虽然父亲在城里上班，我也有些优越之感，但生活也是很清苦的，那时候大家生活水平基本一样，相差无几。生活过得尽管清苦可也算充实，我们会在艰苦的生活中找到人生的乐趣，那就是人生的轻松之乐。那是一种质朴而真实的感情，那段生活，对自己的内心也是一种历练。我们喝着小酒，回忆着过往，这种状态也是现实版的美好展现。

仔细想来，对于生活的感受，不在于物质的多少，而在于生活的乐趣，在于对生活的满足，在于那种无拘无束的轻松状态。人至中年，也许这种回忆也就多了起来，多了几分平和，多了几多感慨，多了对过往美好的珍藏。

到了20世纪的90年代，自己从一个不谙世事的青春少年，逐步经历了上学、毕业、就业等过程，人生就像走马灯一样在眼前倏忽晃过，时光飞逝，无法拦截，一切都过得那么快，快得让你感到害怕。

人至中年，不知道前方的道路还有多远，不知道如何能够成长，不知道还能够留下什么，如何能够创造出令自己惊叹的业绩，如何能够让自己的内心更加宽厚与勇敢，如何能够让自己生活得安然自在，如何能让自己喜乐连连，如何能够给予自己最完美的答案。人生是一个答疑解惑的过程，也是一个不断寻找自我的过程。也许心飞得太远，就再也掌控不了，我们应该把它捧在自己的手心里，能够时时仔细地去端详。一个人待的时间久了，就要时常与好友们聊聊天，能够从互相的交流之中，找到心的方向与共鸣，体现人间最美的感动。

心的力量

内心的力量，就是智慧的力量，就是向上的力量。这种力量能够让我们管理好自己，要求自己科学地作息和生活，这种力量可以改变我们人生的命运，成就我们生活的幸福和事业的辉煌。

上天为我关闭一道门，也会为我打开一扇窗，人生不会永远风平浪静，每个人都会有属于自己的幸福。这是台湾全盲生陈盈君在作文里的一段告白，展示了她不被命运打败的坚强意志。陈盈君在小学六年级时因为脑膜炎，双眼失明，同时丧失了左耳的听力，经过半年的特殊艰苦训练，她考入了古亭中学就读，成绩在班上保持前五名。与正常同学一同上课，她走过了艰辛的路程，最终凭着自己的实力考入中学。小学毕业那年暑假，老师带她到古亭中学定位，她却一天到晚撞墙，一不留神就踩空。一般人一天就熟悉的校园，她却花了一个多月才能畅通无阻，但是她从没有抱怨，因为此时，她心中已经脱离了自怨自艾的情绪。考高中时，校长曾建议她到身心障碍设备丰富的松山高中就读，陈盈君拒绝了，她坚持与正常人一起上课，克服了眼盲耳失聪的障碍，不但功课从不落下，并喜欢游泳，打羽毛球，还热衷于参加社团活动。她外表清新地坐在课堂里，完全看不出是全盲生，只有走路时要靠手杖。陈盈君就是这样，一直充满自信、阳光向上，严格要求自己，每天科学地作息，早晨六点准时起床，准时在校用餐，按时认真听课，按时复习功课，当天的作业当天完成，而且屡屡受到老师的表扬，作业的质量非常好，按照自己的时间安排，准时参加各项活动。正是对自己这样严格的要求，她每次都会取得好的成绩。正是她这种科学的作息，科学的生活和学习态度，使她取得了优异的成绩。她靠着自己惊人的毅力和超乎常人的努力，如愿地考上了台湾最好的大学。

每天都是一个新的开始，每天都有新的收获。回到家里这两天对自己的作息做出了大的调整，不能够再像之前那么随意了。一切要以孩子为重，爱人要求女儿必须晚上八点半上床睡觉，到点关灯并同时用平板电脑播放小故事，以便孩子能够很快入睡。为配合此节奏，我也必须按时陪孩子入睡，不能有异议。这样也好，一来能够多陪陪孩子，二来自己在外面生龙活虎，回到家里一放松，就显得腰酸背痛，疲惫至极，很容易犯困，结果总是还没等孩子睡着，自己就呼呼大睡起来，往往一觉醒来已是凌晨四点左右。

起床后开始洗漱一番，有时还会坐在桌旁写下一段文字，把一天的工作做一个新的安排。这样，感觉到头脑清醒了许多，身体有了力量，也没有那么多的困乏之意，确实比原来好多了。这的确是一种好的现象，让自己找到了原本的感觉。有的时候，自己也在想，一个人的改变与所处的环境密切相关，环境变了，一个人的心绪就变了，就有了不同的状态的呈现，如若不改变原有的环境，没有周围氛围的影响，就不会触发自己的改变，还会回到原来自己的生活方式中去，继续原来的工作和生活状态。晚上熬夜，白天困乏，总是感觉头晕脑涨，身体酸软无力，完全没有了神清目明之感，那种状态很是难受，一个人如若一直生活在这种混沌的状态之中，也是一件痛苦的事情。其实，自己也总是要求和告诫自己"要改变、要改变"，但不知为何，总是改变不了，总是非要熬到那个时间点才肯上床休息。这样周而复始，搞得自己精疲力竭，内心的自信就会渐渐地消失，产生很强的挫败感，把自己的生活变得很是混乱与盲从。没有了生活的乐趣和进取之心，自己会陷入无名的痛苦，明知道这样做不好，但就是不知道怎样做才能够改变。刚好回家就改变了，就能够让自己恢复到原有的状态。虽然，与孩子们在一起没有清闲的时候，丢失了一部分工作的时间，但毕竟这种乐趣是无法比拟的。它能让自己尽享亲情，感受到天伦之乐的惊喜与幸福，能够让自己从迷茫之中醒来，重新认识自我，重新调整自我，重新找回已逝去的生活，找到一个全新的自我。

很多时候，当自己陷入一种迷茫的状态之时，还是要换一换环境，能够融入新的生活环境氛围，这会给自己一种新的警示，会对自身有新的发现，能够让自己清楚地看到自己。一个人的改变，一方面是外在行为的改变，但最重要的是内心的改变，能够让自己更清醒地看待过往，更清晰地看待现在。俗话说，"当局者迷，旁观者清"，面对自己，面对生活，面对事物，我们要换个方向、换个角度去看问题，换个方法去处理问题，也许会达到意想不到的效果。没有一成不变的人、事、物，核心就是你能否冲破旧有的藩篱，打破原有的思维，改变原有的环境。有了这些改变，才能够让自己发现另一个世界，才能够让自己见到原来见不到的圣境，才能够让自己获得更多的快乐。改变环境，改变心境，改变思维，改变心态，才能拥有一个新的自我。

追求幸福

只有永葆积极乐观，不断调整身心状态，培养幸福之源，增长幸福之能，寻找幸福之根，方能获得幸福之果。

有一位以弹琴卖艺为生的盲人从小就失去了光明，他非常渴望有一天能够看见这个世界。他四处寻医问药，但多年都不能如愿，他失去了生的信念，想用投河的方式来结束生命。这时候一位方丈救了这位盲人，给了他一张纸并跟他说："我给你一个保证，这是能够治好眼睛的药方，不过，你得要弹断一千根琴弦，才可以打开这张纸。在这之前打开是不能生效的。"于是这位盲人带了几个小徒弟游走四方，以弹唱为生，一年又一年，一年又一年，盲人在弹断了第一千根弦的时候，迫不及待地把藏在怀里的药方拿出来，想看看上面写的是什么。徒弟接过纸单，告知这位盲人，这是一张白纸，并没有一个字。突然间，盲人明白了方丈的一千根琴弦背后的意思。就是这样一个希望，支撑他积极地生活，匆匆数十年如此生活下来，心境开阔了，就好像自己长了眼睛一样，看到了世界。人的一生中，我们会遇到许多的人生不幸，消极的情绪使人沮丧，积极的情绪催人奋进，我们不能败给自己，不能放弃任何机会，要不断地调整自己的情绪，心态平和、积极乐观。只要我们不停止奋斗，不停下前行的脚步，我们就能从一切不愉快中解脱出来，就能收获人生满满的幸福。

要时时调整内心，让自己的身心永远保持一种良好的状态，积极乐观、轻松平和、健康无碍，让自己在最佳的状态之中，去感受生命美好的眷顾，给予自己身心最大的快乐。如若我们的身心调整得不好，如若我们有身体和心理上的疾患，整天就会在痛苦中挣扎，在愁闷中度日，这样的日子是多么的不幸啊。

人生中，我们一直都在追求高品质的生活，其实，一个人的状态好不好，决定了一个人生活的品质，如若我们每天都能够发现快乐，创造快乐，能够在拥有快乐的同时也给别人带来快乐，这样的人生才是有意义、有价值的人生。生活在人世间，我们不就是在追求和享受这份快乐吗？不就是能够让人生更加快乐有为吗？不就是能够让自己更加轻松自在、无挂无碍、无忧无虑吗？如果，我们能够时时调整自心，让自己的内心永远沐浴在爱河之中，去感受人间的大美与大爱，去感知生命的灿烂与价值，在至真至美的环境中获得安乐，这是多么难得呀！

在生活中，人们往往会受固有习气的影响，总是为了自己的占有而争斗，总是在与人交往之中吹毛求疵，总是在内心之中感到愤愤不平，好像是周围的人都欠他的一般，好像来到这个世间就是向人讨债一般，好像是所有的环境都不是自己想要的，与己格格不入一般。埋怨社会的不公，埋怨命运的不公，愁苦于人间的险恶，计较自己拥有的太少，嫌弃自己没有一个轻松安逸之处，嫌弃自己没有出生在一个富庶之家，嫌弃自己没有有钱有势的父母。整日在愤恨与无奈之中徘徊，不知道如何才能获得自己想要的东西，真的是不知所谓。内心永远笼罩在阴暗中，这种心理上的阴影一直笼罩着自身，犹如将自己关进了一个阴暗的牢笼里，让自己的身心困在无法解脱的境遇之中，难有出期。内心没有了指引，没有了目标，没有了方向，没有了自信，没有了突破，没有了自己的快乐，没有了生命的光彩，这种错误的思维，让自己深陷于一种痛苦与无奈的生活之中。

　　如若我们不能够改变自己的身心，人生就是炼狱，自己就永远见不到阳光。只有不断地调整自己的身心，把人生的苦痛当作迈向光明、自由、幸福的阶梯，把不幸与痛苦当作对自我的救赎，是对自己身心的锻炼，是人生必须经历的自我完善的过程，这样生命才会活力无限，才会拥有人生的快乐。

感恩奉献

学会感恩与奉献，对于别人的关心与帮助心怀感恩，同时乐于奉献自己的爱心，给予他人关心与帮助，这样我们才能拥有生活的美好。

感恩节到了，老师让小学生画下最让他们感激或感动的东西。老师在想，能使这些穷人家的孩子心生感动的事物一定不多，他们多半是画桌上的烤火鸡和其他食物。当老师看见孤儿杜格拉斯的图画时，十分惊讶，那是以童稚的笔法画成的一只手。谁的手？全班都被这抽象的内容吸引住了。"我猜就是上帝赐食物给我们的那只手。"一个孩子说。"一位农夫的手。"另一个孩子说。全班都静了下来，继续做自己的事情。老师过去问："杜格拉斯，那到底是谁的手？""老师，那是您的手。"孩子低声说。老师这时忽然想起，自己经常在休息的时间牵着孤寂无伴的杜格拉斯的手去散步，他也经常如此对待其他的孩子，对杜格拉斯来说却意义特别。不管别人的帮助有多小，都要感恩，即使不够富有，不能给对方物质帮助，依然可以给对方信任、鼓励和爱。

昨日，与刘老师、王老师两位老师共进晚宴，很是亲切。有句话讲得好："一日为师，终身为父。"两位老师是我人生路上的指引，他们给予我的不仅仅是基础知识、专业知识的提升，同时教会我如何为人处世，这是对我人生哲学的指导和教育。人的一生都需要老师，需要不断学习，需要方向的指引，需要感恩与付出。恰逢中秋、国庆双节将至，能在节前与两位老师相聚也是一件非常高兴的事情。因平时大家工作都很忙，对于自己来讲，总要东奔西跑，要在近期处理好节前的每件工作：要把市场拓展好，要把生产安排好，要把科研组织好，要把家庭安顿好，要做到工作、家庭两不误。

　　人至中年所考虑的事情、所要做的事情的确是太多了，而每件事都想把它做好，的确是很不容易的。现实生活皆在变化之中运转，会有很多的突发因素，完全没有了固有的套路与模式，一切都在发展之中变化着。我们要适应这种变化，跟上这种变化，要随机而动，以变治变，用变化的辩证的思维来待人处世。当然，无论世界如何变，自己的本心不能变，就是要永远葆有敬人爱人之心、付出创造之心、善良仁慈之心、宽厚奉献之心、尊重敬畏之心，要依照所应具有的本心，遵循人间正道去工作，去生活，去与人交往合作，不断拓展与创造。要感恩老师们的教诲，要以师为范，以师为尊，铭记老师的教导，努力去除自身的缺点，努力弥补自身的不足。向优秀者学习，不断地提高自己，不断地发展自己，让自己不断获得新知，让自己在正确的道路上不断前行。

　　生之为人，只有在有序、有礼、有节、有爱的基础上，我们才能生活得轻松愉悦，才有人生的价值体现。如果人生总是互相猜忌、敌对、无序、攻击、无礼，那么人间就成为炼狱，人之一生就会相当悲惨。生活的意义就是追寻美好，"美好"就是让大家都能够有一个好的心态与目标，都能够学会创造与付出，都能够得到更多的愉悦与收获。

感恩一切

感恩世界赐予我们的每寸光阴，珍惜我们现在所拥有的一切，用心经营自己的人生，让人生发光发热，闪烁耀眼的光芒。

一个原本英俊的雕塑家突然发现自己的面貌、行动、举止以及神情都变得丑陋可怕，他为此非常苦恼，访遍名医均无良药。一个偶然的机会，他来到一座庙宇，向大师寻求帮助，大师了解情况之后说，我可以恢复你的相貌，但你必须先给我的庙宇做一年工，为我们雕塑几尊神态各异的观音偶像。这位雕塑家细心琢磨观世音的容貌、表情、形态举止，那种慈祥、善良、圣洁和正义的形象深深印在他的脑海中，使他渐渐达到了忘我的境界，当他工作完成的时候，来到镜子面前，他惊喜地发现自己的相貌已经变得神清气朗，端正英武。他感谢大师恢复好了他的相貌。大师告诉他，是你自己治好了自己的病根，因为过去你一直在雕塑地狱的魔鬼。要学会感恩，要心存感恩和美好，要时时感受到美好事物的熏陶，我们的生活才能变得更加美好。

感恩无处不在，感恩相伴人生。感恩是人类伟大精神的充分展现，感恩是人类优秀品质的具体体现。每天，我们都生活在关爱的氛围中，有很多给予自己帮助与关爱之人，他们在默默地帮助与支持着自己，随时随地、时时刻刻让我们享受着人间之爱。也许，表面上看不出来，没有觉察，但那份关心、那份关爱永远藏在心底，它将化作一种希望，一种向上向善的动力，一种大胆拓展的勇气，一种无私无畏的气概，激励我们义无反顾，奋力前行。一个人只要把自己调整好，能够站在别人的角度与立场去看问题，能够时刻关心关爱他人，那么，他就能够感受到温暖与真情，就能够拥有更多的成就感，人生就会感受到骄傲与自豪，就会感受到美好与幸福。

现实生活中，有很多的纠结与困扰、烦恼与忧愁、无奈与焦虑、艰辛与痛苦。但如果我们能够转变观念，能够不断拓展自己的思维，发现新的前行之路，就能够给自己选择更光明的发展道路。往往有些人生活中因遇到了不如意，就会感到无比的痛苦，认为没有了前行的方向和成功的可能，就会满腹牢骚，抱怨不断，不再踏实努力，不再认真分析，不再创新进取，而是轻易地放弃了。整天在自怨自艾中度日，变成了一个唠唠叨叨的长舌妇，这样的做法非但不可取，且于事无补。世上从没有"一蹴而就、立马成功"这一说，怎么会轻轻松松就能够取得成功呢？如若浅尝辄止即可成就，那成功岂不是来得太容易了吗？都是成功者，都是胜利者，天底下没有失败之人了，那么怎么可能呢？成功者往往是那些能够吃苦之人，懂得付出之人，认真积累之人，不断创新之人，长期坚持之人。不为失败找理由，只为成功找方法，具有不达目的不罢休的坚定信心，明确人生的意义，我们活着就是要为别人创造幸福，为社会创造价值，为人生增添光彩。这是我们最真诚的祝愿，也是我们不断努力的目标。

生命无常

生命对于每个人只有一次，我们要尊重每一个生命，爱惜每一个生命，愿逝者安息，愿生者安乐。

日本明治时代有一个著名的南隐禅师，他境界很高，通常用一两句话给人以深刻的点拨，因此，很多人慕名而来。一天有一位官员前来拜访，让禅师为他讲解，何为天堂，何为地狱，并希望禅师能够带他到天堂和地狱去看一看。禅师打量一番说，你是何人？官员说，在下一员武将。禅师哈哈大笑，并用很刻薄的语言嘲笑说："就你这一副模样儿，居然也敢称是一名武将，真是笑死人了。"官员大怒，立刻让身边的人棒打他。禅师跑到佛像之后露出头说："你不是让我带你参观地狱吗？这就是地狱。"官员顿时明白了禅师所指，心生愧疚，并被他的智慧所折服，于是走到禅师面前，恭恭敬敬地低头道了歉。禅师笑着回答说："你看，这不就是天堂了吗？当你以坦然平和的心境对待所发生的事情，天堂就在你的眼前了。"天堂、地狱其实都在人间，在我们每个人的心中，心中一善念就是天堂，心中一恶念就是地狱，就看大家怎样选择。你我皆凡人，注定逃不脱世俗，与其为外境所困，不如用一颗宁静淡泊的心平和对待。

今日，在老家经历了一次"生死诀别"，内心很是沉痛。今年八十三岁的姨父因两次摔倒，给身体健康带来了严重的影响，今晨吃过早饭昏迷不醒，急救车将他送到鄢陵中医院进行急救，他的心跳逐渐减弱，血压降低，经医护人员一个多小时的紧急抢救，生命最终没能挽回。回想一个多小时前，在他面前轻唤，他还有清醒的认知，还能认得我是谁，还在我面前流下了眼泪。我还鼓励他说，这次没有事，给你彻底治好，我们再回家，他还点头说是。可突然之间呼吸急促，没有了心跳，呼吸变弱，逐渐没有了意识。我强忍着悲痛，协助医护做些事，给他擦洗身体，按他的脚和手，便于急救，这是紧张的生命争夺战，医生护士们都使出了浑身的力气，参与这场急救。我的心情尤其沉重，不知道如何是好，内心里一直充满着不祥之兆，紧张的一个半小时，也是我最煎熬的一个半小时，就这样，我眼睁睁地看着老人家在我面前故去了，内心针扎般疼痛，沉痛无比。但不管怎样，我仍要打起精神来，配合医生的安排，还要安抚痛哭流涕的已近八旬的姨。老人家身体也不是太好，血压高，膝盖也不好，看到她难过与伤心，我尽量去安慰她，让她减少一些悲痛。

的确，经历了生死，就知晓了人生。在这无常的世界里，每个人都是匆匆的过客，都是历史长河中的一瞬间。如何能够让自己心安，如何能够让自己超越生死苦痛，如何能够安守自心，如何能够让精神永恒，这的确是我们需要探讨的人生大课题。反思自己，有很多方面需要调理，首先需要在生活习惯上，注意科学地安排作息，加强身体锻炼，重视身体健康，同时保持一个良好的心态，能够用积极包容之心去面对所有。生命难得，幸福难觅，愿我们珍惜珍重，都能有一个好的身体，好的心态，好的人生。人生百年，终归尘土，唯愿老人家一路走好。

精神力量

　　精神的力量，是智慧的力量，是向上的力量，是希望的力量，强大的精神力量可以改变后天的命运，将不可能变为可能。

　　克尔曾经是一家报社的职员。他刚到报社当广告业务员时，对自己很有信心，他向经理提出不要薪水，只按广告费抽取佣金，经理答应了他的请求。于是，他列出一份名单，准备去拜访一些很特别的客户，公司里的业务员都认为那些客户是不可能与他们合作的。在去拜访这些客户前，克尔把自己关在屋里，站在镜子前，把名单上的客户念了十遍，然后对自己说："在本月之前，你们将向我购买广告版面。"第一天，他和二十个"不可能的"客户中的三个谈成了交易，一个星期后他又成交了四笔交易，到第一个月的月底，二十个客户中只有一个还不买他的广告。在第二个月里，克尔每天早晨，待那拒绝买他的广告的商店一开门，他就进去请这个商人做广告，而每天早晨，这位商人都说："不！"每一次，当这位商人说"不"时，克尔就假装没听到，然后继续前去拜访。到那个月的最后一天，对克尔已经连着说了三十天"不"的商人说："你已经浪费了一个月的时间来请求我买你的广告，我现在想知道的是，你为何要坚持这样做。"克尔说："我并没浪费时间，我等于在上学，而你就是我的老师，我一直在训练自己在逆境中的坚持精神。"那位商人点点头说："你已经教会了我坚持到底这一课，对我来说，这比金钱更有价值，我看到了你强大的精神力量，为了向你表示我的感激，我要买你的一个广告版面，当作我付给你的学费。"

2020年的国庆节与中秋节是同一天，这是疫情后的第一个黄金周，大家能够享有八天的休假，也是后疫情时代国人生活的展示。2020年经历的事情太多了，年初疫情的大暴发，令国人乃至全世界人们的生活发生了翻天覆地的变化，随之世界格局也发生了剧变。这场疫情能够让人们更冷静、更清楚地思考自己和他人，思考生命与自由，思考国家与民族，思考中国与世界。我们深深地体验到了人之精神力量的伟大。它让我们在最危难之中看到了希望，看到了未来，它能够引领我们战胜一切不可能，在我们认为不可能之状况下实现可能。这就是信心的力量，这就是伟大的精神力量的意义所在。这种精神能够震撼山岳，拨云见日，扫除阴霾，普洒阳光，只要我们有精神、有信仰、有信心、有力量，就能够战胜一切艰难险阻，就具备成就人生、成就事业的能力。这次疫情，让我们能够更加珍惜生命的存在，能够更加了解生命的意义，能够更加知晓我们应该如何去生活，如何能够把自己的命运与别人相连。在这个无常的世界里，我们应该葆有自己精神的引领，葆有战胜一切困难的信心与决心。要相信自己，相信自己的能力，相信精神与信仰的力量，经常给自己打气，给自己增添力量。一切成就皆来自自己的信心与信念，来自对自己的呵护与提升，来自对自己的规划与执行。

每个人都具有无穷的力量和巨大的潜能，我们要学会凝聚这种力量，深入地挖掘自己的潜能，真正成为一个能够战胜困难之人，一个不断提升自我之人，一个永远乐观之人。疫情也让我们认识到了国家的力量，团队的力量，智慧的力量。国家强大了，我们就有足够的信心和力量去战胜磨难，给我们的民族带来希望和未来。疫情让我们深深认识到了国家的伟大，民族的伟大，只要我们万众一心，众志成城，攻坚克难，就没有战胜不了的困难。今天，在这个特殊的日子里，向我们伟大的祖国致敬，向我们伟大的民族致敬，向我们伟大的人民致敬，向伟大的中国共产党致敬！在新中国成立七十一周年之际，让我们一起祝福祖国繁荣昌盛，万世昌隆！

儒商教育

儒商促盛世，盛世出儒商。文商结合、诚信义和、以德治商、仁爱和谐。创造更新理念，倡导儒商文化，紧跟时代步伐，促进现代社会经济发展。

阿里是一个普通小商贩，在离家不远的历史博物馆前的广场上做着小生意。一天，两个游客来到他的摊子买口香糖，同时谈论着博物馆里的地毯，其中一个游客意犹未尽地说："伊朗的地毯简直太令人难忘了，真想带一块回去！"另一个游客也叹着气说："我也是这样觉得，可是地毯太大了。"阿里已经不止一次听到游客这样的叹息了，在他们离开后，阿里心想，要把地毯带回去也很简单哪，在地毯上剪下一小块就可以装进口袋里了，但问题是又有哪位游客会特意找到一家地毯经销商，要求剪下一小块来买走呢？想到这里，阿里突然意识到了什么，他兴奋地大叫了起来。当晚回到家里后，阿里从阁楼上找出几块剩余的碎地毯，剪成了香烟盒那么大或圆或方的小块。第二天，阿里来到广场上后，把这些"小地毯"摆到了自己的摊位上，以每块一美元的价格出售。结果他只用了半天就将一百多块"小地毯"卖了个精光。不久后，阿里成立了一家工艺品作坊，把特殊的文化意义以及精美的制作工艺融入地毯制作，使这些"小地毯"成了游客们购买纪念品的首选。短短几年，阿里的小作坊就成了一家大型纪念品公司。很多人问阿里是怎么想到把地毯剪碎卖这个主意的，每次阿里都会这样回答："其实我想，来旅游的人，都想了解一下我们国家的历史，我的小地毯生意靠着历史博物馆，我喜欢历史知识，想到游客也会喜欢，知识让我脑洞大开，怎么想到的并不是关键，关键是我将想法付诸行动了。"

昨日，从郑州赶回许昌，参加孔子书院儒商学院成立第一届筹备会。参加会议的有政府领导、孔子书院领导及企业界优秀人士。会议期间大家深入分析，畅所欲言，相互沟通，理清思路，对于儒商学院的性质、成立的意义、课程的安排、服务内容、注册的程序等都做了深入的研讨。其间大家提出了很多真知灼见，都在为儒商学院的成立与发展献计献策。会议开得很务实，很高效，在短短两个多小时内理清了思路，做出了规划，结合本次讨论的意见进行了归纳与汇总，并提出了下一次会议的研究内容及方向，明确了下次会议的时间。会议成果丰硕，取得了圆满成功。

非常感谢许昌孔子书院李俊恒院长、丁雪玲常务副院长以及参与嘉宾对我本人的信任，推举我为许昌孔子书院儒商学院筹备组组长。本人备感荣幸，但同时也感觉责任重大，筹备组的工作还很繁多，工作很具有挑战性，要与筹备组各位专家领导共同去做好儒商学院筹备前的一切准备工作，要全身心地投入学院筹备工作的每一个环节之中，依靠大家的智慧，集思广益，群策群力，争取将筹备工作做得更加圆满。儒商学院的成立旨在传承儒商文化，提升企业精神文化内涵，用儒家等国学思想结合现代企业发展需求，来服务于现代企业经济的发展，也就是所谓的传承国学，服务经济，把国学传统文化与现代企业品牌文化完美结合。这的确是一个非常伟大的事业，具有很强的现实意义，必将为我国现代企业管理理念以及企业转型发展起到不可估量的作用。在学院筹备组建的过程之中，还会有这样或那样的问题和困难，但只要我们认真研究，深入探讨，科学规划，攻坚克难，创新发展，我们就能够把许昌孔子书院儒商学院办得越来越好。

记录生活

生活需要一些看得见摸得着的东西来填补我们的记忆，这就是记录。如果没有记录，世界上就会缺少太多太多的东西了，也许，这就是写作本身存在的意义和价值吧。

从某一个角度看，强迫学生的老师何尝没有强迫自己呢？美术老师为了让学生每个星期都能见到老师的新作品，为了以身作则，不得不画，才有了更好的成绩。教学生不也是教学强迫吗？写文章也是如此。不信你去问问，哪个成功的作家没有被强迫？他被两种人强迫，被报社、出版社的人强迫，也被自己强迫。读者强迫主编，主编强迫作家，作家强迫自己，强迫得想睡也不能睡，不想写也得写，多少惊人的作品就这样诞生了。如果你问金庸：你这些武侠巨著是怎么写成的呀？他很可能答：报社连载强迫出来的。你再问：如果没有报社强迫，你写得出来吗？他很可能答：写得出，但写不了这么多。一个人不被强迫，不被环境、理想强迫，怎么可能冲得久，又怎么可能成功。所幸世界上有强迫这件事，我们才能超越自己，完成超出自己能力的事。于是，你该了解《孟子》那段话的道理了，故天将降大任于斯人也，必先苦其心志，劳其筋骨，饿其体肤，空乏其身，行拂乱其所为，所以动心忍性，增益其所不能。这段话说的其实只有五个字：强迫你成功。

写作是对生活的总结，是对生活的记录，同时也是对自己心灵的抒发与安慰。写作是重新认识自我的过程，总结近六年来的写作实践，很明显地感觉到了对自己的促进与提升，对于生活的方方面面有了新的认识，了解生活的全貌，让自己更加懂得珍惜，并始终要求自己怀有一颗客观理性之心，在纷繁多姿的生活里找到自己。

我们一直习惯于眼睛向外看，感觉自己亲眼看到的东西才是最真实的，俗话说"眼见为实"，但其中的规律与内涵未必能够从表面上充分展现出来。往往我们的眼睛会受到蒙蔽，大部分看到的只是事物某个侧面，而不能够全面地反映事物的全貌，不能够充分地表达其意。做事情是这样，看人也是如此，我们关键在于看他是否说一套做一套，言行是否一致，抑或完全不是自己看到的那个样子。所以说，亲眼所见的也不一定是准确的。我们还是要以心为念，能够透过现象看本质，不断去分析总结，从思考中去找出正确的结论。写作恰恰是总结和分析的最佳途径，是对整体思路的进一步理顺，是自我认识的再度升华。

很多时候，在自己迷茫、困惑之际，将自己的真实想法写出来，逐渐思维就清晰了起来，原本苦苦思考还难以解决的问题，通过不断总结分析，就有了内心的清净和思维的清晰度，就会有新的思路和方法，就会有更多的新的突破口。往往一篇文章写出来之后，那种浑浊的思维一下子就变得清晰无比，自己就会有一种异常轻松之感，同时内心也有了满足之感。一个人不可能没有困扰，不可能没有烦闷和无奈，无论是生活还是工作，都会遇到这样或那样的问题，我们要学会自我排解，能够自己安慰自己，自己调节自己，自己培养自己，自己提升自己。自己才是自己真正的主人，才是最了解自己的人。我们不能奢望别人的永远帮助，什么问题都应该靠自己来决定，靠自己来解决。

一个人内心的调节是非常重要的，只有把内心调节好，我们才会拥有完美的人生。那么调节内心的最佳途径，我认为就是写作与思考，即把自己的感受不断地梳理出来，每天对自己的生活与工作进行总结，用文字的形式将它整理出来，把它作为自己进步的养料，于己于人都会起到很好的补益作用。作为我们人生永久的记忆，这是一件多么有意义的事情啊！这将会提升我们的性情，调节我们的心性，提高我们的认知，激发我们的热情，陪伴我们共同拥抱美好的人生。

持之以恒

做一件事情容易，每天坚持做同一件事情很不容易，很多时候做成功一件事情，需要的不是爆发力，而是坚持的力量。

　　她，名牌大学毕业，却找不到工作。好不容易找了份戏剧编剧助理的工作，却发现整个公司除了老板只有她一个员工。累死累活干了三个月，她只拿到一个月的工资，于是炒了老板鱿鱼，开始游荡帮人写短剧、写电影，只要按时收到钱就好。前路茫茫，她希冀奇迹发生。一次机缘巧合，她应聘到电视台一个节目当了编剧。半年后，在一次制作节目时，制作人不知为什么突然大发雷霆，说了句"不录了"就走了。几十个工作人员全愣在那儿不知怎么办，主持人看了看四周，对她说："下面的我们自己录吧！"机会只有三秒钟，三秒钟后，她拿起了制作人丢下的耳机和麦克风。那一刻，她清楚地对自己说："这一次如果成功了，就证明你不仅是一个只会写小剧本的小编剧，还可以是一个掌控全场的制作人，所以不能出丑！"慢慢地，她开始做执行制作人。当时，像她那个年纪的女生能做制作人，相当罕见。几年后，这个小女生成了三年获得金钟奖的王牌制作人，接着一手制作了红得一塌糊涂的偶像剧《流星花园》，被称为"台湾偶像剧之母"。她就是柴智屏。回首往事，柴智屏爽直地说："机会只有三秒，就是在别人丢下耳机的时候，你能捡起它。"坚持，会改变你的人生。

　　每天重复做一件事情的确很难，这是一种认知上的惰性，也是生活中通常会出现的情况。人们往往会给自己没有完成某些事而打圆场，往往会为自己的行为找出很多理由，找出很多未能坚持的借口，找出很多令自己感到放松的依据。一旦这种想法出现，一旦这种习惯养成，就会出现做事业过程之中的溃败。

　　"千里之堤，溃于蚁穴"，从自我松懈开始，很多不经意的小事可能是影响大事的诱因。养成一个好习惯很难，但破坏一个好习惯就很容易，它往往不需要什么更多的理由，只要有一个想法和一个放松的行为即可。因此，在日常工作生活之中，我们要防微杜渐，要有防备之心，要时时警示自己，没有了这些，就会失去理性，成了一个欲望的奴隶，不懂得尊重自己，变得老气横秋、无所事事、萎靡不振，整个人缺少了生机与活力，没有了年轻时的冲劲、干劲与激情，有时甚至会变得自己也不认识自己了。一个人如若缺少了生机与活力，就会变得无聊、无序，就没有了前行的动力，就会变得麻木不仁，没有目标、没有坚守、没有信心、没有勇气，这样的人是不可能取得事业成功的，也是不可能获得幸福和快乐的。

　　那种失败之心笼罩自己之际是自己最颓丧之时，也是自己遭遇挫折感最强之时。很多时候，要从我们的内心去找原因，是什么让我们落后，是什么让我们轻易放弃，是对自己的能力没有信心，还是不能，或不敢于坚持。近两日，因为忙于带孩子，结果不能够及时写出每天的文章，不能及时提交文章，未能够按时准点把自己的工作做完，及时处理院里的事情，这些都是自己深感遗憾的地方。虽然，对于每天未能及时完成的工作任务，我们可以找很多的理由，但再多的理由也不是不能及时完成任务的借口。要想尽办法，克服一切困难，最终完成任务，坚持如一，持之以恒，相信坚持的力量，成就完美人生。

与心为友

若能与心为友，倾听内心的声音，及时调整心态，心理障碍自然会减少；心灵轻盈了，即会不受羁绊，潇洒自如，轻松自在。

一个青年作家从小就喜爱文学，希望成为文学方面的红人，却一直未能成功，于是向慧明禅师请教。慧明禅师赠给他一句箴言："穷者不可比富，富者不可比智，智者不可比惠。"青年作家疑惑为何不是智慧的"慧"，慧明禅师解释："做真正的文人应该惠泽天下，而不应去慧比天下。"青年作家困惑不解，慧明禅师说："总有人比你富贵，总有人比你才高，你只会越比越累、越比越苦，心胸也会越来越狭窄，最终苦了自己。相反，如果你追求创造比别人好，贡献比别人大，奉献比别人多，即使你没有达到目的，你的心胸也是开阔的，心情也是愉悦的，你的成就必然独特非凡。"青年作家听了豁然醒悟。心态不同，思想不同，精神不同，境界不同，其成就必定迥然不同！

沈阳的初秋时节，虽感觉有些凉意，但阳光的明媚，天空的清澈，空气的舒爽，总让人有无比舒悦之感。早上起来，收拾完毕，坐在桌前，心境平和地写几段文字倒也是一种无比的享受。这样可以对昨日以及其他的过往有所回顾，对于心情和生活有所梳理。通过不断的回顾与整理，将原本模糊的事情搞清楚，内心即会豁然开朗。将原本纷杂的一切理顺了，生活的本质也就显露出来了，这样就不会再陷入纠结不清的状态之中，就能够找到那份快乐与自在，就会有更多的可能去做出一些有意义的事情来。我们的人生不就是与自心相伴的过程吗？如此，能够把原本不理解的事情理解清楚，将那百般纠结的内心调整得顺达无比，这就要求我们学会与自心和解，要了解生活的本质，能够从生活之中去发现人生之美。要知晓所有的结果的出现皆有其原因，皆是自然而然会出现的结果，没有什么可奇怪的东西，没有什么解决不了的事物，没有什么不能够破解的难题。只要我们与自心和解，与自己的内心为友，一切事情也就不是事情了。

　　生活的艰辛，往往在于对人、事、物的不理解，尤其是对自己没有全面的接纳，总是抱怨自己，总是嫌弃自己，总是在生活中给自己设限，把自己当作可有可无的影子，片面地认为自己这也不行，那也不行，甚至怀疑自己的能力，埋怨自己的行为。长此以往，人就会变得非常消极，非常被动，没有了积极主动的生活态度，没有了自我形象的建设，没有了那份做人的精气神，内心长期处于一种压抑的状态。如此这般，生活就像一杯苦酒，就会在饮的过程中痛苦万分，就会怨天尤人，就会心无所依，就会自暴自弃，没有了做人的骨气与勇气，失去了做事的自信与坚持。人也就成了被别人提线的木偶，完全是一种机械式被动地前行，真正成了别人思想的奴仆，成了被别人操作的机械。没有自我的人生是失败的人生。没有创造力，没有坚持力，人也就真正成了朽木。总之，我们还是要学会管理好自己，真心与自己为友，真正成为自己的主人，这才是我们一生幸福的前提。

珍惜时光

要懂得珍惜时光，要学会珍惜时光，不能丢了夜晚的星星，又错过了白天的太阳。天道酬勤，厚德载物，越努力，越幸运，越成功。

有一个一无所长的年轻人，感到自己生活得非常无聊。于是，他去拜访一位哲人，希望哲人能够给他的未来指明一条道路。哲人问他："你为什么来找我呢？"年轻人回答："我至今仍一无所有，恳请你给我指明一个方向，使我能够找到人生的价值。"哲人摇了摇头，说："我感觉你和别人一样富有哇，因为每天时间老人也在你的'时间银行'里存下了八万六千四百秒的时间。"年轻人苦涩地一笑，说："那有什么用处呢？它们既不能被当作荣誉，也不能换成一顿美餐……"哲人肃然打断了他的话，问道："难道你不认为它们珍贵吗？那你不妨去问一个刚刚延误乘机的乘客，一分钟值多少钱；你再去问一个刚刚死里逃生的'幸运儿'，一秒钟值多少钱；最后，你去问一个刚刚与金牌失之交臂的运动员，一毫秒值多少钱？"听了哲人的一番话，年轻人羞愧地低下了头。哲人继续说："只要你明白了时间的珍贵，去发现一件自己想做的事情，那你脚下的路便会慢慢明朗起来。"只要我们拥有现在，那么我们就是富有的。因为，我们每天都拥有八万六千四百秒的时间可以支配。如果你不珍惜，时间就会像风一样从你身边溜过，给日子留下一片苍白。

时光犹如一张白纸，让我们用生命的光辉去描绘，描绘美好，描绘未来，将生命的光彩展现。也许，看似普通的一天，也会在自己生命的画册里留下最壮丽的一页。

有时候，我们总会感觉时光的流转很平常、很平淡，一天又一天，永远在重复着固有的日子。上班，下班，生活，工作，衣食住行，似乎永远没有什么新意。每天看到的是熟悉的面孔，度过的是平凡的时光，没有什么特别的地方。如果有，那也无非是又见到了一些新的面孔，接触了一些新的人与物，又遇到了一些新的是与非。恩恩怨怨，是是非非，无休无止，在平凡中生活，在哀痛中成长。每天一睁眼，总是会想到自己的得与失、高与低、恩与怨、好与坏，自心难安，痛苦难休，难以脱身。自己总是活在自己的心境里，像是没有灵魂的死物，在每天的俗事中苟活着，如此日复一日，年复一年，待老之将至，寿终正寝之时，方可万事皆休。可以说，这样的人生是非常痛苦的，也是没有任何价值的。

人生的价值，体现在生活的当下，体现在时间的每分每秒中，体现在自我的思想的感应中。有了对现实充分的理解，有了对自我清晰的了解，有了对生命无常的认知，有了对实现自我价值的期许，我们就能够找到触动自己心弦的地方，就能够在生活的细微之处发现更多有意义、有价值的东西。关键是你要善于发现它，能够洞察其本身，不要被眼前的沉暗蒙蔽了眼睛。要学会静下来，而不是随波逐流、落于凡俗。每时每刻的存在皆是合理的，每一次的相遇皆是难得的。

生活中的每一天看似短暂，很是普通，很是平常，没有什么。但要知晓，这看似短暂而普通的每天时光，才是生命的自然存在，才是我们最大的财富。要珍惜现实生活中的每一天，可能这一天会让自己愁肠百结、苦恼不已，可能自己正在经受着某种磨难和痛苦，甚至自己会产生放弃之心。但我们别忘了，此时才是你体验真实人生的最佳时机，才是你人生最丰富的积累，这是一场即在眼前的历练，是自己收获的最佳时机。

所以，不要回避生活中的苦痛，不要整日为自身利益而纠结万千，这些都没有什么。即便是锦衣玉食，看似快乐无比，也无非是一种体验而已，时过境迁，还会回归本源。要能够倾听自心的声音，回到自己的身边，能够与己相伴，才是人生最大的快乐。生活的本身就是一个体验的过程，是一个感知世事的过程。人生是一段经历，珍惜这段经历，坦然面对所有，学会知足与珍惜，学会关爱与给予，这才是生活的正道。

严于律己

无论外面的世界多么精彩，我们都要安守自心清净。严于律己、把控自心、认真生活、努力工作、积极向上，不负岁月时光。

东汉时期，有个清官叫杨震。他在荆州做官的时候发现了才华横溢的王密，就推举他做了昌邑县令。当杨震出任太守途经昌邑时，王密为答谢杨震以前对自己的举荐之恩，趁夜深人静怀揣十锭黄金到驿馆拜见杨震。杨震对王密此举很是生气，毅然拒绝。王密四下瞅了瞅说："夜黑人静，是不会有人知道的。"杨震义正词严地说："天知，地知，你知，我知，你怎么说没有人知呢？"说完他生气地将黄金掷于地上。好一句"天知，地知，你知，我知"，难道你不说我不说就没人知道了？心知道了整个世界就知道了呀。杨震严于律己的故事告诉我们，任何时候都不能够放任自己，要严格要求自己、管理自己，这是对自己的尊重。

尊重自己就是要严格自律，要从对自我的严格管理做起。可以说，没有自律和管理，就不会有好的人生，当然更不会有光明的未来。

近几个月来，我感觉自己在把握作息时间上还是很欠缺的，没有能够把控好自己，管理好自己，感觉有些时候是在"为所欲为"。失去了自己对自己的约束，人会变得焦躁不安、无序盲从，会把自己的工作与生活打乱，让自己陷入一种迷茫，失去了自己的清净之所，没有了前行的勇气和信心，整个人就会变了样，甚至变得连自己都不认识自己。还会美其名曰：这是一种新的生活，是自我的一种突破。殊不知，为了这种新的尝试与突破，自己又将会失去多少。这不仅仅是失去了精力和时间，更是失去了清净与安宁，失去了纯真与自由，失去了对美好的期许，失去了本该属于自己的成就与快乐。无序的生活犹如长期未得修剪的草坪一样疯狂地生长，心中的忙乱也正犹如这野草一般毫无节制地生长起来，把一块块良田蚕食鲸吞，侵占殆尽，给自己的人生带来巨大的损失，这便是疏于管理自己的结果，让自己踏进了一条破坏幸福的邪路。也许，有人会认为这只是危言耸听罢了，并认为哪有那么严重，一个人本应该自由一点，考虑那么多干什么，这不就是自己跟自己较劲吗？有什么不能够释然的，要轻松起来，要放飞自我。但这种"轻松"和"放飞"，是要付出自己宝贵的精力和时间的，是要付出伤害身心的代价的。

我们不能在泥污之中去粉饰自我，要用清净之水去洗刷满身的泥污，永远保持一颗出淤泥而不染的净洁之心。要葆有坚强的意志力，找到最勤奋、最精进的自我，找到最真实、最有活力的自我，在清净与明媚的天地之间找到最美好的生活，这才是我们一直在不断追求的人生乐境。可以说，没有什么能够与清新的生活相比拟的了，有了这份轻松、清雅、无忧无碍的生活，我们的精力才会更加充沛，格调才会更加高雅，人生也便有了希望，事业便会跃上一个新的台阶，人生的幸福和快乐才会越来越多，我们人生的高峰才会真的来到。要学会科学规划、严于律己、认真践行、不变初衷，用崭新的状态来迎接生命的每一天。

尽管自己还不能够做到万事皆安，但至少能够及时发现生活中的问题，能够不断地改进，不断地规范，让自己一直走在一条正确的人生之路上，为自己加油，向着美好前行。

努力收获

在前进中收获美好，那叫作精彩；在前进中遇到糟糕，那叫作经历。要知道，每天太阳的升起都是崭新一天的开始，不要辜负了这崭新而又美好的一天。

清朝末年，我国派出了第一批出国留学生。他们都是少年，有个才十二岁的少年叫詹天佑，十分聪明好学，立志为国效力。他学习工程技术毕业后回到了国内，可清朝政府对本国人才不信任，比如修铁路，都让外国人主持，詹天佑尽管有才干，也只能当助手。1905年，修建北京到张家口铁路的消息传开了。英国和俄国都争着要修，因为他们知道这条铁路在中国的战略要地，掌握了它就能控制中国，双方争执不下，最后达成"协议"，说中国如果不让他们修，他们就什么也不提供。他们以为中国人离开他们肯定修不成这条铁路，清朝政府这才让詹天佑担任总工程师。有人对他不放心，说他不自量力，说他胆大包天，劝他不要承担这项难度非常大的工程。詹天佑说："京张铁路如果失败，不但是我的不幸，也会给中国带来很大损失。外国人说中国工程师不行，我则坚持由自己来办！"为了给中国人争口气，他把全部精力都投入进去，和工人们一起吃住在工地，细心勘探，大胆试验，经过四年艰苦的劳动，终于成功地修筑了京张铁路。这是中国人自己设计施工的第一条铁路，极大地鼓舞了全国人民的志气，詹天佑为祖国赢得了荣誉，原来那些瞧不起中国工程师的英国人也对他表示由衷的敬佩。

今日的郑州阳光明媚，和煦的阳光透过卧室的窗子，照得整个房间清亮无比，温暖如春。好的日子总是会带来好的心情，好的天气总是让人舒爽无比。的确，外在的环境能够改变我们的心情，同时好的心情能够营造好的环境，能够让人们产生不同的心境，也许，这就是外环境与内环境的相互影响吧。每天，我们都在给自己的内心寻找美的去处，让自己更加平和与舒适，期盼在这一天里能够收获幸福与快乐，能够在这一天里给别人和自己做得更多。

其实，生活的本意不是为活着而活，我们应该在这有限的时光里，去做出一些不寻常的事情来，能够给自己和他人带来快乐，而我们正是为了这个目的在不断创造，不断前行，不断坚守。世上没有无缘无故的努力，没有无缘无故的前行，努力与前行，均是在明确目标、了解其深刻意义的前提下去践行的，除此以外，别无异类。有时，我们不知道自己精神的力量有多大，不知道自己的能力有多大，可当你一旦具有某种信仰，具有目标，具有方向，就有了强大的精神支撑，就有了努力奋斗的信心和勇气，就有了坚持不懈的决心和毅力。

的确有时自己也会很迷茫，不知道整日东奔西跑为了什么，其实除了能够让家人和自己丰衣足食之外，我们还有精神的引领、文化的涵养。能够让自己有所提升，能够找到最快乐的自己，能够去创造更美好的人生，这些追求就是自己不断努力的原因。一个人，所谓生活得好与不好，不仅表现在你拥有了多少物质和利益，也不仅在于你拥有了多高的地位和声誉，核心还是在于自己对自己是否认同，有没有值得自己全身心努力的动力，有没有博大宽广的胸怀，有没有对自我的满足与认知，能否给别人、给社会创造更大的价值，有了这些，生活就有了更大的意义。

认真生活

世上本没有什么天才，所谓的天才就是靠自我的努力，靠自我的管理，靠自我的约束，发掘自身内在的潜力从而改变自己的命运，那些非天才只不过是让自己的潜力继续隐藏罢了。

1960年，美国哈佛大学的罗森塔尔博士曾在加州一所学校做过一个著名的实验。新学期开始时，罗森塔尔博士让校长把三位教师叫进办公室，对他们说："根据你们过去的教学表现，你们是本校最优秀的老师。因此，我们特意挑选了一百名全校最聪明的学生组成三个班让你们执教。这些学生的智商比其他孩子都高，希望你们能让他们取得更好的成绩。"三位老师都高兴地表示一定尽力。校长又叮嘱他们，对待这些孩子，要像平常一样，不要让孩子或孩子的家长知道他们是被特意挑选出来的。老师们都答应了，一年之后，这三个班的学生成绩果然排在整个学区的前列。这时，校长告诉老师真相：这些学生并不是刻意选出来的最优秀的学生，只不过是随机抽调的最普通的学生，老师们没想到会是这样，都认为自己的学生水平确实高。这时校长又告诉他们另一个真相，那就是他们也不是被特意挑选出的全校最优秀的教师，也不过是随机抽调的普通老师罢了。

　　人，最大的问题就是不能够管理好自己，不能够将自己引入一个至善至美之境。首先，人要学会控制自己的贪欲与奢望，葆有高度的自律和奋进的激情，始终保持一颗乐观向上之心，能够明了自己前行的方向，能够知晓人生的意义，能够一直沿着善良之道前行，这才是人生之福，才是获得快乐的前提。

　　我们每个人都是带着希望而来，又都带着些许遗憾而去，谁都会面临生死离别、犹豫彷徨、纠结无奈，谁都逃不脱不可抗拒的自然法则。这一切关键在于我们心境如何，是就此消沉，万念俱灰，还是乐观以对，科学规划，充满希望。的确，态度决定了我们安乐与否，决定了我们要怎样面对人生，决定了我们将经历怎样的人生。

　　我们要客观冷静地看待自己的得失苦乐，要知道你所经历的，也可能是别人已经经历过或正在经历的事情，没有必要去忧烦愁苦，莽撞激愤，粗鲁行事，这样只会让事态进一步恶化，只会给自己的前行带来更大的障碍，只会让自己更加痛苦而于事无补。如果内心的纠结不能够及时化解而越积越多，就会让自己走向绝望之境，造成不可挽回的结果。要知道，我们不是神仙，不可能把所有的事情都处理得非常完美，不可能让所有的努力都能够马上带来好的结果。但无论如何，我们也要享受这种过程，体验人生中不一样的感觉。

　　人生的这幕大剧之中有不同的场景，会有风云跌宕的激烈，会有自己无法控制的进程，这样的人生从短期来看是波折起伏的，但从长期来看是趣味无穷、充满诗意的。在人生之剧的展现之中，我们既是观众也是演员，每一刻都要参与其中，如此，人生才会鲜活生动。所有能够触动我们内心的东西，都是生命中的珍宝，都是人生中最大的收获，都应该用双手把它接捧过来，好好地安放，作为一生的珍藏。热爱生活，体验生活，认真生活，活出不一样的人生。

严谨细致

　　严谨细致，就是对一切事情都有认真、负责的态度，一丝不苟，精益求精，于细微处见精神，于细微处见境界，于细微处见水平。

　　一个年轻人到某公司应聘临时职员，工作任务是为这家公司采购物品。招聘者在一番测试后，留下了这个年轻人和另外两名优胜者。随后，主持人提了几个问题，每个人的回答都各具特色，主持人很满意，面试的最后一道是笔答题：假定公司派你到某工厂采购两千支铅笔，你需要从公司带去多少钱？几分钟后，应试者都交了答卷。第一名应聘者的答案是一百二十美元。主持人问他是怎么计算的。他说，采购两千支铅笔可能要一百美元，其他杂用就算二十美元吧。主持人未置可否。第二名应聘者的答案是一百一十美元。对此，他解释，两千支铅笔需要一百美元左右，另外可能需用十美元左右。主持人同样没表态。最后轮到这位年轻人。主持人拿起他的答卷，上面写的是一百一十三点八六美元，见到如此精确的数字，他不觉有些惊奇，立即让应试者解释一下答案。这位年轻人说："铅笔每支五美分，两千支是一百美元。从公司到这个工厂，乘汽车来回票价四点八美元；午餐费两美元；从工厂到汽车站为半英里，请搬运工人需用一点五美元……总费用为一百一十三点八六美元。"主持人听完，欣慰地笑了。这名年轻人自然被录用了，他就是后来大名鼎鼎的卡耐基。每一件事都值得我们认真去做，都应该以精益求精的态度来对待，把普通做到极致就会成功。

回北京的这几天，每天都在思考和规划中。要把宇航食品标准进一步跟进，形成报批终稿，争取用最短的时间将审批办下来，从而指导传统的食品产业的升级改造，进一步提升食品产业的生产与管理水平，这的确是一件利国利民的大事情。我们联合了众多研究所、大专院校、企事业单位，大家共同发起创立，这是具有划时代意义的伟大创举，我们等待着它顺利出台。的确，一个人做一件事情比较容易，但做一项事业就会很难，它需要我们深入其中，需要为之刻苦地攻关，并能够创新跨越，不断坚持。要有一股咬定青山不放松，不达目的不罢休的劲头，如此，我们才能够取得事业的成功。

在研讨标准的过程中，大家都全力以赴，认真细致，一丝不苟，围绕每一个数据、每一条标准反复研究，不断探讨。时有这样和那样的一些争议，但最终通过研究，会拿出一个统一的意见来。专家们认真严谨和团队合作的协作精神实在是令人钦佩。如若我们做任何事，不能够深入研究，不能够精益求精，那样什么事情都做不好，什么事业都做不成功。

在现实生活和工作之中，的确有很多时候我们会这山望着那山高，做起事来心不在焉，马马虎虎，不能够认真细致，不能够深入其中。这样是不会有大的成绩的。往往，有些人做事情只是做一些表面文章，不能够深入细致，不能够创新思维，不能够发散性地思维，不能够把事情做得更加彻底，究其原因，往往是在一些小的细节上没能够把握住，在一些认真度上出了问题。其实，小的问题能够导致大的问题的出现，能够导致事业的失败，从而使自己陷入失败的境地。有时往往离成功只差一步，导致功亏一篑，前功尽弃，让自己尝到了失败的苦果，仔细想来，甚是可惜，后悔不迭。没有认真专注，就不会有对事物的深入了解，就不可能彻悟事物之中的规律，就不可能揭开成功女神的面纱，就会让自己备感失落，对于我们渴望成功的人来讲要戒之慎之。

珍惜平凡

每一天都是独一无二的，要好好地把握，好好地对待。珍惜平凡的生活，记录生活的点滴，积累点滴的进步，成就人生的圆满。

在1984年的美国男子篮球职业联赛中，洛杉矶湖人队靠着各位球员已达顶峰的球技，赢得冠军可以说是唾手可得。但是在决赛时，湖人队意外地输给了波士顿的凯尔特人队，这让教练帕特·莱利和所有的球员都极为沮丧。帕特·莱利是湖人队以年薪一百二十万美元聘请来的教练，他绝不会让自己和球员一直在沮丧中停滞不前。为了让球员重振信心，他告诉大家："从今天开始，我们可不可以罚篮进步一点点，传球进步一点点，抢断进步一点点，篮板进步一点点，远投进步一点点，每个方面都能进步一点点？"球员不假思索地答应了他的要求。在之后一年的训练中，球员始终抱着让自己"进步一点点"的信念，不断地提高自己的球技。珍惜平凡的每一天，让自己每天进步一点点，让每一天过得有价值，这样不断积累，终将从平凡走向非凡。

每天早晚伏案而坐，写上几段文字，的确是一件非常美好的事情。既能记录生活的点滴，又能够调节自己的性情，同时锻炼了文笔，心情开阔，排除烦恼，感觉没有什么能够比记录本身更有意义的事情了。可以说，记录生活是生命的延长，是人与人之间的纽带，是人与人相互认知的桥梁。唯有记录下每天的生活，不断地调整自己，才能够适应社会，适应生活。光阴如箭，时光太短，有时会让你无法适应，感觉转过头来，从青春年少到人至中年，真的好像是梦里一般。光阴如此迅捷，生活中的每一天，我们都应该好好地去记录，把其中最为感动人心之处记载下来，放在心里，永久留存。

的确，表面上看似生活的每一天都是很普通的，上午上班，中午休息，下午上班，一日三餐，晚上休息，昼夜循环，好像没有什么新颖之处，觉得没有什么可以记录的。即便是生活中有一些变故，事过境迁之后，一切又将归于平淡，生活照过，工作照做，如此这般，好像生活也就没有什么不同，远大的目标、美好的远景也好像还没有触及一般，即便有了些许的成就，有了所谓大的收获，就眼前来看，也是很平常的。

其实，有了高的职位，有了大的事业，相对来说责任就更大了，任务就更重了，考虑的事情也就多了，烦恼也就多起来了。如此这般不断地循环，在享乐中欢颜，在磨难中熬煎，在荣耀中自得，在愁苦中哀叹，一切都像是过眼云烟，一切都像是曾经的再现，生活归于平凡，平凡永远相伴，好像生活除了平凡还是平凡，未能够发现令自己备受感动之处，因此就会有难以着笔之感，扪心自问，有时真的不知道如何写起。

但仔细想来，人生不就是在这平凡而又普通的日子里创造不平凡吗？其实内心的平和宁静即是一种大的不平凡，它能让我们更清新澄明地看世界，能够感知人间的温暖和爱的相伴，能够与亲人朋友在一起把酒言欢。这些的确是非常幸福之事。子孙绕膝，夫妻恩爱，家庭和美，亲朋们健康平安确是生活之美，是人生之幸福，能够激励人们在事业上不断进步，不断创新超越。事业的发展能够给社会做出贡献，能够给自己带来更大的成就。我们要认真分析钻研，在某一个领域之中能够成为优胜者、佼佼者，做出不平凡的业绩，来实现生命的价值。

也许成就的取得有大有小，也许在努力进取中我们还未获得大的回报，还在艰辛与痛苦之中徘徊，但只要我们努力进取，问心无愧，相信这本身已是一种收获。无论如何，要将时光的价值发挥到极致，坚信最终成功的一天，拥抱这来之不易的一天，让生命更加有意义。

写作之乐

习惯于写作，能够为自己打开心灵之窗，让更多的阳光照进心扉，能够引导自己深入思考，增强解决问题的能力。

有一个人在一年中的每一天里，都几乎做着同一件事：天刚刚放亮，他就伏在打字机前，开始一天的写作。这个男人名叫斯蒂芬·金，世界上著名的恐怖小说大师。斯蒂芬·金的经历十分坎坷，他曾经潦倒得连电话费都交不起，如今他也算是世界级的大富翁了。可是他的每一天，仍然是在勤奋的创作之中度过。斯蒂芬·金成功的秘诀很简单，只有两个字：勤奋。一年之中，他只有三天的时间是例外的，不写作。也就是说，他只有三天的休息时间，这三天是生日、圣诞节、美国独立日。勤奋给他带来的好处是永不枯竭的灵感。"勤奋出灵感。"缪斯女神对那些勤奋的人总是格外青睐的，她会源源不断地给这些人送去灵感。斯蒂芬·金和一般的作家有点不同，他在没有什么可写的情况下，每天也要坚持写五千字。这是他在早期写作时，他的一个老师传授给他的一条经验，他也是坚持这么做的，这使他终身受益。他说："我从没有过没有灵感的恐慌，因为我每天都在坚持。"

有时候，想写点东西总感觉很难着笔，总是感觉没有生花的妙笔，文字措辞没有那么形象生动，遣词造句传情达意没有那么精准，有时还会有逻辑不清、条理不明之处。心里总是有些惴惴不安，害怕被人笑话，害怕人前出丑。总是感觉自己写得不行，跟专业的作家相比还差得很远，越是这样想就越发不自信。有时真的把写作当作苦差事，自己会犹豫不决，有时还会痛苦不安，矛盾重重。如若不写，自己也是心不安宁，内心的倾诉很难表达，自己的要求也很难实现。在思考之中犹豫，在写作之中纠结，这就是自己真实的心态。没有好的主题，没有写作的方向，确有自己难为自己之感。

有时候静下心来思考：写作不是绣花，写作是自我的锻炼，是自我的完善，不用咬文嚼字，不用刻意地去修饰，不用想着自己的文笔。生活就是生活，写作就是抒写生活，一定要写出自己的真情实感，一定要祖露自己的真实想法，把想说的话说出来，把看到的事写出来，要用自己的表达方式，写出富有自己语言特点的句子来，不用掩饰，不用隐瞒。"我就是我，是颜色不一样的烟火"，有了自己鲜明的特点与个性，就有了自己与众不同之处，就有了暗夜中闪亮的火花，就有了对自己的客观认识，就有了不断进步的可能，就有了生活中的轻松与自然。一切纠结和痛苦都是不存在的，都是对写作本身的意义没有了解，而错误地把写作当作展示自我、炫耀自我的资本，当作脸上涂脂抹粉的装扮，这就失去了写作的真实意义。要对写作有正确的理解，要对自己有正确的理解，要祖露自己，把自己的内心真实地表达出来，如此，对自己才是一种释放，才会拥有自己的自尊与自强。要把写作当作自我心性锻炼的最佳手段，能够自然地表达，能够充分地表达，酣畅淋漓，淋漓尽致，岂不快哉。

陪伴成长

　　孩子是祖国的未来，孩子是父母的希望。从小培养孩子良好的意志品质，坚实的文化底蕴，多方的才艺技能，使之长大成为对社会有用的人才。

　　有一位画家，举办过十几次个人画展，开始时参观者很少，可他脸上总是挂着微笑，后来人越来越多，他也声名鹊起。有一次，朋友问他："你为什么每天都这么开心呢？"他讲了一件事情："小时候，我兴趣非常广泛，也很要强。画画，拉手风琴，游泳，打篮球，必须都得第一才行，这当然是不可能的，结果哪样都没成功，哪样也没得第一，我的心情很沮丧。父亲知道后，找来一个漏斗和一捧玉米种子，让我双手放在漏斗下面接着，然后捡起一粒种子投到漏斗里面，种子便顺着漏斗滑到了我的手里。父亲投了十几次，我的手中也就有了十几粒种子。然后，父亲一次抓起满满的一把玉米粒放在漏斗里面，玉米粒相互挤着，竟一粒也没有掉下来。父亲对我说：'这个漏斗代表你，假如你每天都能做好一件事，每天你就会有一粒种子的收获和快乐。可是，当你想把所有的事情都挤到一起来做，反而连一粒种子也收获不到了，做任何事都要专心致志，否则将百事无成。'自那以后爸爸每天陪我画画，监督我完成作业，鼓励我认真下功夫学画，并给我请了老师教我绘画的基本功，由于爸爸从不间断地陪伴我，他的耐心和坚持激发了我的热情，激发了我无限的想象力，给了我力量和决心。至今日，我已小有名气，仍然不会忘记爸爸的倾情陪伴。"

离开家已半月有余，每次离家都会有难舍之感，都有内心的歉疚和依恋。两个孩子还小，很天真，很可爱，在家里享受着童年的美好和快乐。五岁半的女儿每天的课程都安排得满满的，除了幼儿园的学习以外，爱人又给她安排了英语课、舞蹈课、钢琴课、绘画课、手工课、马术课、击剑课等，课程种类繁多，回到家里还有小视频作业，有时让孩子无所适从。

的确，现在的家长大多把自己的期望都寄托在孩子的身上，把自己没有学到的知识想一股脑儿地都让孩子们掌握，望子成龙、望女成凤之想法充斥于心。孩子们在各种智力与技能课之间轮转，那股劲儿就甭提了。好在这些课程并不像中考、高考那些应试备考课那么枯燥，有些是在寓教于乐之中让孩子学到东西，激发孩子的兴趣，培养孩子们的技能，把玩耍的时间用于多种形式的学习，提高孩子们的能力，同时也满足了孩子们爱玩的天性，孩子们还都乐此不疲。只要不太过即可，还要科学地调整和规划，不能让孩子太过疲乏。要注意孩子们的身心调节，该玩的时候要让他们放飞自我，玩得尽兴。因为玩是孩子的天性，是孩子不断成长的好方式，我们成年人总是想把自己的意识强加在孩子身上，不分主次，不分轻重，强迫孩子去做某件事，这是较为不可取的。

因我常年不在家，孩子们的教育工作都落在了孩子妈妈身上，跑前跑后，很是辛苦。的确，生儿育女确是一项非常大的工程，这是没做过父母之人所难以想象的，原来把它想得太过简单，原本认为生养孩子是一件比较轻松的事情，听别人讲养育孩子的不易，自己好像是听天书一般，认为哪有那么难，当自己有了孩子后，才真的感觉到了不易。因工作的原因，我每次离开家都有一周甚至一个月的时间。离家在外也会很想念孩子们，想着他们现在在做什么，又有了哪些变化，是否又长高了，又有了哪些进步……那种思念之情油然而生。好在现在通信方便，能够经常通过视频见面聊天。看到孩子们的天真烂漫、茁壮成长，自己的内心也感到十分欣慰和满足。感恩爱人和其他家人对我工作的支持，一切爱皆在无言的相守中。每次回家，孩子们早早地就从妈妈那知道了我回来的消息，都很兴奋，嘴里一直念叨着"爸爸、爸爸"，争着去车站接我。一回到家里，孩子们异常高兴，猛扑进怀，笑声不断。抱着孩子，我也感受到无限的温馨、温暖与亲情涌上心头。是呀，家是爱的港湾，家是爱的相守，家是亲情的田园，家是幸福的天地，家是我们一生的牵挂，家是我们一生的归宿。

探索规律

浩瀚的宇宙运行有规律，万物个体的存在有规律，事物的发展有规律，规律是客观存在的。人们只有很好地掌握它，运用它，才能做好一切事情，才能达到预期的目标。

第三届家电行业高峰会议在河沿山庄举行，每到会议休息期间，一些老总都是回到自己的房间与助手商谈方案，研究其他公司的资料，忙得团团转。然而令人惊讶的是，这时环球家电公司的老总总是一个人去湖边散步。刚开始有的老总还以为他不重视这次峰会，贪恋山水美景，而忘了自己公司发展的大事，可是出人意料的是，每次会议发言，这位老总都当仁不让，思路敏捷，精力旺盛，侃侃而谈，俨然会场的焦点人物。会议结束，有人好奇地问他："平时总见你漫不经心，可一到会议室，你就精神百倍，你是不是吃了什么灵丹妙药？"他说："是的，我的灵丹妙药就是忙中偷闲，去散步赏花，使我的大脑得到了很好的休息，让我精力倍增，这就是我遵循的规律，只有休息好的人，才能更有精力投入工作。"规律是客观存在的，要善于寻找规律，善于忙中偷闲，在忙中找个机会放松一下自己的心情，这样可以让身心得到彻底的休息，放松紧绷的神经，从中享受到生活的快乐，提高工作的效率。

很多时候，我们自己管理不了自己，其主要原因总是认为自己之所以这样做是有理由的，是必然要这样做的，并认为这样做是对自己有益处的。基于这样的理解，没有所谓的愧疚之感，自己的内心就会坦然，就会循环往复，乐此不疲。自己决定不了自己的方向，自己左右不了自己的行为。看似左右不了，实质内心已走入了迷宫，进入这个迷宫之后就出不来了。每个人的行为都在受内心的指引，内心都有对事物的一种认知，这种认知在牵引着自己，决定自己的行为。

所以，所谓的自己管理不了自己，实质上是自己内心认知的结果，认为这种行为对自己有益处，其好的方面能够给自己带来利益，能够让自己突破原有的小框框，能够让自己重新认知，让自己接纳一个不一样的世界。正是基于此，我们做起事来就会心安理得，毫无悔意。人都有探求未知领域之心，都想去了解自己未知的东西，往往自己没有经历过的反而最想去经历，最想去了解，那颗蠢蠢欲动之心一直引领着自己，让自己一步步去前行，去体验，去尝试，去做一些令自己也感到惊讶的事情来，这就是思维的"边际效应"。需要有某种突破，需要去尝试新生事物，这种吸引力足够让一个人去尝试，去体验，去了解。尤其对自己形象的颠覆会给内心带来很大的震动，内心就会纠结，让自己感觉到一种不适应，让自己在尝试之中感到惴惴不安，打破原有对自我的认知，感觉到不一样的自己。

要深入了解自己的内心，要学会引领自己的内心，要使自己的意识清醒，面对所有思维行为的改变，不要回避，学会正视，能够从内心的变化中去探究其规律，挖掘其根本的原因。让自己来改变自己，让自己来引领自己，让自己来丰富自己，一切行为都是内心意识的改变，都是一种思维观念的改变，都是对未知领域的探索。要科学地管理自己，学会感悟事物的规律，做自己人生的引路人。

沉静自心

一个人的内心沉静了，就少了一份喧嚣与浮躁，多了一份沉稳与踏实，少了一种轻狂与自傲，多了一种虚怀与自省。在每天的忙忙碌碌中，我们要时不时地停下匆匆的脚步来沉静、总结、反思，让自己收获更多，成长更快。

一位智者与一位禅师是知心朋友。一天，他俩相约一起去爬一座高山，从清晨开始攀登，花了大半天时间才登上那高耸入云的高山。站立山顶，智者望着山清水秀的风景，感慨万端："会当凌绝顶，一览众山小。我现在才切实感觉到人往高处走，水往低处流的心境了。"而禅师说："老弟，你就永远留在这里吧。我可要悠然下山去了，到山下去享受自己美好的生活。"智者问："兄长，你这是什么意思？"禅师说："人生在世，奋发向上是每个人美好追求的动力，但是人处在人生的顶端时却有三种不同的选择。"智者又问："哪三种不同的选择呢？"禅师回答："第一种选择是不知天高地厚，总是认为自己高人一等，会当凌绝顶，一览众山小，还不断地渴望登到天上去，结果却摔得粉身碎骨；第二种选择是待在顶端，留恋顶处的美妙风光，只好处处慎微慎行，此地却是高处不胜寒，曲高和寡，危然而生；第三种是有自知之明、预知之智、安然之慧的选择，知道天上有天、山外有山、人外有人，明晓自己人生的顶点在哪里，落点在何地，此种选择者心境开阔，界境明晰，索之有道，求之有度，最终会生活安然，人生大成。"

　　每天都要让心沉静下来，沉静下来才会有所得，才会有对生活的审视与总结，才会有内心的收获。一个人若被外在的烦琐之事所缠扰，被利欲所熏染，就没有了自己的主张，就会被自己的内心所抛弃，成为一个没有灵魂之人，一个不受自己内心控制之人，在烦恼和哀叹之中度日，完全没有了生活的快乐和自在。尽管是这样，也明知道应该让自己静下来，但有时还是静不下来。让自己静下来还真是很难，一来是生活中的确有很多的不得已，但最主要的还是自己没有把这种习惯培养起来，还不具备随时关注自心的能力。

　　有时，由于忙于其他事务，没能够让心沉静下来，自己就会显得异常焦躁，内心得不到舒展，整日愁苦满面，痛苦如影相随，犹如没有了生活之根，没有了生活的乐趣与方向，不能够在生活中有所收获，生活俨然成了自己内心的一座大山，压得自己喘不过气来。人都需要有舒展自己身心的途径与渠道，都需要有自己内心的歇息地，都需要有能够发泄自己多种情绪的地方。如若没有了这些，人就会出现这样那样的问题，就会烦闷纠结，哀戚异常，甚至一蹶不振。那么，学会让自己静下来尤显重要，这的确是一个非常好的主意和做法。这样就有了抒发自我的机会，就能够做到自我安慰，能够在最痛苦的时候有自己的内心相伴，就能够想开原本想不开的事情，就能够做好原本做不到的事情，这就是心的力量。

　　正面的心态能够引领人生走向辉煌，而负面的情绪能够将人生带入危险的边沿，让人烦恼至极，痛苦至极，这就是不能够真正与自心相交的所有呈现。一个人如果能够学会不断地调节自己的内心，能够用科学客观的态度去面对一切，就会有很多的方法和见解来指引自己的人生，让自己时时充满生机与活力，在人生的道路上越走越稳。

真实生活

高品质的人生在于对自我的培养，在于去伪存真，在于化繁就简，在于用善德去引导人生，在于用奉献去圆满人生。

深山中有一座千年古刹，有一位高僧隐居于此。听说他的名声，人们都千里迢迢来请求大师指点迷津，有的人甚至想向大师讨要一些人生秘籍。他们到达深山的时候，发现大师正从山谷里挑水，他挑得不多，两只木桶都没有装满，大家问大师，这是什么意思？大师说："挑水之道并不在于挑多，而在于够用，一味贪多会适得其反。"众人越发地不理解。这时候高僧从他们中拉了一个人，让他重新从山谷里打了两桶满满的水，这个人非常吃力，没走几步就跌倒在地上，水全都洒了，膝盖也磕破了。大师说："水洒了，岂不是还得从头再打一桶吗？膝盖破了，走路很艰难，岂不是比刚才挑得更少了吗？我们做人不能过于贪婪，只要够用就可以啦。"其实我们每个人有多大的能力，自己最了解，你要画一条线，超过了这条线，就超过了自己的能力，所以我们要提醒自己，凡事要尽力而为，也要量力而行，不要贪多，不要贪心。我们的目标应该设定得低一些，因为低的目标很可能实现，人的勇气也不容易受到挫伤。

　　生活是一个矛盾体，需要去伪存真，需要去虚求实。同样，人需要找到人生之向往，需要找到自己真正所需要的东西，让自己能够超越凡俗，超越贪欲，超越狭隘的空间，在突破之中寻求生存。我们整日忙忙碌碌，每天都会有不同的人、不同的事缠绕着自己，有时不辨东西，不知好坏。在自我的天地中待久了，就会有很多的空虚与寂寞，不知道自己最终想要的是什么。

　　时光如迅疾的雷电一般匆匆而过。看着日子在一天天地消逝，会感觉到些许空虚与伤感。如果能够抓住时光的影子，让它真正地留下来，让自己永远保持青春的活力，永远保持旺盛的精力，真正实现人生的自由，内心的愉悦，身体的健康；能够让自己在无碍的天空中找到失去的自我，永远与自心相伴；能够让自己在平和宁静中体验到心跳的感觉，感知大自然的静美平和，那份超脱自我身心的感觉是相当美妙的，那份快乐与幸福，将会给自己留下永久的记忆。

　　很多时候，我们会为失去的东西而恋恋不舍；很多时候，我们会存在一种患得患失的心理；很多时候，我们不敢面对真实的自己。害怕静下来就会找不到内心的安宁，静下来就会饱受现实的冷酷折磨，静下来，就没有了自己安放身心的地方。总之，生活在纷杂的尘世中，每天都会被一些人、事、物所左右，不得自已，不得心安。每天都在欲望之中打转转，都在想着如何能够满足自己的虚荣与繁华，这样的人生的确是很无聊的，是没有任何快乐和幸福可言的。要学会调整自己的身心，减少欲念的牵引，见贤思齐，向古圣先贤学习，在音乐与美的陶冶中，找到安放自己心灵的地方。这才是自己真正所需要的。

　　在超脱繁华之中感受美好，在性灵滋养之中找到安慰，一生的荣光将为己而呈现，一生的幸福将为己所拥有。找到自己，享受美好，人生的拥有从现在开始。

抒写感悟

似水流年，很多美好在我们的记忆中已渐渐消失。然而打开一篇日记，翻开一页文章，即刻激活了我们对当时美好的回忆。借助文字，记录生活，让我们人生的美好得以长存。

他是一个木匠的儿子，但他狂热地喜爱诗歌。他的第一本诗集印了一千册，但很可惜，一本都没卖掉。他只好把这些诗集全都送了人。当时已功成名就的美国著名诗人朗费罗、洛威尔和霍姆斯等人对这本小册子根本不屑一顾，大诗人惠蒂埃甚至把它丢进了火炉里。因为在他们眼中，一个木匠的儿子，根本就不配写诗。方方面面的冷落和骂声，像寒冬的北风一样袭来，他的心顿时冻成了冰块。就在他几近绝望时，意外地收到了一位诗人的回信，那人对他的诗集大加赞扬，并说："我认为它是美国至今所能贡献的最了不起的聪明才智的精华。"这真诚的夸奖和赞誉，使他犹如在濒死的边缘，看到了希望的曙光。他从此坚定了自己写诗的信念。多年的努力后，他成为美国甚至全世界公认的伟大诗人，他唯一的诗集也成了美国乃至人类诗歌史上的经典。他就是沃尔特·惠特曼，那部诗集的名字叫《草叶集》。而当年那位写信对他予以赞美和鼓励的诗人，乃是当时美国文坛的名宿爱默生。

昨日因应酬较多，时间紧张，未能静下来安排时间写作，内心像是少了些东西一般，感到心神不安。很多的事情如果未能及时去做，总会感觉虚度了自己的光阴。写作不仅仅是记忆和总结，也是对心性的调节和对生命的安顿。如若自己整日忙于俗务，没有了对自心的滋养与安慰，就没有了精神的引领，就会让自己忙而无依，没有了心灵的指引，人也就成了婴儿一般，还没有真正长大。

有时候，的确很难坐下来、静下来，每天都有不同的事务缠着自己，要把很多的人、事、物安排妥当，要处理好身边所有的事情，有些还是突发的状况，需要花费很多的时间和精力去解决。一个人一天的时间和精力毕竟是有限的，不可能把所有的事情都处理得彻底明白，都会或多或少地有这样或那样的遗憾和不足，都会有让自己不满意的地方，有时真是带着遗憾和失落结束这一天的。诸事缠绕，不得安闲。仔细想来，这一天天的时光过得这么快，有时自己也不知道都做了些什么，只是整天忙忙碌碌的，在诸多纠缠之中，不断消耗着时光，不知不觉中这一天就过去了。人生不长也不短，如时光电闪，一年一年即在转眼之间，真是难以想象，回想起这匆匆的几十年，就仿佛昨日一般，让人感慨万千。

前几日，到好友王林家看到了旧日的照片，也着实让自己感慨了一番。王林非常用心，他把我们在二十年前军训时期的照片都拿了出来，看着那飒爽的英姿，那青春的容颜，那整齐的步伐，那嬉戏的场景，真的又像是回到了当年。时光就是这样在不知不觉间划过，难以回到从前，只能在照片之中去寻找往昔的影子了。回忆过往，是为了做好当前。生活就是一本正在书写的巨著，我们都是书中的主人公，都在演绎着自己的章节。人都在人生大剧中扮演着自己的角色，在生活中展现自己最精彩的一面。让人生留影，让时光记忆，让记忆永恒。

忙中有序

　　我们每天都在忙忙碌碌，追求着生活的幸福与快乐，寻找着内心的希望与美好，这就是生活的意义与向往所在。

　　有两个和尚分别住在相邻的两座山上的庙里。两山之间有一条溪，两个和尚每天都会在同一时间下山去溪边挑水。不知不觉已经过了五年。突然有一天，左边这座山的和尚没有下山挑水，右边那座山的和尚心想："他大概睡过头了。"便不以为然。哪知第二天，左边这座山的和尚还是没有下山挑水，第三天也一样，直到过了一个月，右边那座山的和尚想："我的朋友可能生病了。"于是他爬上了左边这座山去探望老朋友。当他看到他的老友正在庙前打太极拳时，他十分好奇地问："你已经一个月没有下山挑水了，难道你可以不喝水吗？"左边这座山的和尚指着一口井说："这五年来，我每天做完功课后，都会抽空挖这口井。如今，终于让我挖出水，我就不必再下山挑水，我可以有更多时间练我喜欢的太极拳了。"左边这座山的和尚忙中有序，循序渐进，挖一口属于自己的井，忙着练功的同时依然会有水喝，而且还能喝得很悠闲。

每天都是匆匆忙忙，不得清闲，好像是一个旋转的陀螺停不下来。这正如哲人所讲：人生如上了高架路的汽车，只有不断地向前行驶，不能有停息之时，停止就意味着倒退和更大的困扰。

　　每天都想着给自己多留些时间，放松一下自己的身心。拥有更多的自己的时间，不断地安守自心，让自己能够在既定的计划中去工作、去学习，不会受时间和人、事、物的限制，真正做到自由发挥，自我运营。没有障碍与羁绊，人就会感觉到自由自在，就拥有了真正属于自己的人生。但现实中，人往往会不知晓明天会有什么样的事情发生，不知道如何去面对新的境况，不知晓用一个什么样的心态去面对一些事情，不知道如何让自己做得更好，让生活更加轻松惬意。比如今日，在北京研究院，早上我还特意问了下行政部人员，说今天没有什么接待任务，但突然就接到了有客人要见面的通知，不仅要见，而且不止一拨，三拨人员都要见面，并且还要参加晚上的应酬，每件事都要用心做好，不能有任何的闪失。

　　人们常说，计划没有变化快，的确，我们无法预见每天要见什么人，做什么事，不知道怎样用心把所有的事情都做好，在忧郁、彷徨之中，时间一点点地溜走了，留下的只有自身忙碌的身影。因此，我们还是要在这种变化之中找到不变的东西，那就是每件事情都有要实现的目标，都有对人对己有意义之处。无论遇到任何人、事、物都要客观地面对，从中发现有益发展的地方。

　　"塞翁失马，焉知非福"，要学会变不利为有利，变失去为得到，变失败为成功，只要我们不断地努力上进，就会具备这样的能力，上天也会对我们倍加眷顾，让我们得到原来所没有得到的东西。要学会控制自己的欲望，在有序、有控、有为的前提下去生活，去实现自己的人生目标。

永不放弃

无论面对任何困难，我们都要相信自己，都要迎难而上，要保持战胜困难的决心和勇气，保持不达目的誓不罢休的精神气概，这样我们才能够走向成功。

汉朝时，少年匡衡非常勤奋好学，非常珍惜时间。由于家里很穷，所以他白天必须干许多活，挣钱糊口，只有晚上，他才能坐下来安心读书，他立志要成为一个有知识的人，做更大的事。不过天一黑就无法看书了，他又买不起蜡烛。匡衡心痛这浪费的时间，内心非常痛苦。他的邻居家里很富有，一到晚上好几间屋子都点起蜡烛，把屋子照得通亮。匡衡有一天鼓起勇气，对邻居说："我晚上想读书，可买不起蜡烛，能否借用你们家的一寸之地呢？"邻居一向瞧不起比他们家穷的人，就恶毒地挖苦说："既然穷得买不起蜡烛，还读什么书呢！"匡衡听后非常气愤，不过他更下定决心，一定要把书读好。匡衡回到家中，悄悄地在墙上凿了个小洞，邻居家的烛光就从这洞中透过来了。他借着这微弱的光线，如饥似渴地读起书来，渐渐地把家中的书全都读完了。匡衡读完这些书，深感自己所掌握的知识是远远不够的，他想继续多看一些书的愿望更加迫切了。附近有个大户人家，有很多藏书。一天，匡衡卷着铺盖出现在大户人家门前。他对主人说："请您收留我，我给您家里白干活不用报酬，只要让我阅读您家的全部书籍就可以了。"主人被他的精神所感动，答应了他借书的要求，从此他更加刻苦读书，昼夜不舍，百折不挠，最终成就了他辉煌伟大的人生。

无论什么时候、什么境遇，遇到什么困难、什么问题，我们都要想办法去克服、去解决，就一定能够做到、做好。很多时候，我们不珍惜时间，不抓紧时间，会拖拖拉拉，首先在自己的内心之中树起一道不可逾越的屏障，认为自己不可能翻越过这道屏障，不可能解决好所存在的问题，不可能实现自己的目标，并为自己的无法完成去做解释，给自己找个台阶下，认为这样就不会丢面子。实质上，这个面子已经丢尽了，你已经把自己划入了失败者的行列，而自己尚未知晓。这样日久天长就形成了思维定式，认为自己没有能力处理好问题，认为自己的目标永远不可能实现。就如同那个蜜蜂的故事一样：有人做实验，把蜜蜂扣入一个密闭的透明罩子里，刚开始的时候，蜜蜂不甘示弱，东突西撞地寻找出口，结果一次次无功而返，过了一两天，蜜蜂不再尝试，趴在地上一动不动了，这时即使有人把透明的罩子拿开，它们依然一动不动，永远不再试图出来。这就是一种完全受旧思维影响的结果，一旦放弃尝试便只有死路一条。

有些人对于自己的未来，刚开始是信心满满，结果一遇到困难挫折就悲观失望，失去信心、一蹶不振、停滞不前，片面地认为自己再努力也不行，也比不过别人，好像自己天生就是笨人一样，别人能够完成的我就完不成，我就是笨，就是不能去完成一件自己看似完不成的事情。这样一来，就产生了思维定式，认为自己没有天赋，是一个失败者，这种思维一直印在自己的脑海里，成为一个永远难以解开的结。其实，这种思维是不正确的。我们能否找到解决问题的突破口，关键还是在于是否拥有足够的信心和毅力。很多看似不可能解决的问题，如果我们能够再坚持一下，再努力一点，对问题进行深入细致的分解和剖析，抓住问题的主要矛盾，不达目的决不罢休，这样奇迹就会出现。面对问题，唯有不畏惧、不退缩、不放弃，努力发挥我们的主观能动性，创造性地去解决，才能够解决好。相信自己，是拯救自己的唯一途径，是获得幸福和成功的必备条件。

人生价值

你怎样对待世界，世界也将怎样对待你。只有走入人心灵的深处，才能真正体会心灵的美好；只有懂得奉献与付出的人，才能感受关怀，获得幸福。

　　一天，一位年轻的大学生和一位教授一起去散步。散步途中，他们看到小路上放着一双旧鞋，他们猜这鞋是在附近田地劳作的某个穷人的，他也差不多该收工了。学生扭头对教授说："我们来逗逗这个人吧。我们先把他的鞋藏起来，然后躲在灌木丛后，等着看他找不到鞋子的窘态吧。""我年轻的朋友，"教授回答，"我们永远都不应该把自己的快乐建立在损害穷人的基础上。既然你有钱，可以通过帮助穷人，让自己得到更大的快乐。在每只鞋里各放一枚硬币，然后我们躲起来，看着他对这个意外发现会怎样反应。"学生照教授的吩咐做了，随后他们俩躲进附近的灌木丛里。不久，那个穷人干完活，穿过田地来到放外套和鞋子的小路上。他一边穿外套，一边把一只脚伸进鞋里，由于碰到了硬硬的东西，他弯下腰来想摸摸究竟是什么，结果发现了那枚硬币。他面露迟疑地凝视着那枚硬币，然后翻过来，看了又看，周围连一个人影都没有，他把钱放进口袋，去穿另一只鞋，当他发现另一枚硬币后，更是备感惊异。他大为感动，跪倒在地，仰望上苍，感恩不止。他嘴里念及自己患病无助的妻子，食不果腹的孩子们，现在这些雪中送炭的慷慨救助将会使他们免于困厄。那名学生站在那里深受感动，眼中满是泪水。"现在，"教授说，"与你先前预谋的恶作剧相比，你难道没有感到更快乐吗？"年轻人回答："您给我上了一堂终生难忘的课。我现在终于领悟到这句话的真谛：给予比接受更幸福。"

　　我一直认为，写作不是无病呻吟，不是无中生有，不是为了写作而写作；它是最为有益的滋养，如果没有了这种滋养，没有了生活的记录，没有了心灵的依托，就没有了心灵的活水。日常的生活中，我们需要认真地去寻找，细致地去发现，不要让时光无声无息地白白溜走，正犹如这山间的小溪昼夜不停地奔流不息。每天机械式地重复着同一种生活，这样的生活即是平凡中的平凡，无为中的无为，是对生命不负责任的一种表现，它失去了人生的任何意义，是在机械地耗尽自己的生命。这样的人生又有什么价值？这样的人生又有什么意义呢？这只不过是在逃避自己的一种责任而已。我们要用积极的心态去面对所有，不能只是为了哀叹而哀叹，不能在悲观悲恨中度过每一天，要振奋精神，要乐观向上，要积极有为。将这种幸福乐观充分展现，才是最为明智的做法。

　　这几日，和爱人一起带着孩子回老家河南，深刻体验到了带孩子的不易。要充分地研究孩子的内心，真正了解孩子真实的意图，并且要学会及时地引领和疏导，让孩子在青少年时期有一个好的内心世界，能够客观地看待自己，看待别人，能够不断地收获人生中的至美与至真。我们不能只是看到孩子的顽皮和幼稚，要知道孩子身上所拥有的才是最为珍贵的，才是最为真实和纯真的人性展现，这是成人的世界所不具备的。成人的世界，我有时真的搞不懂，虽是有了人生的阅历，但在某种程度上虚伪的东西也较多，很多时候都要从功利的角度去看待、去考虑，有利于己的就去占有，无利于己的就会舍弃。其实有利与否，还需要我们客观辩证地去看待。要学会考虑别人的利益，学会为别人着想，哪怕是损失了自己的一部分利益，只要是能够给别人带来安乐，能够解决别人的燃眉之急，我们就要努力去做。唯有这样，才能显现出做人的价值。自私永远是罪恶之根。付出永远是人生之本，也是自身价值的展现。

客观面对

面对困境，我们要保持沉着冷静，客观地分析原因，找到解决的方法。唯有客观地面对挫折，拥有平常之心，保持沉着冷静，我们才能轻松自在，才能拥有幸福的人生。

一个女儿对父亲抱怨她的生活，抱怨事事都那么艰难，她不知该如何应付生活，她已经厌倦了抗争和奋斗。她的父亲是位厨师，把她带进厨房。他先往三只锅里倒入一些水，然后把它们放在旺火上烧。不久锅里的水烧开了。他往第一只锅里放些胡萝卜，第二只锅里放只鸡蛋，最后一只锅里放入碾成粉末状的咖啡豆。他将它们浸入开水中煮，一句话也没有说。女儿咂咂嘴，不耐烦地等待着，纳闷父亲在做什么。大约二十分钟后，他把火闭了，把胡萝卜捞出来放入一个碗内，把鸡蛋捞出来放入另一个碗内，然后又把咖啡舀到一个杯子里。做完这些后，他才转过身问女儿："亲爱的，你看见什么了？""胡萝卜、鸡蛋、咖啡。"她回答。父亲让她走近些并让她用手摸摸胡萝卜。她摸了摸，注意到它们变软了。父亲又让女儿拿出鸡蛋并打破它。将壳剥掉后，她看到了是只煮熟的鸡蛋。最后，父亲让她喝了咖啡。品尝到香浓的咖啡，女儿笑了。她问父亲："这意味着什么？"父亲解释说，这三样东西面临同样的逆境——煮沸的开水，但其反应各不相同。胡萝卜入锅之前是强壮的，结实的，毫不示弱，但进入开水之后，它变软了，变弱了。鸡蛋原来是易碎的，它薄薄的外壳保护着它呈液体的内心，但是经开水一煮，它的内心变硬了。而粉末状的咖啡豆则很独特，进入沸水之后，它们反倒改变了水。"哪个是你呢？"他问女儿，"当逆境找上门来时，你该如何反应？你是胡萝卜，是鸡蛋，还是咖啡豆？"

要客观冷静地看待所出现的任何问题，相信每一种现象的出现，都有其深层的原因。我们不能只看到事物的表面，要学会深入其中，了解其内在的根源，唯有把根源找到，才能真正解决问题。要知道，任何事物的出现，都不是偶然的显现，而是一种必然，都是我们必须要经历的，没有什么可大惊小怪的。懂得了这些，我们就真正领悟到事物发生、发展、变化的规律，知晓如何去平复自己的心情。摆正自己的心态，用平和之境去面对一切，这也是我们解决、处理一切事情的前提。要努力让自己的内心平和，不杂有任何的私心杂念，要学会客观冷静地看待事物，真正地做到不急不躁，不烦不扰，相信所有的问题都能够很好地得到解决，所有的困难只不过是提高自己的一个台阶，只不过是检验自己的一块试金石而已。

要用愉悦之心，去接纳所有的到来，去感受人生的美好，让自己在生活的锻造中变得越来越坚强，越来越从容，用昂扬的精神来指引自己不断前行。同时要学会理解和包容自己，因为它是我们成长中建立信心的基础。有了对自己的充分理解，就增添了自己不断进步的信心和勇气，就会让自己快乐自在，能量满满，收获满满。如果不能够理解自己，只是看到了自己的不足和缺点，不能够看到自己的进步和成功，就会让自己生活在自己带来的阴影里面，让自己变得越发孤独无依，变得焦躁不安，变得盲从无序，变得异常迷茫，内心没有了往日的平和与安宁，没有了生活的快乐和希望，从而找不到前行的方向和道路。所以在平日里，我们还是要多多关爱自己，给予自己的心灵更多的宽慰和滋养，实时地给自己更多的包容和理解，保持一种开放和接纳的心态。不能动不动对自己横加指责，表面上看起来，是为了让自己改正错误，不断进步，更加完美，而实际上让自己丧失了信心，丧失了勇气。这样，就会使自己陷入自卑的泥潭，从而越陷越深。仔细想来，生而为人，孰能无过，每个人都在犯错中成长，在缺憾中完善，在失去中获得。每个人的成长轨迹都是不同的，但是有一点是相同的，那就是每个人的成长都不是单一直线的，而是曲线的，都有一个循环反复螺旋上升的调整的过程。相信了这一点，理解了这一点，认识了这一点，那么我们就真正地取得了进步，成功和快乐就会永远相伴而行。

调整心绪

　　我们需要及时调整自己的心绪，让内心保持积极、乐观、向上，让自己保持激情与活力，不断地提升自己、完善自己、成就自己。

　　有一位门徒去见智者拉比·纳克曼。他对拉比·纳克曼说："尊敬的智者，我不能再继续我神圣的学业了。因为我住的房子太小了，家里还有父母和兄弟，人太多，环境太差，我已经无法集中精力学习了。"纳克曼对他说："你看外面的阳光照在你的脸上了，你马上用手捂住脸，遮住你脸上的阳光。"于是，这位门徒就用手遮住了照在他脸上的阳光。纳克曼对他说："你的手很小，却能遮住太阳照到你脸上的阳光。同理，一个小问题却给了你充足的借口，阻碍了你继续对精神的追求。就像你的手遮挡太阳的力量，平庸也能隐藏你内心的光芒。你不要把责怪别人当作你无能的借口。"成功的人和失败的人区别就在于，成功的人总是在找方法，而失败的人总是在找理由。

　　办完一天的事情，坐上返京的高铁，又开启了自己新的旅程，开始了北京事务的处理。也许是自己习惯了整天东奔西跑，因此并没有什么劳累之感，反倒觉得这也是一种乐趣，是工作的重新规划和调节，是生活的一种新鲜的体验和尝试。

　　的确，人就应该不断地调整自己的心情，让生活一直处在轻松的状态之中，让生活充满新意，让人生充满无限的可能，让内心永远处于期盼与向往之中，让自己永远葆有超越与奋进之激情。有时候也会有疲乏之感，也会感到空虚无奈，也会产生莫名的压力，内心烦恼不已，不知道如何去找到轻松自在、无忧无虑之境，让自己的内心彻底轻松下来，不知道如何找到内心的引领，找到人生的清净之境。

　　人至中年，难免有很多的顾虑，对于家庭和事业都肩负着责任，自己也会时时告诫自己：重任在肩，稳步前行。要学会规划自己，学会激励和培养自己，学会用真诚去对人对事，把自己调适好、培养好、规划好，要求自己打起十二分的精神来，用饱满的热情去面对一切。展望未来，前路漫漫，尽管人生还会有这样或那样的问题在考验自己，但只要自己不泄气，有信心，有担当，有勇气，有创造，有毅力，有坚守，就一定能够实现心中的目标，成为自己的骄傲，成为人生的赢家。

平和心绪

要管理好自己的内心，经常与心灵对话，静逸平和，胸怀坦荡，轻松自在，给我们的生活增添活力，增添动力，伴随我们走向成功，走向辉煌。

努力是一艘船，反省是一张帆，只有扬起这张帆，才能乘风破浪到达成功的彼岸。俗话说："以铜为镜，可正衣冠；以古为镜，可知兴替；以人为镜，可明得失。"铜也好，古也好，人也罢，这些都是反省检点自己的工具，在人的一生中，反省是不可缺少的一部分。例如：考试失利后，老师的批评，家长的责备，望着考得好的同学捧卷子哼着小曲回家，一股不服输的劲就涌上心头。要抛开一切杂念，要心平气和，要平心静气，要坐在房里反省自己，找出不足之处，承认自己与他人是有差距的。在后来的日子，要不断地改正自己的错误，终究有一天，自己也能将满意的成绩单拿回家。因为反省，让自己不再有第二次的后悔；因为反省，让自己有了新的突破；因为反省，让自己学会走这条名叫"人生"的路。有人说，内心安静、胸怀坦荡能使一个人变得完美。孔子的学生曾子说："吾日三省吾身。"一天内多次的反省，足以让自己弥补不足，使自己更加完美。"见贤思齐焉，见不贤而自内省也。"要让自己静下来，与自己对话，与他人对照，心境平和，无挂无碍，长期如此，一个人的错误便会越来越少，它会弥补自己的不足，让自己逐步走向完美，这是成功人士的必修课。反省让你强大，携你走完这布满荆棘的人生路，指引你通向胜利的彼岸。

心静自然静。我们要把心定下来，静下来，让它清静自然、清新明澈、无碍无扰、不染杂尘，能够对所有的事情有一个清晰的认识，不让自心深陷其中而不能自拔。要让自己站在更高的高度上看问题、看事物、看自己、看他人，要客观公正，要不偏不倚。要不断学习，用传统的国学智慧来浸润自身，不断提升自己的性灵，让思维更加清晰明了，让生活更加丰满充实，每天收获满满，快乐满满。

很多时候，自己回想一天的工作与生活，都会感觉到有或多或少的遗憾。认为自己在诸多方面还没有能够做得更好，还有一些无法追回的缺失，这会让自己唏嘘不已，同时也让自己的内心失去了定力，失去了主见，好像变得无依无靠。若这样长此以往，自己就会越来越失去自信，失去自我。其实，这是一种不正确的思维方式，我们每天要对自己的收获有满足之感，要有对自己的肯定和赞扬。人生本来就存在这样或那样的缺憾，谁也不可能把所有的事情都做得滴水不漏，没有一丝的罅漏，都会有一些自己想做而做不到的事情。但这些都不算什么，这些矛盾本身就是我们不断进步的铺垫，也是我们进步的开始。面对任何的缺憾与不足，我们不能回避，也不能掩盖，要学习、要担当、要向前，这些都是我们要努力克服的。如若我们能够突破了，就是很大的成功。一个人的成功，并不完全在于表面上财富的拥有，也不在于名誉与地位的高低，而在于内心的乐观、坚忍与平和。能够承载人生风雨的是我们的内心，能够最终给自己带来安乐的还是我们的内心。可以说，内心的滋养、内心的引领才是人生最重要的。人生所有的快乐，皆在于有内心的滋养与引领，坚持每天与自心相交，与自心交流，把每天所见所闻都在心中过滤一下，打下最有益的印记，留下最美好的记忆，对于自己一生的发展会起到最为关键的作用。很多时候，我们会认为成功和幸福来自自己的努力和机遇，可这种努力的状态和机遇的呈现，皆在于我们内心的支撑。我们的内心确立了正确的目标，找到了正确的方向，我们才有了进取的力量，才有了人生的美好。我们每天接触的人、事、物，都是自己进步的因素，无论好坏，都是自己发展的助力，都是人生中最大的收获，都是自己应该倍加珍惜的。要善于学习与观察，善于吸纳与转化，不断地改造和完善自己，让自心获得更大的力量，让人生拥有更多的快乐与幸福。

记录人生

如果你想让自己的生活更加丰满与充实，我想写作是一个不错的选择。这种习惯能够记录我们的观察，记录我们的思考，记录我们的成长，记录我们的人生。

曾有媒体报道过，一位摄影师坚持记录三十多年，用罕见老照片讲述成都故事。这位摄影师名叫周筱华，是土生土长的成都人。周筱华坚持拍摄三十多年，用五万张胶片珍藏了一些被遗忘的时光。成都那些耳熟能详的城市地标在周筱华的相簿里都能看到。它们从狭窄的街道变成现代的城市CBD（中央商务区），从一望无垠的田野转为热闹的城市居民区，从不堪入目的臭水沟变成小桥流水的街心公园。周筱华说："每当翻开这些老照片，望着它们我就回忆起年少时风华正茂的自己。"周筱华从三十岁开始就不断地拍摄成都。眼下，他正在做城市记忆的新旧对比整理工作。20世纪90年代的老成都，在一些本地人的记忆里都渐渐模糊了。然而，三十多年来，周筱华坚持用相机记录了这座城市的老建筑和城市建设的变迁。在他看来，随着城市的发展与变革，成都的街巷在不知不觉中慢慢发生变化，这是历史的必然。在采访中，周筱华说，记录城市的变迁，不仅是因为他热爱摄影，这些年真正让他坚持的理由是对成都的爱。他希望能用自己的方式留住一段共同的记忆，一些已经被遗忘的记忆。

写作不是在彰显什么，不是在表白什么，也不是单纯地在记录什么，写作最重要的是能够以心为念，与自心对话，能够彻底了解自己。"心为人之官"，唯有在心的指引下，我们才有自己的思维动念，才有自己的行为举止。而我们所有的成功与失败，收获与失去，都是心灵的感应，都是心意的结果。不管自己承认与否，没有好的心性，就不会有好的人生。每天，我们都在追求成功与快乐，首先不能冷落了自己这颗心，不能对它不理不睬，漠不关心。对于每天的生活如若没有总结与思考，对于每天所见的人、所待的事如若没有回想与感念，那么这一天可谓白白虚度了。没有与心灵的对话与感悟，没有对于人生的总结与分析，自己就不会有人生的进步。

的确，在现实中，想与不想，听与不听，写与不写，也许表面上看没有什么。但如果从我们自身发展的角度，从内心培养的角度来看，这是非常重要的。它决定了我们的生活是否快乐，决定了我们的智慧是否充盈，决定了人生的方向是否正确。我们需要用心来指引自己的人生，而且要有正确的方法，如果方法不对，那就起不到应有的作用。如若我们过完了这一天，每天只是简单地回想下，那往往是零散的，不集中的，没有思维的，如若我们能够把自己所回想的一切都记录下来，进行细化与总结，那么就达到了深层次思维的深度与广度，就能够起到良好的效果。

写作本身就是一种思考与总结，更是与自心相交的过程。在写作的过程中与自心对话，是一个非常棒的方法。它能够让我们思维集中，让它更有条理，更有内涵。文字是一个非常神奇的东西，它是通向内心世界的阶梯，是与心灵对话的通信工具，更是心灵的安慰剂。文字是给予心灵温暖的火炉，更是人类文明的标志。文字是连接过去、现在和未来的桥梁，有了它，我们就有了引领自我内心的基本条件；有了它，我们就有了不断进步的助因。要学会用文字来表达自己的思想，学会用文字来袒露心声，用文字与人深度交流、扩大自己认知面。文字是思想与精神的展示，是人类文明发展的必备条件，我为能够通过文字来表达自我的真情实感而感到自豪。

很多时候，我们的内心安定不下来，不知如何才能让自己平和清静，不知如何去表达自己的心情，总认为写作不是自己能够干好的事，总认为写作是件非常艰难的事情，对于别人的文章自己会去努力学习，对于自己的感受反而忽略不计。但学习毕竟是学习，它永远代表不了自己，学习别人的理论也只是别人的思维和想法，要想有真正的进步，就要有自己的想法，要有自己的总结与提升。唯有自己提升自己，自己锻炼自己，自己规划自己才是正途。若是不能够与自心相交，不能够引领自心，我们的思维和发展就会受到局限，也就不会有太大的收获。要勇于实践，学会观察生活，学会与心为友，善于表达，这符合我们的天性。唯有表达，才能够体现温情；唯有表达，才是快乐和幸福的前提。虽然表达的方式有很多，但文字的整理必不可少，生活的记录必不可少。

愿每天的写作能够成为自己生活的习惯，成为自己人生发展的动力，成为锻炼自心、引领自我的最好的保障。

变化永恒

变化是永恒的，是客观存在的。万事万物每天都在发生着变化。我们一定要用变化的、发展的眼光看问题，要及时调整思维，发现变化，应对变化。

一个年轻人去拜访一位大师，向他请教为人处世之道，大师给他讲了三个故事。第一个故事：有两个强壮的青年，一拙，一巧。两人奉命在同一块地上各自挖井找水，很快两人都挖了两米深，但丝毫没有出水的迹象。拙者继续在原地深挖，而巧者则换了个地方挖。终于，拙者通过不懈的努力找到了汩汩的源泉，而不断地更换地点的巧者一无所获。年轻人听罢，若有所悟地点点头："我明白，做人就应该持之以恒，不应该朝三暮四，蜻蜓点水，否则终将一事无成。"大师只是笑笑。第二个故事：还是这两个人，巧者在经过数次尝试后，终于在一个地方发现了有水的迹象，于是深挖，最终找到水源。而拙者始终在原地，一如既往，埋头苦干，越挖越深，结果虽然付出了很多努力却始终没有找到水源。"这？"年轻人有些迟疑，"我想也许人还应该不断地总结经验，不断地尝试最适合自己的生存环境，而不应该刻板教条，更不应该执迷不悟。"大师还只是笑笑。第三个故事：两个人虽然都竭尽全力，但无论拙者挖多深，也无论巧者换多少地方，两个人都没有能找到水源。"为什么？"年轻人疑惑起来，"那做人还有准则吗？""因为这个地方可能根本就没有水。"大师从容回答，"其实为人也是如此，生活中没有一成不变的处世原则，一切都要靠你自己去摸索和体会。"

每一天都有新的感觉，每一天都有新的收获，每一天都是崭新的开始。也许这一天看似与昨天没有什么不同，但在自我的认知上，在对人、事、物的看法上，在个人心性的调解上，在知识的积累等方面，都会有很大的改变。也许我们自己还没有感觉到，但这种变化是永恒的，是巨大的。这就犹如一棵小树的成长，你每天看着它好像没有什么变化，其实它每时每刻都在生长，它在慢慢地长大，最终长成参天大树。

每一次回到锦州家里，都会发现孩子的一些变化。除了个头长高之外，无论是学习上，还是语言表达上，都有一定的提高。尤其是三岁的儿子非常喜爱学习，对于英文字母充满了好奇和学习的欲望，每天都会看着平板电脑里他姐姐的视频课程跟着学，模仿英文字母的字形摆出不同的姿势，并且每天认真跟读，不厌其烦地操练一番。孩子的模仿力和学习力这么强，令我感到很是惊喜。同时我还发现，孩子在我手机上寻找曾给他下载到桌面上的小游戏，找得非常之快，有时我寻找半天还没有看到，可孩子总是看一眼就能点到，让我也感到无比的惊讶。从认知力和学习力上看，我们还要向孩子们学习呀。

有时，我们总以为大人们的认知力和专注力肯定要比小孩子强，殊不知，我们还真的比不上孩子们。孩子们天生纯净的内心是一种自然的引领，而我们这些所谓成熟的见多识广的成年人，反而考虑问题较为复杂和烦琐。很多时候，我们成年人在行为过程中总会顾虑太多，瞻前顾后，有着希望求周全、求平衡的想法，或是受到太多其他因素的影响，总是分散了注意力。所以，从专注度上来讲，我们还是应该向孩子们学习。孩子的成长是潜移默化的，他们成长的速度是惊人的，往往超出了我们大人的想象。

所以说，我们不能以固化的思维来考虑问题，而要用变化的、运动的思维去考虑问题。所有的事物都在时时刻刻地发生着变化，没有不变，唯有常变，变化是永恒的。唯有不断地改变，不断地成长，才能不断地进步。我们要认真仔细地体察这种变化，从变化之中使自己得到提高，把每一天都当作变化的舞台，当作自我学习和提升的基础。要从现实中遇到的每个人、每件事中去学习和感悟，不断地加强理论学习和实践，逐渐将那些不好的因素、不良的习惯根除，让自己的心性不断地得到提升，让自己简单快乐、乐观包容、宽厚大度起来，对自己的人生有更好的指引，获得家庭与事业的圆满与成功。

生活之美

善于发现生活之美，发现日常生活中的乐趣，珍惜拥有的一切，感恩家人、朋友的陪伴，如此我们才能每天生活在幸福与快乐之中。

《命运交响曲》是贝多芬最杰出的一部作品，它的主题是人类和命运搏斗，最终战胜命运。这也是他自己人生的写照。第一乐章中连续出现了沉重而有力的音符。贝多芬说："命运就是这样敲门的。"贝多芬从十二岁开始作曲，十四岁参加乐团演出并领取工资补贴家用。到了十七岁，母亲病逝，家中只剩下两个弟弟、一个妹妹和已经堕落的父亲。不久，贝多芬得了伤寒和天花，几乎丧命。尽管如此，他还是挺过来了。他对音乐酷爱到离不开的程度。在他的作品中，有着他生活的影子，既充满高尚的思想，又流露出对人间美好事物的追求、向往。对美丽的大自然，他有抒发不尽的情怀。即便后来患了耳疾，他依然沉浸于音乐的世界。他用自己无法听到的声音，倾诉着自己对大自然的挚爱，对真理的追求，对未来的憧憬。他著名的《命运交响曲》就是在完全失去听觉的状态中创作的。他坚信"音乐可以使人类的精神爆发出火花"。"顽强地战斗，通过斗争去取得胜利"这种思想贯穿了贝多芬作品的始终。1827年3月26日，一个雷雨交加的夜晚，音乐巨人与世长辞，那时他才五十七岁。贝多芬的一生是悲惨的，世界不曾给他欢乐，他却为人类创造了欢乐。贝多芬身体是虚弱的，但他是真正的强者。

昨天早上，北京的天空阴沉，下着蒙蒙细雨，时不时地夹着电闪雷鸣，这看似不好的天气，也给渐热的北京降了降温，让人们感受到丝丝清凉。想到明天是六一儿童节，我将办公室的事务安排完毕，急匆匆地赶往北京站，一心想着及时赶回锦州家里陪孩子过儿童节。

的确，有孩子的感受就是不一样，有了孩子就有了牵挂，有了孩子就有了希望，就多了几许家庭的温暖，增添了几许家的乐趣。哦，自己只想着给孩子过"六一"，把女儿的生日给忘记了，经爱人提醒才记起来，六一儿童节也是女儿的生日呀，真是双节合一，好事连连。女儿非常兴奋，为第二天过节做着准备，说班里的同学都会给她准备礼物。爱人早早地订下了生日蛋糕，明天就会送到幼儿园，女儿将与老师同学们一起吃蛋糕，过一个热热闹闹的生日，过一个乐趣无穷的儿童节。听女儿说，明天只有半天课，然后去看电影，同学们都穿上幼儿园发的T恤衫，带上自己的小礼物，还有好吃的小甜点、小麻花之类的食品，她将与同学们在一起过一个开开心心的六一节加生日。家里洋溢着节日的气氛，孩子们异常兴奋，盼望着第二天早点来临。已经很晚了，孩子也没有困意，玩具玩完了，又看动画片，总之是精力无限，这些生活中的小惊喜，都将印在孩子的内心里，化作童年美好的记忆。有时我也在想，人的快乐也不是那么复杂，只要把生活中的点滴汇集起来，每件事，每个人，每天的生活小片段里都会有让自己高兴之处，都会有快乐藏在其中，只需要我们去发现、去挖掘就能够找到。其实，快乐就在我们身边，快乐离我们并不遥远，只是我们没有认真看、认真想，只是把它当作习以为常的生活而已。一天天就这样悄悄地溜走，没有留下任何值得记忆的东西，这才是生活中最大的损失，才是对人生的极大浪费。

生活中，我们只是为了所谓的大事而忙，对于所谓的生活中的小事就会无暇顾及，甚至认为生活中的小事没有什么意义，只会耽误自己的时间，影响自己干"大事"。因此就会对日常的生活和周边的一切漠不关心，这样就蒙蔽了自己的双眼，关上了感知美好的闸门，让自己与生活隔绝，走上自我封闭之路。失去了自我的快乐，没有了人生的乐趣，人就变得孤寂不安、形单影只，变得郁郁寡欢，将自己沉入灰暗的、没有光明的境地，没有了生机与活力，没有了乐趣与希望，这是非常痛苦的，是值得惋惜的。

要时时去体验生活里的每一段时光，去感知所遇到的每个人、每件事，要把所有的遇见当作人生最为难得的机缘，当作生命中最大的收获。无论是好是坏，是喜是悲，是得是失，都是人生必然的经历，都是生命中最丰富的内容。注重日常的生活，发现生活之美。感恩家人，感恩亲朋，感恩人生，感恩天地，感恩生活的所有，感恩所有的遇见，这才是生活最大的回馈，才是人生中最大的财富。

转换心境

学会转换心境，调整心态，我们就能够克服重重困难，在困境之中找到出路，在黑夜之中找到光明，在失败之中找到成功。

京剧大师周信芳早年出道时因其洪亮的嗓音成为红角。一个冬日，他早起到院子里练功，可一张口："一马离了——"声音忽然变得沙哑。周信芳很疑惑，再试着唱几句，依旧如此。他思忖，或许是昨晚着凉，决定先休息几日。但几日过后，嗓子的状况仍未好转。周信芳慌了神，忙去找戏班前辈吕月樵。吕月樵一听便明白了，安慰道："别慌，你是倒仓了。"男性青春期的变声，京剧界叫"倒仓"，其间，声音会变得低粗暗哑。有的京剧演员因倒仓不能恢复原有嗓音而一蹶不振，也有的京剧演员度过倒仓期后反倒获得了更理想的嗓音。周信芳只好注意饮食，每日坚持喊嗓锻炼。一段时间后，嗓音总算有了好转，但终未能恢复到原来的洪亮，始终带有一丝沙哑。许多人担心他的京剧生涯就此结束，但周信芳并未气馁，他分析了自己的嗓音条件，决定在唱腔上讲究气势，学"黄钟大吕之音"，又特别加强对角色感情的揣摩。经过长期的探索，他不仅未受到倒仓的限制，还形成了重吐沙音、腔调苍凉的特色，创造了独树一帜的麒派艺术。嗓子哑了，本是周信芳的劣势，但因势利导后，反让他走出了一条前人未走过的路。

晚上七点半，从锦州坐高铁赶到郑州，开启了6月份的中原之旅。一下火车就遇上了大暴雨，赶上这么大的雨，我在想，不会是在用哗哗的雨声来迎接我这久别游子的归来吧，这也真的是太热情了，这可能预示着本次中原之行必定会是收获满满吧。听亚哲说，前几天郑州骄阳似火，高温可达三十八九摄氏度，这场雨来得真的是及时，能够让闷热的天气一下子清凉起来。这场雨来得正合我意，内心备感庆幸。那种六七月份中原的酷热，自己是深有体会的。降雨把燥热的内心变得清凉无比，人就会尝试不一样的感觉，就会在人生中有不同的体验，会让生活更加丰富起来。

一夜的雨带来的是清凉，是惬意，是内心躁动的平复，是一种安慰与抚慰。我在想，任何时候我们都要有这种清新与宁静，都要有自我的调节与规划。回郑州是一种新的体验，在做事的过程中去寻找合作，寻找发展的契机，在日常的工作与生活中给自己启发和提升。其实，做事本身就是一个自我调适、自我完善的过程，我不能故步自封，也不能哀叹连连，不管遇到什么样的境遇都要坦然面对，只有重视与包容，吸收与改变，把愁苦转化为喜乐，把不利转化为有利，把不好的心境转变过来，这才是生活的真谛。

生活的本身就是一种转化的过程，就是一个自我面对的过程。我们不知道下一秒钟将会遇到什么，将会有什么样的事情发生。但无论是顺利的还是逆阻的，无论是快乐的还是忧伤的，无论是得到的还是失去的，我们都要学会坦然接受、坦然面对，要看到事物的两面性，要知晓其不好的里面也有好的一面。我们不能用单极的眼光去看世界，不能用片面的角度去看问题。其实，好与坏、得与失、荣与辱之间都是相互变化的，都是相互转化的。我们要拥有博大的胸怀，拥有一颗亘古不变之心，拥有一颗炽热关爱之心，相信一切皆是偶然中的必然，用一颗纯洁善良之心去接纳它、理解它、善待它。珍惜现在，感恩现在，充满信心，展望未来，尽享人生美好时光。

心态调节

哲人说：“你的心态就是你真正的主人。”无论在任何环境下，都要保持积极乐观的生活态度，让自己的心里始终充满阳光。

苏格拉底是单身汉的时候，和几个朋友一起住在一间只有七八平方米的房间里，一天到晚总是乐呵呵的。有人感到奇怪，就问苏格拉底：“那么多人挤在一间小屋里，连进进出出都不方便，你有什么可乐的呢？”苏格拉底说：“朋友们经常在一起，随时都可以交换思想，交流感情，这难道不是很值得高兴的事情吗？”过了一段日子，朋友们一个个相继成了家，先后搬了出去，小屋里只剩下苏格拉底一个人，但他仍然每天很快活。那人又问：“现在剩下你一个人了，孤孤单单的，为什么你照样很高兴？”苏格拉底说：“我有很多书哇！一本书就是一个老师，和这么多老师在一起，时时刻刻都可以向它们请教，这怎么不令人高兴呢？”其实，只要换个角度思考问题，苏格拉底能收获的快乐，每个人也都可以收获。每个人都可以让灿烂的心境之花，结出丰硕的快乐之果。

能够经常与自己说说话，是一件很美好的事情，同时也是对自己身心的一种释放。在快节奏的现代生活中，我们很难慢下来，很难静下来与自己的心灵进行交流。其间，往往会受外在人、事、物的影响，被外境所感染，把控不好自己的心态，变成了情绪的传令员，变成了整个外境的奴隶。如此，内心被污浊所染，被欲望所牵，变成了情绪的猎物，人就会郁郁寡欢，不知心之所向，完全没有了自主性，不知道自己从何处而来，也不知道自己向何处而去，人生的快乐和幸福即会荡然无存。

人变成了游荡于世间的行尸走肉，没有了生机与活力，没有了清静与快乐，这样就会产生极大的焦虑感，内心就会产生不安定的因素，自己就会被此情绪所打垮。这种情绪能够毒害正常人的心灵，让人整日痛苦不堪，让人丧失了理性与判断，丧失了信心与勇气，没有了生活之根，没有了自己的主张。这种负面情绪的延伸是非常危险的。所以说，人活着要有释放自己的窗口，要能够把控好自心，无论遇到什么样的事情，都能够很好地把握，不能被外在的假象所迷惑，不能被短暂的"黑暗"所侵扰。要能够参透万事万物的无常，做到通透自心，世事洞明，能够把自己真正融入社会，并能够在实践之中锻造自心，让自心无忧无碍，从容镇定，积极乐观。学会用无我之心去待人待事，让自心在明亮与愉悦之中保持安然，在感恩与包容之中感知感悟；在实践与体验中，在积累与沉淀中，感受与获得快乐满足之源。在现实生活中，要学会圆融地面对生活，学会在日常生活中发现自己，理解自己，提升自己。能够客观冷静地面对生活，找到生活中真正的自我，找到生活中真正的快乐。人是一个矛盾体，有时越不想让自己成为什么，可偏偏就成了什么，你越是想给自己树立起一个高大的形象，就越做出令自己窘迫不安的事情，这样就会让自己矛盾纠结，就会生活在泥沼里翻滚，就会有更多的不安与狼狈，就越发找不到真正的自我。当然，这不是说，要降低对自我的标准与要求，而是要深入自心之中。要追根溯源，找到诱发自我矛盾之根源到底在哪里，到底是什么，从而不断地调适改变，恢复理性，让内心平和冷静起来。心态的调整是最重要的，它是引领自己走向幸福快乐的保障。

忙碌人生

忙碌的日子让人感到充实，让人忘记烦恼，让人看到希望。人生即是如此，在忙碌的工作中，享受生活，感悟生活，憧憬美好，拥抱未来。

巴维尔先生是一家五金用品店的老板，他准备招募一个新员工。年轻人看到广告后前来应征，但最终进入候选名单的只有三个。巴维尔先生精心设计了一道决赛考题，他交给每个人一把新款螺丝起子，要求他们把它送到枫树大街314号的亨德先生那里。没过多久，第一个人打来电话说，是不是店里把门牌号记错了？那里没有什么314号，说地址不对。第二位候选人回来时报告说，枫树大街314号是一家健身馆，并发现亨德先生已经搬家。但是，第三个人设法找到了亨德先生的新地址，于是他向亨德先生介绍了这款时尚的物美价廉的高科技新产品，亨德先生当场付款订货。最后，当然是这位坚持不懈、百折不挠的第三位先生被录取了，而且薪金很高。他说，为了完成自己的工作，我们不应该找任何的借口，而是应该克服困难，只要努力，没有任何困难能够阻碍自己前行的脚步。在忙碌的人生中，每个人每天都在奔走，都在工作，而我们每个人的工作态度是不同的。其实，只有踏踏实实，认真负责，一丝不苟，百折不挠，才能够在忙碌的人生中站稳脚跟，才能够找到适合自己的位置，才能够找到自己的人生目标，实现自己的人生价值。

人生因忙碌而快乐，人生因忙碌而充实，人生因忙碌而成就圆满。

近两日，工作紧张，出差频繁，前日从西安到北京，昨日从北京赶到宁波。今日上午参加宁波会议，会上讲话，讲完之后，又急匆匆飞往沈阳。的确，几天来的工作时间安排还是很紧张的，一直在路上奔忙，在飞机、高铁、汽车上辗转，从这个点赶到那个点，再赶到另一个点，在不同的城市间穿行，犹如织布机的梭子一样来回穿梭，在编织着时光的故事，在编织着自己的人生。也许表面上看，这是很辛苦的，是不安逸、不清闲的，也是很无奈的。可实际上，我们的人生何处是清闲，何处是安逸呢？可以说，每时每刻我们都在忙碌，忙学习，忙工作，忙家务，忙交往，忙自己，忙孩子……完全没有停息之时。只要我们活着就有忙不完的事情，就有做不完的活，就没有不忙的时候。

其实，我们应该把日常的忙当作一种生活的常态，当作人生必然的经历，要忙出自己的意义来，忙出自己人生的价值来。这就是一种心态的转换，是对生活不同的认知，是对人生意义不同的理解。如若我们为忙而忙，为己而忙，为私利与占有而忙，为贪欲与享乐而忙，这类忙也就变得没有了实质意义。确切地说，这种忙只会让自己变得无聊与无趣，变得不知所终，变得找不到自己，而不会给自己带来真正的收获与快乐。也许，我们是为了生活不得不忙，为了满足自己和家人的衣食住行之需，需要给孩子忙出好的教育环境、好的人生前程，需要给父母忙出安心与健康，需要给爱人忙出亲情与爱恋，需要给单位忙出好的效益，需要给社会忙出服务与贡献……总之，这些忙都是我们必须要去做的，都是生活中的现实存在，都是人生中的必然经历，都是美好人生的积累与沉淀。的确，有目标的忙碌是快乐的，有奉献的忙碌是幸福的，充满爱的忙碌是美好的。愿人生在忙碌之中得以升华，愿人生在忙碌之中找到快乐与自在。

充满自信

要相信自己，要充满自信。如果你失去了个性，如果你失去了主见，一味地随波逐流，也就失去了自己本身存在的价值。

出生在一贫如洗的家庭的林肯，终其一生都在面对挫败，八次竞选八次落败，两次经商两次失败，甚至一度精神崩溃。好多次他本可以放弃，但他并没有如此，也正因为他充满自信，信心满满，从不放弃，才成为美国历史上最伟大的总统之一。以下是林肯进驻白宫前的简历：1816年家人被赶出了居住的地方，他必须努力工作以养活他们。1818年母亲去世。1831年经商失败。1832年竞选州议员落选，想就读法学院，但进不去。1833年向朋友借钱经商，但年底就破产了，接下来他花了十六年，才把债还清。1834年再次竞选州议员赢了。1835年订婚后即将结婚时，未婚妻却死了，因此他的心也碎了，精神完全崩溃，卧病在床六个月。1838年争取成为州议员的发言人，没有成功。1840年争取成为选举人失败了。1843年，参加国会大选落选。1846年再次参加国会大选，这次当选了，但寻求国会议员连任失败了。1854年，竞选美国参议员落选了。1856年，在共和党的全国代表大会上争取副总统的提名，1858年再度竞选美国参议员。1860年当选美国总统。"此路艰辛而泥泞，我一只脚滑了一下，另一只脚也因而站不稳。但我缓口气，告诉自己，这不过是滑一跤，并不是死去而爬不起来。"林肯在竞选参议员落败后如是说。正是林肯充满自信，为了追求自己人生的目标，实现伟大的理想，坚韧不拔，咬定青山不放松，坚定必胜的信心，使他获得了自己人生的成功，让自己的人生发生了沧海桑田的变化，这种巨大的变化不正是永不言弃、一路前行、不断努力创造的吗？

对于工作，自己有时还是不够专注和认真，不能够坚持如一。有的时候，自己会寄希望于明天或是他人，这样就会白白浪费很多时光，也会留下很多的遗憾。我们还是要学会认真和专注，把工作的每个细节研究透彻，永葆一种不达目的不罢休的精神状态。

有的时候，我们只是异想天开，只是凭空想象，做些表面的功夫，这样没有深入的研究，就不能够规划好自己的工作，也就不可能有大的进步。有时遇到问题总是会想，待明天与大家一起讨论吧。集思广益固然是好的，但如果不能够自我总结，没有自己的思维与创造，没有把自己的思维与创造调动起来，这样就会造成自己思维的混乱，造成自信心的丧失，就会没有了自己的主张，不可能有好的结果，事业也很难收获成功。我们要学会冷静，要心有所向，心有所指，内心的平和坦然，心态的不断向上，毅力的坚持与坚守，决定了我们的成功。做任何事不能凭空想象，不能浮皮潦草，不能放任自己，不能去做一些只凭拍脑瓜就决定的事情。遇到问题不要心慌意乱，要不断地鼓励自己，给自己打气加油，要把所遇到的问题当作自己进步的阶梯。任何时候，都不要忘了，自己才是自己的主人，自己才是自己的领航人。如果我们不坚守自己，不相信自己，那么我们还去相信谁呢？连自己都不相信的人，怎么能做出成就呢？做事情的前提是相信，相信自己，坚持自我，不怕艰难，始终如一。人生要充满自信，要乐观面对一切，要相信任何人都无法代替你，所有的事都要由你自己去做，所有的成就都需你自己去创造。即便我们有再多的缺陷，再多的错误，也要相信自己，因为唯有自己才能够给自己做主，才能够给自己带来光明与成功。没有什么能够比自己专注和努力更重要，自己的努力和专注决定了自己的成功，决定了自己的快乐，决定了对自我的充分把握。唯有深入地研究，不断地发现，客观地认知，认真地执行，才能让自己提升更大的能力，才能让自己发现更多更美好的事物，才能让自己的人生天地更加广阔，才能让自己永远立于不败之地。

"金无足赤，人无完人"，我们不可能把任何事情都做得天衣无缝，尽善尽美，完美无缺。任何人都不可能没有缺憾，也许正是这种缺憾的存在，才让我们不断地进步，才让我们有更大的发展。深入调查研究，认真创新实践，永远不要忘记：你才是自己成功的助力者，你才是自己人生的引路人。

不断积累

把每一天都当作学习与提升的机会，每天都有新的发现，每天都有新的思考，每天都有新的总结，让自己不断积累进步的力量，实现自我的跨越与成长。

爱因斯坦出任荷兰莱顿大学特邀教授时，给学生讲的第一堂课是成功的秘诀。爱因斯坦拿着一个盒子走上讲台，从盒子里拿出一枚又一枚骨牌，在桌子上摞起来，摞到二十几枚时，骨牌哗啦一下倒了，他不紧不慢地捡起来接着摞。当爱因斯坦摞到四五次时，平静的礼堂开始骚动。但爱因斯坦依然慢条斯理地摞了倒，倒了再摞……三十分钟过去了，学生们开始纷纷离去。也有的学生帮爱因斯坦摞，这时他们发现，盒子里大约有五十枚骨牌，他们摞起不到四十枚就倒了。学生又一个个离去，只剩一名学生仍然执拗地摞。又过了一个小时，那个学生终于将五十枚骨牌全摞了起来。爱因斯坦高兴地开口了："祝贺你成功了，有什么感想吗？"学生思索了一下，说："每摞一次，都有新的发现。"原来，他在摞时，发现有的骨牌略带磁性，能吸在一起，他就把带磁性的骨牌全摞在下面。倒了再摞时，他又发现骨牌轻重不一，他又把重的摞在下面，就这样反复几次，便全部摞了起来。爱因斯坦说："成功就是不断发现问题、解决问题的过程，同时还要有足够的耐心去做。所以成功的秘诀就是：简单的事情重复做。"那位摞骨牌的学生就是后来爱因斯坦的同事，美国著名物理学家、思想家和教育家惠勒。

昨日遇上了一阵暴雨，虽离家不远，但也被淋得像个落汤鸡一样。自己总以为，淅淅沥沥的雨，不可能下得太大，下一阵也就停了。如今看来，自己对沈阳入夏的天气还是不够了解，错误地估计了形势。站在立交桥下，雨越下越大，冷风吹过，让人有了瑟瑟的寒意。这场雨的确是自己意料之外的事。由此我也联想到，我们的人生不就是由很多意外组成的吗？确切地说，生命存在的本身，不也正是一种意外吗？谁都不知道自己生从何来，死向何去。生命的力量是无限的，生命的奥秘是无穷的。生命中总会有很多意想不到的时刻，让人们感到异常惊奇，赞叹于人类之伟大，感叹于世界之神奇。整个城市在人们辛勤的努力下，变得越来越繁华，越来越美丽，道路宽阔，高楼林立，绿树成荫，车水马龙……真可谓沧海桑田，一日千里。还有飞机、高铁等交通工具，拉近了城与城之间的距离，让人们出行更便捷，让人与人之间的交往更密切。的确，这一切意想不到的变化，皆是人间的奇迹。如若我们不能随着时代的发展而改变自我，那么自己就很难跟上这个时代，就成为这个时代的弃儿。所以我们要不断改变，不断学习，不断总结，不断进步，努力使自己有更大的提高。

仔细想来，看似无常的人生实质上也是有常的，是有规律可循的，是需要不断积累的。唯有积累到一定的程度，才能发生根本性的变化。看似偶然的出现，实际上也会有一定的征兆。这就需要考验我们对于变化的观察力和敏感度了。如若我们置若罔闻，不管不顾，信马由缰，走到哪儿说到哪儿，不做人生规划，不做人生积累，那么一定不会拥有大的成就，不会拥有好的人生。所以，我们一定要学会把握规律，学会分析和总结，要从最简单、最普通的生活中去发现一些规律，并能够用这些规律来指引自己的人生。要不断地积累和吸收一些有益的东西，来促使自己不断成长，从而让自己有更大的变化、更大的提升。这才是我们应该努力去做的。

在写作上也是如此。如若每天不能静下心来去思考，去联想，去感悟，去引领，去努力做积累，是不可能在文字上有进步的。自己有时也会提笔忘字，会产生惰性思维，不能够进行深入的思考，不能够及时记录好的想法，总结好的经验。这样时间匆匆流逝，自己却没有任何的提高，这的确是一种对时间的浪费。因此，还是要学会醒悟自身，不断总结与提升，不断修炼自己的内心，让内心更加沉着宽厚，更加怡然平和。对世事的变化有所感知，透过日常的生活去总结和发现，向生活学习，向他人学习，通过不断地累积，使自己更加快乐，更加积极，更有智慧。学会在人生之中找到乐趣，找到信心，找到幸福。以心衡量，以心为念，在生命的每段时光中，调节好自己的内心，让内心充满生机与活力，让生命充满希望与力量。

专注成功

做任何事情都要心无旁骛，专心致志，提高专注度。只有把全部心思全放在一件事上，我们的工作才能有所收获，我们的事业才能顺利发展，才能取得成功。

达尔文小时候上学时功课很一般，老师说他的智力有问题。这孩子的确有些沉默寡言，他可以一个人坐在屋前的花园里看着花草小虫很长时间。他的父亲教训他："除了养狗、看花草小虫以外，你什么都不上心，将来会有辱你自己，也会有辱整个家庭。"但是他的母亲怜悯他，她想既然孩子有那些乐趣，他的生活一定还会有其他色彩，她对丈夫说："你这样对他不公平，让他慢慢理解生活吧。"孩子需要她的安慰和鼓励，她支持孩子到花园中去。有了母亲的支持，小达尔文开始整天研究花园的植物、蝴蝶，甚至观察到了蝴蝶翅膀上的斑点的数量。从那以后，小达尔文喜欢上了花草树木昆虫。他除了去上学以外，一有时间就会跑到花园里去琢磨，去看，去观察。他把全部的心思都用在了观察花草树木昆虫上。小小的年纪，经常忘记了吃饭，母亲有点心疼他，但小达尔文说："我对生物感兴趣，我觉得一颗种子、一个小小生命的成长是一个很神奇的过程，我要探索，这是我的兴趣，我想为之倾注我的一生。"对于他的做法，他的父亲觉得不可理喻，认为那种做法根本毫无益处。但是，就是这个醉心于花草小虫的孩子，多年后成为生物学家，创立了世界著名的"进化论"。只要专心致志，倾注全部精力，心无旁骛地去做一件事情，日积月累，持之以恒，锲而不舍，终能成就大业。

今日，在郑州召开了骨干工作座谈会，总结了前段工作，做出了工作规划，进一步明确了工作方向和工作的侧重点。尤其是把产品研发、轻创业加盟体系建设、智能无人超市商业体系建设作为工作的核心重点，同时进一步强调了提升工作效率的重要性。此次会议开得还是较为及时的，也是非常必要的。的确，很多时候我们对工作分析不足、规划不足，对工作的重视度不够，缺少工作的激情，缺少工作的热情，对待工作显现出一种慵懒的状态，人的思维变得机械而麻木，只把工作当作一个简单的过程，随意随便地去应付，这确是一个大问题。如果我们不及时调整自己，不能够专注于工作的每一个环节，就会失去企业已有的优势，让企业陷于被动和危险之中，当然就不会有好的工作成果。所以，我们要学会改变，改变我们的思维和行为，改变我们的习惯和习性，要善于观察、善于实践、善于总结，要学会从日常的工作中督促自己、规划自己、管理自己、提升自己，把自己的被动与慵懒之心去掉，代之以主动积极、创新向上、高效乐观的精神状态，这样我们就会收获更多，提升更快。很多时候，我们未能认真对待工作的根源，是认为自己已经尽力了，认为自己已经做得很好了，认为已经符合要求了，或认为差不多也就行了，再多做也没有什么必要了，这就是自以为是。也许正是这么多的"自认为"，才让自己陷入了"万劫不复"的境地。结果，这些所谓的小事情影响了大成功。可以说，事业的成功往往在于初心不变、坚定不移、积极进取，在于不断创新、了解全局、注重细节，任何一点做不到位，均会导致失败，这是值得我们高度警惕的。正如《道德经》中所讲"天下难事，必作于易；天下大事，必作于细"，很多微乎其微的小事，往往决定了我们的成败。再则，我们做事情要立足现实，不能好高骛远，不能虚夸盲动，不能总是去想一些虚无缥缈的事情，总是想着一招制胜，不能够认真持久、坚持坚守，这样是很难成功的。在当今商业竞争日趋激烈的前提下，我们要立足于现实，脚踏实地，打起十二分的精神来，使出浑身解数。集中人力、物力、财力，去做那些能够让自身迅速发展的事情，从中杀出一条血路来，自己掌控自己的命运，让自己永远立于不败之地，成为商海中的大赢家。要时刻保持精进之心，充分利用自身优势，深入挖掘自身潜能，为集体做贡献，为个人增才干，做出伟大的事业，让人生价值无限，光彩无限。

不忘初心

　　"不忘初心，方得始终。"这是在告诉我们，在社会或人生发展过程中，我们必须清楚并坚持自己的初心，追逐着自己最初的理想，才能最大程度实现自己预期的结果。

　　袁隆平，中国杂交水稻育种专家，被称为"杂交水稻之父。"他是一位真正的耕耘者。当他看到人民因粮食不足而深为饥饿所困时，他便悄悄埋下了消灭饥荒的梦想种子。袁隆平院士曾说："作为新中国培育出来的第一代学农大学生，我下定决心要解决粮食增产问题，不让老百姓挨饿。"袁隆平院士的追梦路坎坷而持久。1973年，他正式宣布籼型杂交水稻三系配套成功，水稻杂交优势利用研究取得了重大突破。1981年，国务院将"国家特等发明奖"授予以袁隆平为代表的籼型杂交水稻科研协作组。五年后，袁隆平正式提出杂交水稻育种战略：由三系法向两系法，再到一系法，即在程序上朝着由繁到简且效率更高的方向发展。经过九年努力，两系法获得成功，它带来了我国在杂交水稻研究领域的世界持平地位。2019年6月3日，湖南杂交水稻研究中心挂出了中国工程院院士袁隆平亲笔签名的"告示"，他给团队定下了"三大新目标"：高产冲刺、耐盐碱水稻及第三代杂交水稻。而事实也证明袁老的辛苦研究并没有白费，衡南基地早稻高产攻关田进行了测产验收，早稻加晚稻亩产一千五百公斤目标达成！袁老为事业奋斗终生的精神值得我们每一个人学习。

昨日，到中国航天科技集团公司科技委拜访了张履谦院士。张院士是中国工程院院士，是我国雷达与空间电子技术专家。张老一生致力于我国航天科技与防空制导雷达研究，组织研制微波统一测探系统，实现了我国第一颗同步通信卫星的发射与定位，参与了我国通信、气象、导航遥感等应用卫星和载人航天及探月工程的研制工作，为我国航天事业的发展做出了巨大的贡献，在航天界享有很高的声誉。

张老现年九十五岁高龄，精神矍铄，神采奕奕，思维清晰，谈吐不凡，对中国航天事业的发展寄予很大的期望，为近几年来我国航天事业的发展和成就备感自豪。张老虽年事已高，但精神饱满，精力旺盛，目前仍担任着中国航天科技集团公司科技委顾问，一直在坚持上班，坚持工作，为我国的航天科技及战略装备发展献计献策。用他的话来说："就是要坚持上班，风雨无阻，活到老干到老。"真正体现了老一辈科技工作者立志为国，甘于奉献，孜孜以求，不忘初心的精神风范，他们的确是我们学习的榜样，也是值得我们尊敬的长辈。老人家待人接物甚是谦和，对于自己的功劳从不谈及，对于自己所经历的艰辛苦痛总是一笑而过，面对困难也是充满信心、保持乐观，真正体现了一个大家、一个长者所拥有的精神气节。

张老早年参加革命，新中国成立前夕在北京从事地下党的工作，当时他还是清华大学一名未毕业的学生。新中国成立后重新入校学习电机工程，立志用科技来报效祖国。抗美援朝时又随军参战，并为部队解决了雷达抗干扰问题，多次击落U-2高空侦察机。负责研制多种远程精密空间跟踪和引导雷达，从而拓展了我国的雷达应用范围，为我国军工装备科技化建设做出了突出的贡献，其成果曾获得国家科技进步特等奖、一等奖及全国科学大会奖。赤赤爱国情，拳拳报国心。正是有了中华儿女的赤诚报国情怀，才让他能够为国家的军工科技建设取得了这么多卓越的成就，成为一位科技战线的大家，也可称其为共和国功勋卓著的国宝级专家。

张老为人谦和低调，脸上总是带着谦和的笑容，做事从容认真、一丝不苟，每天的工作安排得满满当当，每天的生活规划得科学有序，身体健康，心态乐观，老有所成，老有所依，老有所乐。向张老致敬，向张老学习！祝福张老健康长寿，吉祥安康！

严格要求

　　自律，是从对自我的认知开始的。只有科学地生活，规律地生活，严谨地生活，才能够更好地规划自己，激励自己，提升自己，才能够心胸坦荡地面对一切，头脑清醒地面对未来。

　　邰丽华是中国唯一登上世界顶级艺术殿堂——美国纽约卡内基音乐厅和意大利斯卡拉歌剧院的舞蹈演员，也许她并没有达到舞蹈的巅峰，但她用自己的行动证明，一个残疾人只要通过努力一样可以取得了不起的成就。邰丽华在两岁那年因高烧失去了听力，没过多久，甜美的歌喉也关闭了，从此她陷入了无声的世界。七岁的时候，父亲送她去聋哑学校学习，一堂律动课改变了她的人生，当老师踏响木地板上的橡胶鼓时，一种奇怪而自然的振动刹那传遍邰丽华的全身，她感受到了一个新奇的世界，当别的同学表现出万分兴奋的时候，她已经身体匍匐在地板上，深深地投入了充满幸福的律动。她努力地感受着不同的振动，娇小的身体随之摆动，突然发现这是一种她比较理解的语言。她比别人更爱思考，更爱琢磨用舞蹈来表达情感，从此她踏上了舞蹈之路。在婀娜的舞姿背后，邰丽华付出了比常人多几十倍的辛苦和努力，台上一分钟，台下十年功，她全身心地投入舞蹈世界。为了练舞，她将自己变成了一只旋转的陀螺，一天二十四小时，除了吃饭，睡觉，其他时间都在练习舞蹈。十五岁时她开始随中国残疾人艺术团出国演出。在多次舞蹈比赛中，评委们根本不知道她是一个双耳失聪的残疾人。舞蹈在她的心中燃起了生命之光，她常说，残疾不是缺陷，而是人类多元化的特点，残疾不是不幸，而是不便，残疾人也有自己生命的价值，越是残疾，越要美丽。

每个人都需要有一种健康的生活方式，那是人生的一种责任。生活规律要遵守，生活习惯要科学，日常生活中的行为，不能随意而动，不能胡乱行之，要学会保护自己，要高度自律。这种高度的自律，就是对自己最大的保护，这种科学化的调节和维护就是对自己生命最大的负责任。有了这份责任，就有了驾驭生命之舟的能力，就有了敢于挑战滔天巨浪的勇气，就有了无所畏惧的气概与毅力，就有了成就人生的最大可能性。

有的时候，我们会放任自己，想做的事情一定要去做，哪怕是危险重重，哪怕是艰险无比，也会在所不惜，这是一种敢闯硬闯的勇气，一种敢拼敢干的精神，毕竟人生不可能重来。我们需要在每个阶段，都学会保护自身，给自己争取最大的健康公约数，给予自己战胜艰难险阻的实力和基础。如若没有了这些，人生短暂的辉煌，人生的及时行乐，又有什么意义呢？这些，只会增加自己健康的风险，增加生活的困扰而已。要学会理解和包容人生，学会把无我当作有我，把无为当作有为，有了这一切就有了健康前行的保障，就有了长久发展的机会。我们往往习惯于眼前的存在，认为所有的事情都能够摆平，都能够做好，认为所有的悲剧都不会在自己身上上演。其实，这是一种过度的自信，也是最容易出问题的方面。因为，所有问题和困扰的出现，都会把自己带入艰难的境遇，都会有不好的现象和结果的出现。回忆多年来，自己在北京还算可以，可以说是"为所欲为"，认为没有什么能够阻挡自己前行的步伐。但不管是机遇或是陷阱，都要以自我身心的健康为前提。思维动念、言语行为都要保持温厚的精神。要能够在平静与无我之中找到自我的位置，在乐观和自信之中获得生命的馈赠，去拥有爱的回报，去展现自我的价值。要把生活的每一天当作人生的最后一天，不被欲念所迷惑，不被奢望所诱惑，不为占有而受伤，能够在自律之中保护自己，能够在轻松中放飞自己，让自己在大爱之中勇敢前行。

成就自己

　　每个人都有自己的优势，都有自己的成功之路。不要看低自己，也不要急于求成。唯有不断地积累，不断地努力，不断地前行，才能够成就自己，成就人生。

　　1983年，伯森·汉姆徒手攀登上美国纽约的帝国大厦。帝国大厦是美国纽约市的地标性建筑物之一，也是保持世界最高建筑纪录最久的摩天大楼。它高达三百八十一米，总共一百零三层。而伯森·汉姆的徒手攀登，也为他赢得了"蜘蛛人"的称号。但又有谁知道，小时候的伯森·汉姆竟然是一个患有恐高症的孩子。伯森·汉姆八岁的时候，他从一棵树上摔了下来，从此患上恐高症，只要高一点的地方，他就不敢上去。听到孙子患病，伯森·汉姆的曾祖母——九十四岁的格雷丝竟然从一百公里外的葛拉斯堡罗徒步赶过来看小孙子。不想，老人的这一走，竟然也创造了一位近百岁老人徒步百里的吉尼斯纪录。而伯森·汉姆在听到曾祖母因为担心他而徒步走了一百多公里后，受到了深深的震撼。他觉得，自己不应该再对高处有逃避心理了。特别是听到曾祖母对记者说："如果一口气跑一百多公里，也许需要勇气，但是走一步路是不需要的。只要你走一步，再走一步，一百公里也就走完了。"伯森·汉姆更加激动，他觉得自

384

己找到了克服恐高的方法。于是，伯森·汉姆决定自己进行训练。第一天，他爬了十级台阶，第二天，他爬了十一级台阶，这样一天一天增加上去。半年之后，他已经克服了恐高的心理。并且在这个过程中，他喜欢上了攀爬，并为此进行了系统的训练。然后，便有了徒手攀登纽约大厦的辉煌。当记者采访他的时候，伯森·汉姆引用了曾祖母的话："别轻看一步，成功，不过是无数个一步。所以，我战胜的只是无数个一步而已。"

产业发展不是一件简单的事情，它是需要付出智慧、体力、精力和时间的一个事业，是不能够急功近利、急于求成的。然而现实中，我们往往很是着急，急于获得成功，急于创造成就，甚至恨不得今天去做，明天就得出成果，就能够把事业做得非常圆满。平日里，我们往往会拿成功的企业与自己的企业相比，会拿成功的企业家与自己相比，这样比来比去，就陷入了极度自卑的状态，就会认为自己一文不值，没有了生活的主张，没有了事业的方向。所以说，比较有时也是有"毒"的，比来比去就会把自己的信心和勇气比得荡然无存。所以，我们还是要摆正自己的心态，与自己的过往比较，与自己的已知比较，对自己要有客观的认知，对人事物要有客观的理解。而我们往往是放大了别人，缩小了自己。

什么是放大了别人，缩小了自己呢？所谓放大了别人，就是总感到别人的成功来得那么容易，收获得那么丰硕，别人怎么会那么成功，别人怎么会那么有才华。反观自己，就觉得自己什么也不是，没有智慧，没有能力，没有成功的事业，在日常的工作中总是遭遇重重困难，厄运连连，好像老天爷不公，好像老天爷不开眼，专门跟自己作对一般，让自己离成功那么遥远，让自己在困境和无望之中挣扎，在苦闷和彷徨之中生活。不能让自己拥有得更多，总是让自己遇到的波折更多。越比较越这样想，就越会把自己逼入死胡同，走入绝境，无法前行。这的确是一种极其错误的想法，是人为地把人世间做出了分隔，做出了区别。只看到了人家的成功，看到了表面，没能够全面客观地去看待人、事、物。

其实，每一个人的成功都是一点一滴积累的，都是在坚持执着之中逐渐走出来的，都是在辛苦的耕耘里收获的丰硕战果。当然，这个过程是非常艰辛的，是常人难以想象的，是吃了无数的苦头的。如果拿自己与别人的辛苦相比，那也可谓小巫见大巫了。没有任何人不经过努力而得到成功，没有任何人不经过辛苦而收获成果。只是我们没有看到他们的辛苦，没有看到他们的努力而已，只是看到了他成功的鲜花，而没有看到他为了这一天所付出的一切。我们有时候会片面地、选择性地看问题，认为别人的成功是轻松的，是轻而易举的，认为别人是受了很多的外部条件的助力才得以成功的。没错，外部条件的优越是成功较大的助推，但如果自己不努力、不成器，不能够有所奉献、有所担当、有所创造、有所进步，那么再大的助推也是白搭，再大的助推也无非是白白浪费时间和资源而已。所以，我们要客观地看待这一点，学会不断地培养自己，不断地完善自己。还有些人认为，一个人的成功与他的天资聪明有关，我脑子笨，成功不了。这又是一种错误的认知。天资聪慧的确是成就的必备，但也不是唯一，如果天资再好，未能够用在该用的地方，只是在"大树下乘凉，吃老本"，而不努力进步，不长期坚持，照样不可能有所收获。生活中，往往那些看似愚钝之人最终获得了成功，究其原因，就是他们能够长期地坚持，坚持努力，坚守前行，坚守积累，最终成就自己辉煌的人生。

平和之心

在尘世中，把心态调整好，用平和之心看待一切。即便遇到困难和阻碍，也要学会看开、放下、勇敢、真诚，以积极的态度去赢得快乐与成功。

庄子在《达生》篇里，讲了一个木匠的故事：鲁国有一位木匠，名叫梓庆，他削木为鐻（古代一种乐器），堪称鬼斧神工。鲁王很惊叹，就召见梓庆问："先生能做出来这么精妙的东西，有什么奥妙？"梓庆谦逊地说："我只是一个木匠，哪有什么奥妙呢？只不过在做工前，我不敢耗费精神，需静养聚气，让心沉静。斋戒三天，我不再怀有庆贺、赏赐、获取爵位和俸禄的思想。斋戒五天，我不再心存非议、夸誉、技巧或笨拙的杂念。斋戒七天，我已不为外物所动，似乎忘掉了自己的四肢和形体。然后我便进入山林，观察各种木料，选择好质地、外形与鐻相合的，此时鐻的形象已经呈现于我的眼前。然后我将全部心血凝聚于此，专心致志，精雕细刻，用自己的纯真本性融合木料的自然天性制作。器物精妙似鬼神之工，也许因为这些吧。"梓庆做鐻，先用七天的斋戒使身体和精神达到最佳状态，再走进山林选择木料。选料时，已经在脑海中勾画出鐻的模样，认真寻找匹配的木料才动手取之。一旦进行雕刻，则聚气凝神，全身心地投入——把功劳、地位、金钱、非议、毁誉统统放下，荣辱不惊，专心致志。宠辱不惊、忘名忘利，这也是匠人所应具备的平和之心。

人的一生，各种体验都要经历，酸甜苦辣、悲欢离合，每一种都有其独有的感受，都有其真实的感知，都有其不同的意义，都是人生路上的不同景色。在这不同的时段与场景中，我们或许有种种的惆怅，或许有种种的失落，如害怕夏季的炎热，害怕冬季的寒冷，害怕春季的困乏，害怕秋季的萧瑟，等等，没有快乐无忧之时。的确，人生难免会有这样或那样的遗憾，我们应该知晓如何去调整心态，如何让自己保持一颗平和之心。

仔细想来，所有的痛苦和烦忧也许是自己内心认知的问题，而不是外境的改变所引起的。恰恰正是外境的改变才使我们的人生更加丰富，才让我们的内心欢欣无比。正如所谓："春有百花秋有月，夏有凉风冬有雪。若无闲事挂心头，便是人间好时节。"每时每地都会有好的风景，都会有美的事物显现。只要你有一颗美好的心灵，有一双善于发现美的眼睛，就能够时时处处遇见美好。如果我们的心灵是晦暗的，那么人生就没有了光明，美好的人、事、物就不会来到自己的身边。因此，我们要经常调整自己的心态，让内心变得坚忍、乐观、善良、勇敢、平和、宽厚，能够包容所有的遇见，把一切经历都当作人生的机缘，不要怨天尤人，不要自私狭隘，不要贪婪无度。这些都是痛苦的毒药，如若沾染了，就会让自己与痛苦相随，厄运连连。

心灵的毒害能够侵入骨髓，能够让人们的心态发生变化，再美好的事情都会视而不见，不加以珍惜。因此，哀怨的烦恼如影随形，这样的人生的确是犹如生活在地狱，痛苦不堪。没有人生的方向指引，没有正确的精神引领，思维颠倒，价值错位，把人生当作名利场，当作互相欺诈的舞台剧，那么再大的拥有都只会是昙花一现。如若一个人过得连自己都不认识自己的话，那么人生的意义就荡然无存。要学会规划和培养自己的心性，把人生所有的存在都化作幸福快乐的源泉，活好当下，幸福今生。

感恩真情

感恩是一种处世哲学，也是生活中的大智慧。懂得感恩之人，也是真诚、宽厚、奉献之人。感恩他人的付出，奉献自己的真情，如此才能拥有美好人生。

李嘉诚还没成功的时候，曾经流落街头。一天，天正下着大雨，李嘉诚无处藏身，就躲在一所学校门口的一棵树下，破衣服全都淋湿了，冻得他瑟瑟发抖。这时，一个中学生走过来，把伞递给李嘉诚，说："叔叔，用我的伞吧。"李嘉诚看看中学生，问："那你呢？"中学生说："我跑进去就行，放学时你记得还我。"说着，就跑进了学校。在那之后，李嘉诚一直想把伞还给中学生，却始终没有找到他。二十多年过去了，李嘉诚还惦记着这件事，便把这个任务交给了行政部张经理。后来，李嘉诚多次催问，张经理都说没有找到。李嘉诚认为张经理办事不力，决定把他下放到下属公司。临走那天，张经理找到李嘉诚，希望能带走那把伞。原来张经理就是当年的那个中学生。他一直没有去认领那把伞，是不想用那把伞在公司里遮风挡雨，不想借着那把伞往上爬。今天他找李嘉诚，也只是想澄清事实。李嘉诚听后，郑重地给张经理鞠了一躬："小张，谢谢你，谢谢你当年对我的帮助。我知道你不想让我为你做什么，但有一件事我要告诉你，你借我的那把伞，我在创业时一直使用它，因此，我把它算作了百分之十的创业股份，现在，我把这百分之十的创业股份还给你，请你接受。"张经理却摇摇头，说他的那把伞不值那么多钱，只希望李嘉诚还给他那把伞。李嘉诚被深深打动了，恭敬地把那把伞还给了张经理。

今天是西方的感恩节，微信朋友圈里有很多的朋友在发出祝福，自己也在忙不迭地回复祝福。感恩是一个博大精深的命题，它的内涵是非常深厚的，可以说，感恩将伴随着我们的一生，我们生命的每一分钟皆应心怀感恩。

感恩是对生命的回馈，是对自我的尊重，是对人世的敬畏。很多时候，我们忽略了它的存在，认为一切都是应得的，都是自我必然的获得，认为一切的存在，对于自己来讲都是天经地义的。所以就没有了对父母的敬畏，就没有了对人间真情的珍惜，就没有了对天地万物的感动，就没有了对自我精神的提升。一切都以自己好恶为出发点，一切都以私心为引领，不考虑别人的感受，不维护别人的利益，完全变成了一个自私自利、目光短浅、道德素质极差之人。在这些人的眼里没有"感恩"的概念，没有为别人利益牺牲自我利益的胸怀，没有实心实意帮助别人的真诚，这样的人当然不会得到大家对他的认同。

在生活之中，有些人总会抱着事不关己，高高挂起的想法，在别人需要帮助之时总是推三阻四，只是说出很多冠冕堂皇的话语，却不能够真心实意地去帮助别人，不能够把别人所托付的事情放在心上，敷衍了事，让别人陷入困境，这样没有信义、没有诚意之人，是不可能赢得别人的尊重的，也不会换来真正的友谊。其实，敷衍别人就是敷衍自己，堵别人的路就是堵自己的路，关爱别人就是关爱自己，帮助别人就是帮助自己。我们要把别人的事情当作自己的事情来办，不管是亲疏远近，都要真心待之，这样，自己的人脉圈才会越来越广。当然，对别人的帮助，我们要量力而行，不能打肿脸充胖子。自己力所不能及的情况下大包大揽，这样既帮助不了别人，又会让自己不堪重负，同时也耽误了别人处理事情的时机，所以有些事情在处理之时，我们还要戒之慎之。

人生在世，要学会承担责任，学会为别人分担压力，最重要的是，通过自己的努力能够帮助更多的人，不计报酬，胸怀坦荡，心底无私，乐于奉献，这是自己人生价值的最高展现。唯有如此，我们才能够收获人生最大的快乐，才能够拥有人间最美的感动。感恩有你，在人生的路上，唯愿我们携手前行，去收获人间的至真至爱。

知恩感恩

俗话说：“滴水之恩，当涌泉相报。”对于别人的关爱、帮助与支持，我们要时刻谨记于心，并将这份爱心传递下去，为世界增添更多的美好。

很久以前，在一个闹饥荒的城市，一个家境殷实而且心地善良的面包师，把城里最穷的几十个孩子聚集到一块，然后拿出一个盛有面包的篮子，对他们说：“这个篮子里的面包你们一人一个。在神带来好光景以前，你们每天都可以来拿一个面包。”瞬间，这些饥饿的孩子一窝蜂地拥上来，他们围着篮子推来挤去，大声叫嚷着，谁都想拿到最大的面包。当他们每人都拿到了面包后，竟然没有一个人向这位好心的面包师说声谢谢，就走了。但是有一个叫伊娃的小女孩例外，她既没有同大家一起吵闹，也没有与其他人争抢。她只是谦让地站在一步以外，等别的孩子都拿到以后，才把剩在篮子里最小的一个面包拿起来。她并没有急于离去，她向面包师表示了感谢，并亲吻了面包师的手之后才向家走去。第二天，面包师又把盛面包的篮子放到了孩子们的面前，其他孩子依旧如昨日那般疯抢着，羞怯、可怜的伊娃只得到一个比头一天还小一半的面包。当她回家以后，妈妈切开面包，许多崭新发亮的银币掉了出来。妈妈惊奇地叫道："立即把钱送回去，一定是揉面的时候不小心揉进去的。赶快去，伊娃，赶快去！"当伊娃把妈妈的话告诉面包师的时候，面包师面露慈爱地说："不，我的孩子，是我把银币放进小面包里的，我要奖励你。愿你永远保持现在这样一颗感恩的心。回家去吧，告诉你妈妈这些钱是你的了。"她激动地跑回了家，告诉了妈妈这个令人兴奋的消息，这是她的感恩之心得到的回报。

前日是西方的感恩节。作为历史悠久的东方大国，知恩感恩更是我们传统文化中的瑰宝。中国自古就是礼仪之邦，古往今来存有许多感恩的美德。我们从小就听说过许多这方面的诗词歌赋，如"受人滴水之恩，当以涌泉相报"，又如《诗经·卫风·木瓜》中唱道的："投我以木瓜，报之以琼琚……"的确，知恩感恩作为我们人生必备的精神养料，已经渗透到我们的血液之中，早已成为我们中华民族的精神引领。没有感恩，就没有精神品质，即像一棵没有灵魂的草木一样，毫无生机与活力，缺少了做人的气节，失去了别人对自己的尊重。能够知恩感恩，就懂得了做人做事的基本原则，就有了成就事业的基础条件，就有了人生之根、做事之本，就不会在茫茫的人海中迷失自己，就会拥有自我的强大力量。

年少时的我们不懂感恩，只知索取，向父母亲朋伸手要金钱，要帮助，要温暖，要关爱……好像这些都是理所应当的，内心没有任何的感激之情。有时若没有达到自己的期待值，甚至还会感到愤愤不平，认为别人怎么这样对自己，怎么不能够给予自己更多呢？这就是完全站在自我的角度上看问题，而从未站在他人的角度去考虑，时间久了，人就培养出偏执、狭隘的思维，变得心灵扭曲，孤傲而自私，敏感而自卑。一个人若是内心不健康，就永远不会让自我得到解放，就会失去了前行的勇气和担当，这当然是相当痛苦的。一个人活在世上，不仅仅是为了自己，更重要的是要为别人排忧解难，能够想他人之所想，急他人之所急，能够心里始终装着别人。唯有如此，人生才会充满温暖与关爱，才会充满幸福与美好。

　　很多时候，我们不能够正确地认识自己，不知晓感恩的意义。在这个世界上最重要的便是感恩与付出，懂得感恩与付出，我们就有了内心的力量和依靠，就有了前行的动力和方向。所有现实的结果都是自己修为给予的回馈，唯有感恩才得成就。昨晚，与政法学院刘老师、王老师相聚，感到非常亲切，不禁回忆起我在政法学院上学时的青春时光。当时刘燕老师是由团总支书记的岗位调到带班岗位，我们行政法班的同学来自不同的地区，年龄、性格参差不一，是一个不好带的班，这对于从没有带过班的刘老师来讲的确是一个大的挑战。刘老师接我们班后，下决心一定要把我们班带好，起早贪黑，以身作则，半军事化管理，愣是把一个人员结构较为复杂、不好带的班带成了一个每次比赛均得第一的班级，成了全校知名的"明星班""冠军班"。这真是特别不容易，是很了不起的一件事。与刘老师一起回忆过去的"辉煌"，那份自豪感禁不住又挂在脸上。一日为师，终生为父，终身为母。感恩老师当时对我们的严格要求，让我们知晓如何去做事做人。她的身体力行，让我们受益终生。

　　的确，在人生的重要阶段，都有恩师的指点与教诲，这也让我们在走向成功与幸福的道路上少走了许多弯路。感谢老师之恩，感谢父母之恩，感谢天地之恩。在人间恩德的滋润之下，我们的人生硕果累累。

坚忍不拔

有了目标就要坚持下去，不能被其他事物分散了注意力，也不能被困难和障碍所吓退，要坚定信念，坚忍不拔，朝着目标不断地迈进。

一个年轻人总感到自己天生愚笨，做什么事都没有信心。一次，他去请教一位雕刻大师。在雕刻大师家里，他看到了一朵美丽的花，不由得好奇地问："这是一朵什么花？""石头花。"雕刻大师说。"石头花？石头怎么会开花呢？""你凑近去看看便知道了。"年轻人用手指轻轻地摸了一下花朵，发现果然是石头雕刻的。"大师，你是怎样把一块生硬的石头雕刻成一朵如此美的花的呢？"年轻人问。"一刀一刀雕刻的。一刀雕刻下去，也许看不出石头有什么变化，但当你锲而不舍地一刀一刀雕刻下去，一百刀、一千刀、一万刀……就是再坚硬的石头，也能被雕刻成一朵花。""大师，你是不是在告诉我，只要付出时间、精力和心血，纵使石头，也能让它开花。""是的。有的人生来不是一朵花，而是一块笨拙的石头，但只要他有一颗开花的心，只要他肯付出时间、精力和心血去雕刻自己、打磨自己，最终也能让自己开成一朵花。"大师说。年轻人恍然大悟，他开始坚信，自己也是一朵花！

近几日，有些放松了对自己的要求，因为熬夜而导致不能按时起床，加之天气寒冷，总感觉很困乏，怎么也睡不醒。有时候听到闹铃响了起来，自己依然无动于衷。这的确是一种很不好的现象。尤其是该完成的工作还没有完成，该写的文章还没有写完，这样长此以往，就真是放逸无度了。一个管理不好自己身心的人，还会有什么出息呢？就更不要再谈什么伟大的目标了！对于自己没能够按时完成任务，有时也会找一些理由进行自我压力的疏解，找一些适当的借口，给自己以搪塞，好像唯有如此，自己才能下得了台阶。其实，这恰恰是一种自欺欺人的表现，也是完全不能被自己的心理所接受的。在生活和工作中，总会有这样那样的突发状况，自己每天都要处理很多的事情，没有更多的时间去做好每一件事情，但这些都不是理由和借口，如果自己想把事情做好，总会找到解决的办法，总会尽力把事情安排得更好，关键是在于自己能否进行科学的安排，能否从时间的缝隙里挤出时间，从而完成既定的工作。如果我们能够真正做到分秒必争，创新工作就一定能够实现，工作任务就能够圆满完成。

现实之中，我们往往会被外在的环境与欲念所牵引，总会有很多未知的领域需要我们去挖掘、去寻找、去探索，从而让我们有更多的选择。但正是因为有了一些较为盲目的想法，自己就会走入盲区，会被眼前暂时的繁华所迷惑，产生很多的非分之想，产生探求的冲动与欲望。可能这种探究有其意义所在，但前提是，不能影响自己原有计划，如若影响了原有的计划，内心就会变得盲从无依，我们就失去了追求更高目标的动力和可能，就会成为一个自怨自艾、不讲信用之人，就会在自我的哀叹之中失去了自我，就会在人生追求的过程中停滞不前，就会失去成功和幸福的可能。这样的损失将是极其严重的。让我们不变初衷，坚忍不拔，开拓进取，沿着人生光明的大道一路向前，去实现自己伟大的人生目标。

迎接改变

　　生活每天都在变化，有危机就有转机，有挑战就暗含机遇，勇敢面对改变，客观分析改变，坦然接受改变，在改变之中收获成长。

　　非洲沙漠地区生长着一种奇特的植物——光棍树。它一年四季只长树干枝条，不长叶子，光秃秃的，如枯木一般。然而，这死一般的树木却是生机勃勃的，以一种特有的姿态长驻在茫茫沙漠之中。光棍树是为了适应非洲荒漠地带干旱的气候才逐渐退化了叶子，用绿色的茎和枝条进行光合作用。如果它也像气候湿润、雨水充足地方的植物一样，长出又大又多的叶子，那么它会因叶子的蒸腾作用而丢失大量水分，从而无法适应干旱而遭自然界淘汰。更为巧妙的是，它枯木般的样子对一些食叶动物毫无吸引力，减少了被动物吃掉的机会。这一点点的改变，不仅能让自己生存，而且能生活得更好。人生何尝不是如此？只是多数人面对困难，便紧紧地盯上了困难，一心想着如何克服它，而忽略了自己依然可以追逐自己的梦想。也许改变一点，不仅克服了困难，还可能有意想不到的收获，就像光棍树一样，改变一点点，便能在沙漠中生活得很好。

　　今晚本没有计划返回北京，准备明天一早返回。可计划确实赶不上变化，因明天有客人来访，因此要提前返京，虽然旅途辛苦，但也乐在其中。的确，变化是永恒的，我们需要跟上变化的脚步，适应这种变化，享受这种变化，顺应变化，以变制变。

面对世事的变化，有时我们会感到很惶恐，害怕自己不能够适应，不知晓自己能否承受得了变化带来的后果，往往会陷入两难的境地，进也不是，退也不是，既有超越自己的勇气与胆魄，又有对于前景的渺茫与犹豫，在进退之间、得失之间不断权衡，甚至没有了主张。这的确是时常困扰自己的重要问题。

仔细想来，人生不就是在变化之中流转的吗？四季的更迭，人生的去留，人世的变迁，得失的转换，不都是每时每刻在呈现吗？自然法则无可抗拒，它是天地之大事，任何人都难以阻挡，不是以一己之力所能改变的，我们不能逃避大自然的法则，我们应是自然法则的遵循者。在一些无常的变故中，我们要学会适应与遵循，学会接受与改变。人生本身就要学会接受，学会把变化当作常态，当作机遇，当作不断进步的阶梯，当作实现自我的条件。我们完全没有必要去畏惧，没有必要茶不思饭不想，要意识到变化的作用与意义，哪怕眼下看来不是很好的，对自己不利的，从长远来看都会加速我们自己的改变，让自己变得更坚强、更成熟、更勇敢、更有智慧。人生最大的拥有，就是葆有一颗圆融之心，能够包容世间万物，能够变不利为有利，变被动为主动，变无常为有常，积极地迎接改变，积极地拥抱改变。它是我们成长的摇篮。

感恩父母

感谢父母把我们带到这个世界，感谢父母把我们抚养长大，感谢父母的教育与引导，感谢父母用爱照亮我们的人生之路。

20世纪60年代，一个混血男孩出生在美国夏威夷的檀香山，他的父亲是肯尼亚人，母亲来自美国的一个中产家庭。男孩长大后就读于夏威夷一家私立精英小学，因为肤色问题的困扰，他在班上少言寡语。每当老师提问时，他的双腿就开始不停颤抖，说话也变得吞吞吐吐。老师无奈地告诉男孩的母亲，这个孩子连自己都觉得，将来不会有什么出息了。男孩的母亲并不认同老师的观点，她为男孩找了一份差事——课余时间在街区里说服邻居订报纸。在母亲的鼓励下，男孩勇敢地迈出了第一步，他敲开了邻居家的门，努力地与他们沟通，征订报纸出人意料地顺利，几个邻居都成了他忠实的订户。有了挣"第一桶金"的经历，男孩从此说话不再结巴了，他从一个街区走到另一个街区，自信地敲开一家又一家的大门，订单也与日俱增，他第一次享受到了成功的喜悦。多年以后，男孩才知道，他童年时获得的"第一桶金"浸透了深深的母爱。原来，母亲早就安排好了，她自己出钱请邻居们订报纸，目的就是给儿子一份自信。成功的他握住母亲的手，任凭泪水肆意地奔流。是童年那份宝贵的自信让他一步步地走下来，成为首位非洲裔美国总统。他就是贝拉克·侯赛因·奥巴马。这是母爱的力量，更是个人不懈努力的耀眼光环。

前几日回鄢陵老家，在工作的间隙看望一下老父亲、老母亲。两位老人心气很高，把老家老宅拆掉，重新盖上了漂亮的欧式小别墅。前段时间，我看到设计图纸有厚厚的一大摞，深感于老人们的用心，并且颇具现代化的眼光，将欧式洋楼设计得很好，施工采取了大包制，直接外请建筑公司来施工，简单省力，交钱即可，价格核算下来得五十多万元，这在乡村来讲也是较高的价格了。刚开始，两位老人也较为犹豫，感觉价格有点高。但还是禁不住施工老板的再三说服，并且还做了些让利，说明这个房子只是打个广告，不赚钱。老父亲这才最终把它定了下来，交付定金后便开始施工了。原本我认为没有必要在老家盖新房，老家的村里已经有院落居住着，并且在城里也有房子，但不知老人是怎么想的，说什么也要把老宅重新盖起来，只有这样他们才感到心安。并且，前期这些设计动土之事并没有对我说起过，老房子已经拆了，我才听说。自己也是满心的狐疑，不知道不告诉我的原因为何，后来听弟弟说是老母亲不想告诉我，担心我再花钱，他们的钱已经攒够了，这是二老的心意，也是他们的心愿。听到这些话，自己也是反思良久。

的确，盖房子在农村来讲是一件大事，老人们为何执意要盖新房子，可能是为了圆自己的一个心愿吧。二老节衣缩食，常年积累，就是为了让儿女有个真正像样的家，期待儿女们能够经常回老家，看到老家的变化，一家人在一起其乐融融，团圆幸福。这也许就是老人最大的宽慰和满足吧。我深深地理解老人内心的想法，他们正是用自己朴实无华的言行来感动着儿女，内心充满了对全家人团聚的热望和对儿女的深情。回到老宅，站在主体框架已经建好的小楼前，我也是感慨颇多，沉思良久，内心充满了感慨与激动。感恩二老亲情，感恩那份永记心头的浓浓的乡情。

科学生活

生活是一份进步，生活是一份责任，生活是一场难得的历练。热爱生活，科学生活，认真生活，成就快乐圆满人生。

一个小伙子说自己生活无趣，工作压力大，已经支撑不下去了，每天不规律地生活，不科学地作息，人已经变得非常的麻木。他到医院去看病，经诊断，医生认为他的身体没有任何问题，却观察到他的心态很不正常，医生问："你小的时候最喜欢去什么地方？""最喜欢去海边。"小伙子回答说。医生说："拿着这三个处方到海边去吧。你必须在早上九点、中午十二点、凌晨三点分别打开这三个处方。"小伙子来到海边正好接近九点，他赶紧打开第一个处方，上边写着"专心倾听"，不久他就听到了以往从来没有听过的海浪声，听到了海风的低诉，一个崭新的世界在向他展开双臂，他安静下来，开始沉思放松。中午时分，他打开第二个处方，上面写着"回想"，于是他回想起儿时在海边做游戏、捡贝壳的情景，怀旧之情汩汩而来。接近凌晨三点，他在沉醉往事的喜悦中打开了第三个处方："回顾你的困惑。"这是最困难的一步，也是整个治疗的最关键的一步。他开始反思、反省，生活与工作中经历的每件事，以及自己的生活习惯，不规律的作息时间，任意任性，他还痛苦地意识到自己很自私，很狭隘，几乎凡事斤斤计较，没有一点高尚的情操，这便是造成自己疲惫无聊空虚的原因。须臾之间，小伙子茅塞顿开，他展开双臂，兴奋地跑去拥抱大海。

　　昨日，从北京赶到沈阳，晚上与合作商朋友座谈交流，时间排得比较满。加之有些轻微的感冒，鼻塞、嗓子疼、嗓音嘶哑，有些难受，多喝了些菊花茶，十二点前准时休息，早上起来感觉精神状态较好，感冒症状也好了很多。看起来，有些小的习惯的改变，好的方法的运用，对于我们的身心都是非常有益的。身心的改变往往就来自一些生活方式和习惯的改变。自己以前有一种习惯，就是过于执着，什么东西好吃就猛着劲儿吃，什么书籍好看就猛着劲儿看，什么事情有趣就猛着劲儿做，完全忘记了时间，真是执着于一点，没有了自我。这样就将原有的计划打乱，有时还会搞得自己筋疲力尽，疲惫至极，这的确是需要改变的。

　　我们要学会适可而止，做什么事情都不能由着自己的性子乱来。做任何事情如果不讲方法、不讲科学，就会给自己带来很多的危害。做任何事情都有不断适应、不断改进、不断提升的过程，不要想通过一次的"恶补"就能够把所有的事搞通搞懂，不可能马上就成为某一领域的大家，还是要学会不断地积累，不断积极地调整和改变自己。的确，有时自己做事情容易犯急躁病，急于去实现某一目标，一旦不能够如期完成，就会失望至极，情绪低落，就会产生一种莫名的自卑之心，就失去了原有的勇气与信心，就会产生对自我的"全盘否定"。好像自己真的成了一个无用之人，从无所不能到一无是处，这种变化真是极大且循环不已。这些都是自己心智不成熟的表现，要不断地调整自己的内心，把它调整得更有韧性，更加宽厚和全面，能够客观全面地去体察万事万物，给予内心广阔的空间，让它能够承载得更多。

　　可以说，管理自己是一个庞大的系统工程，是一个让自我内心逐渐成熟的过程。心智成熟了，看待事物的方法不同了，人生的视野就开阔了，做起事来就会客观公正，游刃有余。只要我们能够不断地改变，能够不断地调节自我，就能真的成为自己的主人。

创新思维

社会的发展，科技的进步，都离不开创新性的思维。一个人如果想要紧跟时代的步伐，实现自我的发展与提升，就要注重培养创新性的思维，让自己保持学习力、创造力。

三百多年前，一位奥地利医生给一个胸腔有疾的人看病，由于当时还没有发明出听诊器和X射线光透视技术，医生无法发现病在哪里，病人不治而亡，后来经尸体解剖，才知道死者的胸腔已经发炎化脓，而且胸腔积水严重。这位医生非常自责，决心要研究判断胸腔积水的方法，但久思不得其解。恰巧，这位医生的父亲是个精明的卖酒商，父亲不仅能识别酒的好坏，而且不用开桶，只要用手指敲敲酒桶，就能估量出桶里面酒的容量。医生在他父亲敲酒桶举动的启发下想到，人的胸腔不是和酒桶有相似之处吗？父亲既然通过敲酒桶发出的声响可以判断桶里有多少酒，那么，如果人的胸腔积水，敲起来的声音也一定和正常人不一样。此后，这个医生再给病人检查胸部时，就用手敲敲听听；他通过对许多病人和正常人的胸部的敲击比较，终于能从几个部位的敲击声中，诊断出胸腔是否有病。这种诊断方法就是现代医学上所称的"叩诊法"。

　　高铁真是方便快捷，今日从北京到郑州只用了近三个小时，这还是慢的，如若乘坐快的复兴号，也就两个半小时，这在之前是绝对难以想象的事。记得以前坐火车从郑州到北京，至少需要七个多小时，并且晚点是非常普遍的事。这就是历史的变迁，这就是时代的变革，这就是幸福的展现。想起来，变化实在是太大了。时代在变，人们的思维也在变，如今，国际化、网络化、数据化的思维正在引领着我们走向成功，人们原有的思维和习惯都发生了巨大的变化，如若忽略了这一点，我们就跟不上时代的发展了，就真的落伍了。这个世界每天都发生着变化，很多都是未知的，我们要学会随之改变，让自己能够紧跟时代前进的步伐。否则，我们会显得异常迷茫，害怕自己将来会落伍，会失去所有，就会产生孤独无依之感。这就要求我们活到老、学到老，能够把人生当作自己不断进步的阶梯，能够在某一行业之中做得更加优秀，成为某一行业的佼佼者。任何事物都在不断地发生变化，这种变化看似缓慢，实际是非常迅捷的，它每时每刻都在发生着深刻的变化，从无休止。我们要对自己的思维进行变革，让它更清晰、更敏锐，更能够全面地分析事物的发展变化，知晓任何不变的事物都是不存在的，不变只是相对的，变化才是永恒的。关键是变化也有好与坏之分，如何能够让事物向好的方面去发展，那就要求我们不断地学习、分析、总结，不断地给自身注入能量，能够让自己永远保持一种积极有为的状态，不固化于现有，不拘泥于过往，排除一切干扰，努力向前看。始终要让自己处于一种归零的状态，一切从头开始，一切都是新的呈现。

　　昨日，从郑州东站下车，因离办公室较近，加之自己车辆限号，就尝试了一下坐现代公交的感觉。如今的公交车已改成了电动公交车，既环保又节约，真可谓"出行新能源，生态好生活"，跟原来的柴油公交相比，完全是两个概念。没有了机器的噪声，没有了废气的污染，没有了"晕车"的症状。上车买票打开支付宝一扫即可，自动交费，便捷高效。车厢内宽敞明亮，座位舒适，平稳畅达。这种体验感真是不错。我们惊叹于近在身边的诸多的变化，感叹于生活质量的提升，也有了诸多新的思维和意识的转变，一切都在改变，一切都在向更加美好的生活迈进。

心的依托

在复杂多变的生活中，我们要保持一颗清净、平和之心，要找到内心的依托，活出真实的自我，展现人生的价值，收获人生的圆满。

一个年轻人正值壮年却被查出患了白血病，无边无际的绝望一下子笼罩了他的心，他觉得生活已经没有任何意义了，拒绝接受任何治疗。一个深秋的午后，他从医院里逃出来，漫无目的地在街上游荡。忽然，一阵豪迈的乐曲吸引了他。不远处，一位双目失明的老人向着人流动情地弹奏着，还有一点引人注目的是，盲人的怀中挂着一面镜子。年轻人好奇地上前问道："对不起，打扰了，请问这镜子是你的吗？""是的，我的乐器和镜子是我的两件宝贝！我常常靠它们自娱自乐，可以感到生活是多么的美好……""可这面镜子对你有什么意义呢？"他迫不及待地问。盲人微微一笑，说："我希望有一天出现奇迹，并且也相信有朝一日我能用这面镜子看见自己的脸。"年轻人的心一下子被震撼了：一个盲人尚且如此热爱生活，而自己呢？他突然彻悟了，马上坦然地回到医院接受治疗，尽管每次化疗他都会感到非常痛苦，但从那以后他再也没有逃跑过，他坚强地忍受痛苦的治疗，奇迹终于出现了，最终他恢复了健康。从此，他也拥有了人生弥足珍贵的两件宝贝：积极乐观的心态和屹立不倒的信念。

让自己静下来很不容易，当然，这不完全是因为自己没有时间，没有想法，而是因为自己不敢和不想。所谓不敢，就是不敢正视自己的真实面目，不知道如何去面对自己真实的内心。这其中往往有很多的难言之隐，害怕自己嫌弃自己，害怕自己嘲笑自己，总是认为自己有很多的缺点与不足，如此，就会让自己变得越发不自信。一个人对自己没有良好的认知，就犹如失去了灵魂，会变得盲从无依，只能被困在思维的牢笼里难以挣脱。这就是自己不敢面对的主要原因。

有时候，我们的确很难管理好自己，自己所做的和想要去做的，往往存在一些偏差；自己努力去实现的，和现实中自我选择的相违背。这样真的是让自己看不懂自己，变成了一个自己都难以辨识之人，不知道到底哪一个才是真实的自己。有时，正直善良的内心会被邪恶放纵所掩盖，那种内心的焦虑是无法用语言来表达的。包括家庭的亲情，有时也会被眼前小小的误解所埋没，这就是生活的矛盾点，有时真的难以解脱。这也就是自己不敢正视自我的又一原因。

所谓不想，就是自己会给自己灌"迷魂汤"，让自己在所谓自由和无序的前提下去放纵自我，放松对自己的要求，去享受所谓的快乐。就是有条件改变和提升也不会去改变和提升，就是能够完成的任务也不会去完成，片面地认为，放松对自己的要求就是对自己的解放。其实，这是完全错误的思维，是对人生的一种错误的理解，是需要我们及时纠正的。

现实生活中，我们往往会遇到各种诱惑，会被外在的环境所引诱，让自己变得麻木起来，内心的私欲会越来越强烈，种种贪念就会风起云涌，就会让自己失去了控制。从此再也不愿意去深入地了解自己，就会与真实的自己相距越来越远了，那份清静、平和就会被打破。失去了清净与安宁，人就会被现实的繁华与安逸所迷惑，内心就会变得异常焦躁，再也找不到平和的自己，人就成了一个没有灵魂的人，完完全全变成了一个躯壳，没有了生机与活力，没有了真爱与感动，没有了纯真与朴实，没有了善良与关爱，没有了心灵的轻松与安逸，从此失去了安宁，犹如步入一个暗无天日的牢笼，再也活不出真正的自我，失去了人生最大的快乐。没有了阳光，没有了绿树，没有了河流，没有了鸟鸣，没有了亲情与关爱……这难道是我们所期待的人生吗？当然不是！所以，我们还是要倾听自己内心的声音，让内心清净澄明，无私无畏，无忧无虑，充满希望，充满光明，充满人间的真情，这样的人生才是我们所向往的人生，才是真正有意义的人生。愿我们人人都有一个好的心境，都能够找到自己内心的依托。

享受生活

春有百花秋有月，夏有凉风冬有雪。春夏秋冬，斗转星移，随顺大自然的四季轮回，拥有人生的快乐与美好。

庄子寿终于八十三岁，这个年纪在战国时期算是非常高寿了。他一生不当官，生活清贫，那么高的学问，甚至以编草鞋来维持生计，但是他从来没有因为清苦而感到不满，而是轻松快乐地享受着一年四季的生活。他是难得的自娱自乐之人，他将哲学思想和养生之道融为一体，给处于困境中的人们指引康庄大道。因此，《庄子》不仅是道家经典传统哲学的泉眼，浪漫文学的先声，同时也是一本关于养生的书籍，而且庄子本人提出了传统养生的核心思想——养心。平淡就是平易恬淡，庄子说，平易恬淡则无忧患，故其德全面。平淡相对的就是刺激，是大喜大悲，起起伏伏，而这也都是人们的欲望太强烈，内心得不到满足所导致。因此，无论气候更迭，无论春夏秋冬，无论在什么环境下，人们要减少欲望，控制自己的欲望，看破一切虚名，踏实做人，踏实做事，保持内心的清静。

昨日，北京的天气突然变了脸，真的是寒风刺骨，寒冷至极。本打算下楼到中塔公园活动活动身体，但是一出门就感到了无比的寒意，尽管身穿厚厚的羽绒服，也是难以抵御外面的寒冷，无奈在外面没走多少

410

步，就又回到了温暖如春的办公室。的确，室内室外简直就是两个世界，两个季节。看到新闻里说，这股寒流来势凶猛，席卷大江南北，整个中国大地都步入了冰冻时代，南方有些省份也会降到零摄氏度左右，这样的极寒天气着实让大家较为意外。唯一的措施就是出门穿得厚厚的，把自己裹得严严的；再有就是备足"干粮"，尽量减少出门。

北京尚且如此，锦州家里估计冰雪连天更是寒冷吧。问候下爱人，要他们注意保暖，但爱人已是久经"沙场"，未感觉到什么太大的变化，家里今年的暖气开得很足，屋里温度高的时候可达二十六七摄氏度，就像是盛夏时节一般，另外孩子上学也不是很远，就在家门口很方便。的确，在这冰雪连天的时节，我们要更好地照顾好自己，照顾好家人，能够让自己和家人感受到春的温馨、夏的温暖是自己最大的幸福。我整日在外东奔西跑，虽没有什么大的建树，但也是积极有为，每天都在想，如何能够把企业办得更好，让事业有更大的发展，给员工带来更多的发展与福利，给家人带来更大的安乐与幸福，给社会带来更多的贡献，这是自己内心的想法，也是自己人生的希望。仔细想来，我们活着的目的不就是让自己得到更大的幸福感与满足感吗？这种幸福感、满足感来自自己价值的展示，来自给予别人带来的贡献。只有真正发挥出自己的聪明才智，给社会、给他人带来更多的贡献与价值，才能真正得到人生的幸福与快乐，才能真正体现出自己人生的价值。

人活一世，草木一秋。活着就要给自己留下些什么。留下快乐与幸福，留下快乐与记忆，留下感恩与感动，留下奉献与付出……这才是一生所应追求的。时代的发展和社会的变化都是非常迅速的，我们要跟上时代的脚步，把握时代进步的脉搏，要不断地调整自己、规划自己、提升自己、超越自己，能够从平凡而普通的工作中去创造不平凡的业绩与贡献。将自己的身心调整到最佳的状态，让自己每天都沐浴在爱的阳光里，感受生活的美丽与温暖，体会人生的快乐与幸福。

新的探索

时代在发展，社会在进步，我们的生活也在每天发生着变化，要积极迎接变化，迎接新的挑战，不断创新，积极开拓，探索新的成功之路。

郑板桥是清代书画家、文学家，"扬州八怪"之一。他自幼爱好书法，立志掌握古今书法大家的要旨。他勤学苦练，开始时只是反复临摹名家字帖，进步不大，深感苦恼。据说，有次他练书法入了神，竟在妻子的背上画来画去。妻子问他这是干什么，他说是在练字。他妻子嗔怪道："人各有一体，你体是你体，人体是人体，你老在别人的体上缠什么？"郑板桥听后，猛然醒悟：书法贵在独创，自成一体，老是临摹别人的碑帖怎么行呢！从此以后，他力求创新，摸索着把画竹的技巧渗在书法艺术中，终于形成了自己独特的风格——板桥体。所谓创新，概括地说，就是继承前人，又不因循守旧；借鉴别人，又有所独创；努力做到观察形势有新视角，推进工作有新思路，解决问题有新办法。

今日是元旦佳节，2021年的第一天，处理完办公室的事务，到北京站乘坐动车返回锦州。今日的北京一改前两日的严寒，天气变得暖和起来，天空晴朗无云，没有了前两日北风刺骨的感觉。坐在车上，耳机里播放着轻音乐，微闭双眼，在车内小憩，阳光透过车窗照在身上，感到无比惬意和温暖，拿起手机翻看一下新闻，在记事录里写下几段文字，也是非常美的一种享受。感叹时光的匆匆，世事的繁杂，不知不觉间一年的时光业已过去，回首往日的点点滴滴，内心也是感慨万千。不平凡的2020年留给我们太多的记忆，有痛苦有欢笑，有失去有得到，有不幸有幸运，总之是五味杂陈，带给自己不同的感受。

2020年是新冠病毒肆虐的一年，开始各地严防死守，自动隔离，全民抗疫。从慌乱不已到井然有序，从焦虑苦闷到平和安然，疫情的确教会了我们许多许多，也让我们看清了许多许多。大千世界，万事繁杂。很多时候，人生的无常随时都会降临，我们不知晓有什么事将会发生。唯有那些英勇大爱之人能够不顾个人安危，能够面对风险迎难而上，付出自我，成就他人。诸多的白衣战士正是拥有大爱、英勇无畏之人，是他们让我们远离病毒侵害，是他们让我们拥有健康，他们是我们心中真正的英雄，是新时代最可爱的人。平日里，也许我们看不出来，认为他们很平凡很普通，甚至会被不理解，辱医伤医的事件时有发生，这些都要引起我们的反思，我们要带着感恩之心去对待那些有恩于我们之人。

在这一年里因受疫情影响，对机构做了裁并，人员有些精减，员工们都给予了理解与支持，使得企业能够健康良性地发展，规范运营，平稳运行。经过大家的不断努力，我们也取得了不俗的成绩，真是可喜可贺。尤其是研究院积极协调联络卫星发射事宜，彩云星一号卫星于11月6日在太原卫星发射基地成功发射，神飞航天号也于12月22日在海南文昌卫星发射基地成功发射，并且这是长征八号火箭的成功首发。我们观礼团队亲临现场，共同见证了这一辉煌无比、振奋人心的一刻，那是兴奋、激动、自豪、难以忘怀的时刻。我们会继续努力，发扬航天精神，团结协作，勇于创新，把本职工作做得更好。今年另一大成绩就是经过两年多的努力，由北京神飞航天应用技术研究院首席发起的《宇航级食品企业规范》即将颁布了，从此我国的首部宇航级食品标准正式出台，这是划时代的创新，填补了我国此类标准中的空白，对规范宇航级食品产业发展会起到引领与指导作用，这是众多科研机构、众多专家及领导支持的结果，真的是可喜可贺。

2020年也是积极探索的一年，时代在变，产业发展的方式与格局也在变，我们不能以不变来应万变，要积极探索，走出一条自我发展的新路来。神飞航天在2020年年初就开始了新营销模式的探索与实践，全体动员，勇于实践，不断交流，互相学习，建立神飞航天商学院，天天有学习，日日有总结，让每一位同事都学到了不少知识，积极开拓思维，创新创造，提出了很多合理化的建议，为完善营销方案，拓展销售渠道，建立健全销售模式付出全身心的努力，做出了卓越的成绩。2020年已经过去，面对崭新的2021年，我们信心百倍，相信我们会取得更大的成绩与发展，携手前行，共创伟业，神飞航天，一飞冲天。

把控人生

人生在世，行路匆匆，自律人生，把控人生，向往美好，努力前行，收获梦想，收获成功。

爱因斯坦小的时候学习成绩很一般，而且性格孤僻，沉默寡言，被老师认为是个反应迟钝的孩子。但是爱因斯坦一贯是诚实认真、很有主见的。有一次手工课，老师布置家庭作业，让每个孩子回家做一个工艺品，第二天同学们纷纷带来作品，有的是泥塑的小鸡，有的是用碎布做成的布娃娃，还有的是竹子编的花篮，大部分作品都很精致，可是爱因斯坦只做了一张小木凳，而且四条腿都不齐，非常简陋。老师很不满意，向同学说道："不会有比这更坏的凳子了。"同学们哄堂大笑。爱因斯坦羞红了脸，他鼓足勇气站起来说："老师，有的。"只见他从课桌下拿出两张更不像样的凳子，对老师说："这是我第一次和第二次做的凳子，交给您的是第三次做的凳子，它虽然不好看，但是比那两张要强，而且是我自己动手的成果。"老师听后深受感动。而那些依靠家长帮助，甚至是让家长代自己做手工的同学们，都不好意思地低下了头。正是爱因斯坦的诚实与自信，把控自己的人品，严格地要求自己，敏锐地辨别是非，成就了这位伟大科学家的一生。

生活多姿多彩，五光十色，让人眼花缭乱。然而，其中也会有很多昏暗与惨淡，会有无限焦灼与痛苦，那种心态就像是过山车一样时上时下，没有了方向的辨别。当然，这一切就在于对自我心态的把控，把控得好，人生就会在宽阔光明的大道上前行，把控得不好，人生就会焦灼悲愤，痛苦难耐，人生之车在蜿蜒坎坷的道路上徘徊，当然会遇到很多的阻力。

人还是要学会把控好自己的内心，能够真正地做到在无与有、得与失之间把握平衡。既不会为得到而欣喜若狂，也不会为失去而痛苦不堪；既不会为战功而扬扬得意，骄傲无比，也不会为失败而黯然神伤，痛苦不堪。人的成熟在于心态的平和，在于能够看清人生的真谛，学会用历史的眼光去看问题，学会自控和自救，学会在"无"的状态之下保持"有"的存在，学会在痛苦之中找到快乐之处。

人生总会有很多的憾事，总会有这样或那样的不如意、不顺心之事，总会在得到之中想着已失的东西，总会在拥有之时还想拥有得更多，内心的不知足会一直困扰着自己，让自己焦躁不已，痛苦不已，让自己步入一个痛苦循环的怪圈。的确，那些身价上亿甚至富可敌国的富豪也会有自己的苛求与遗憾，也会有很多的痛苦伴随其身，甚至于当大难临头之时也是狼狈不堪，也许还不如常人。所以说，大有大的好处，大也有大的难言之隐，我们要学会辩证客观地看待这一切，能够守正自心，能够学会知足与感恩。

要经常回忆自己不如意、遭遇困窘难堪之时的状态，意识到那时的心境与现在有哪些不同，有了这些分析和对比，可能我们也就释然了。要学会从内心之中去找到平和与安稳，学会从生活之中去发现快乐与惊喜，学会满足与付出，学会奉献与感恩，真正找到人生的意义。